U0157298

KUWEI
酷威文化
图书 影视

拓扑与物理

Topology and Physics

杨振宁　葛墨林　何杨辉——编
常　亮　崔星山　于立伟——译

江西科学技术出版社

图书在版编目（CIP）数据

拓扑与物理 / 杨振宁, 葛墨林, 何杨辉编 ; 常亮, 崔星山, 于立伟译. -- 南昌 : 江西科学技术出版社, 2021.1

书名原文: TOPOLOGY AND PHYSICS

ISBN 978-7-5390-7346-0

Ⅰ. ①拓… Ⅱ. ①杨… ②葛… ③何… ④常… ⑤崔… ⑥于… Ⅲ. ①拓扑②物理学 Ⅳ. ①O189②O4

中国版本图书馆CIP数据核字(2020)第094969号

TOPOLOGY AND PHYSICS
by
CHEN NING YANG, MO-LIN GE AND YANG-HUI HE

国际互联网（Internet）地址：
http://www.jxkjcbs.com
版权登记号：14-2020-0179
选题序号：ZK2020170
图书代码：B20135-101

拓扑与物理　　杨振宁 葛墨林 何杨辉 编 常亮 崔星山 于立伟 译

出版发行 江西科学技术出版社
社址 南昌市蓼洲街 2 号附 1 号
邮编：330009　电话：（0791）86623491　86639342（传真）
印刷 天津旭丰源印刷有限公司
经销 全国新华书店
开本 680mm × 970mm　1/16
字数 220千字
印张 19
版次 2021 年 1 月第 1 版　2021 年 1 月第 1 次印刷
书号 ISBN 978-7-5390-7346-0
定价 69.80元

赣版权登字 -03-2020-384

前言

物理学中拓扑概念的早期示例①

杨振宁（C. N. Yang）
高等研究院，清华大学，中国

在20世纪40年代中期，陈省身发表了将高斯-博内定理推广至四维情况的“内蕴证明”的文章。这篇文章引出了陈类和陈数，引发了新的令人兴奋的全局微分几何领域，以及其他数学领域的重要拓扑新概念。数学家安德烈·韦伊（Andrei Weil）对其赞叹不已。他为这篇文章写了一篇热情洋溢的评述，这篇评述极具影响力。

几年之后，在1946—1949年，实验物理学家发现了一些完全出人意料的新型基本粒子。他们不同于现有种类，具有非常不同的量子数，并迅速成为物理学家关注的焦点。

1948年的某一天，我参加一个午餐会，在那里韦伊告诉费米（Fermi），他推测这些新型粒子可能与几何学中的某些拓扑分类思想有关，在场的所有人都没有理解韦伊那跨越数学-物理学边界的猜测所表达的意思。

多年以后，在20世纪70年代中期，当我从吉姆·西蒙（Jim Simon）那里学到纤维丛几何基础以及相关概念之后，我才意识到那天韦伊也许在推测新型粒子（及其量子数）与拓扑概念（例如陈数）之间可能存在的关系。有关详细信息，请参阅参考文献［1］②。

---

①本章节也会出现在 Modern Physics Letters A，Vol. 33，No. 22（2018）1830009. DOI：10. 1142/S0217732318300094.

②译者注：本书中的“［　］”，均对应每章文末参考文献的序号。

在 2012 年的一篇文章中 [2]，我详细地讨论了以下拓扑学早期进入物理领域的情况：

• 阿哈诺夫-玻姆实验于 1959 年被理论预言，并由外村（Tonomura）于 1983—1986 年经实验验证。

• 20 世纪 50 年代初期，物理学家们用新型计算机计算晶体的振动频率分布，惊讶地发现在谱线中无法解释的起伏。它们是真实的吗？或仅仅是计算巧合？这个困惑在 1953 年范·霍夫（Van Hove）的一篇论文中得以解决，该论文将拓扑（莫尔斯理论）引入物理学。

现在我们知道那个拓扑概念在物理中非常重要，尤其是涉及阿贝尔或非阿贝尔相位的现象（或问题）。下面这个示例表明，在经典麦克斯韦理论的一个问题中，拓扑已经起到重要作用。

考虑

一个与电荷 e 和磁荷 g 均存在相互作用的电磁场。

这是狄拉克在 1931 年就考虑过的问题 [3]。当电磁势（即联络）满足解析连续时，其形成复杂的非平凡流形。作用量积分 a 仅在模 $4\pi eg$ 的情况下才可定义 [4]。

如果我们尝试量子化这个理论，基于费曼路径积分，我们将要处理如下的量：

$$\exp(ia/\hbar) \tag{1}$$

只有满足如下条件才具有物理意义：

$$2eg/\hbar = \text{整数} \tag{2}$$

这个条件，首先由狄拉克给出，因此是经典麦克斯韦理论中拓扑的结果。

参考文献[①]

[1] YANG C N. Phys. Today 65，2012：33.

[2] YANG C N. Int. J. Mod. Phys. A 27，2012：1230035.

[3] DIRAC P A M. Proc. R. Soc. London A 133，1931：60.

[4] WU T T，YANG C N. Phys. Rev. D 14，1976：437.

①译者注：为方便读者查询，本书提及的书名均保留了英文原名。

Topology
and
Physics
目录

第一章
核及原子的复几何①

COMPLEX GEOMETRY OF NUCLEI AND ATOMS

迈克尔·阿蒂亚 (M. F. Atiyah)
数学学院，爱丁堡大学，
詹姆斯·克莱克·麦克斯韦大楼，
彼得·格斯里·泰特路，爱丁堡 EH9 3FD，英国
m. atiyah@ed. ac. uk

尼古拉斯·曼顿 (N. S. Manton)
应用数学和理论物理系，
剑桥大学，
威伯福斯路，剑桥 CB3 0WA，英国
N. S. Manton@damtp. cam. ac. uk

①这个章节也出现在 International Journal of Modern Physics A，Vol. 33，No. 24 (2018) 1830022. DOI：10. 1142/S0217751X18300223.

我们提出一个物质的几何模型，在这个模型里，中性原子由紧致的复代数曲面所描述。质子数和中子数被一个曲面的陈数（Chern number）所决定；等价地，它们也可以由霍奇数（Hodge number）或贝蒂数（Betti number）的组合所决定。给定一个质子数，代数曲面上的几何约束条件将中子数限制在一个有限范围，这个范围包含了已知的同位素。

关键词：原子，原子核，代数曲面，四维流形
PACS 序号：02.40.Tt，02.40.Re，21.60.-n

目录

1. 引言

一个很吸引人的想法是通过几何化的方式来描述物质，并用几何中的拓扑性质来描述物质的那些守恒性质。开尔文（Kelvin）开创性地提出用理想流体中的纽结涡旋来描述原子［1］。每个原子类型对应于一个纽结，而纽结无法改变自身拓扑的特性决定原子在物理及化学过程中的守恒（正如人们在 19 世纪理解的那样）。开尔文的模型没能保留下来，因为我们现在知道原子有结构并且是可分的，即原子核由质子和中子构成，并被电子所包围，在高能量下这些基本结构是可以被分开的。从原子里剥离一个电子需要的能量大约在 1eV 的数量级，但是从原子核里剥离一个质子或中子

则需要若干 MeV 的能量。

在原子物理及核物理领域，质子、中子和电子通常被视为点状的粒子，它们通过电磁场和强核力相互作用［2］。量子力学是一个至关重要的理论。在这个理论下，电子及核子都有离散的能谱。核子（质子和中子）本身由三个点状的夸克构成，但是从夸克的理论，即量子色动力学（quantum chromodynamics，QCD）中，我们几乎没有得到任何对核结构及相互作用的认识。这些点状的模型在理念上就令人非常不满意，因为一个点显然是一个非物理的理想化模型，是物质及电荷密度的奇点。无穷的电荷密度无论在经典的电动力学［3］还是在电子的量子场论里都会造成困难。用更加光滑的结构承载质子、中子和电子数这些离散的信息才是可取的。

在这篇文章里，我们为中性原子提出一个几何模型。在这个模型里，质子数 P 和中子数 N 都是拓扑的，而且原子的组成粒子都不是点状的。在一个中性原子里，电子数也是 P，因为电子带有和质子相比完全等量且相反的电荷。给定 P，对应于不同 N 的原子（或者他们的原子核）被称作同位素。

开尔文之后另一个相关的想法来源于斯格姆（Skyrme）。他在 3+1 维时空下提出了一个具有单个拓扑不变量的非线性波色介子场论。斯格姆指出这个不变量就是重子数（baryon number）［4，5］。重子数（也叫原子数）是质子数及中子数的和，$B=P+N$。斯格姆的重子在场论里是孤子（soliton），因此是光滑的、拓扑稳定的场结构。斯格姆的模型是用来描述原子核的，但是电子也可以被加进来，从而形成一个完整的原子模型。在斯格姆模型里，质子和中子是可以被区分的，但前提是他们内部的旋转自由度先被量子化［6］。从这可以导出一个量子化的“同位旋（isospin①）”。质子的同位旋朝上（$I_3=\frac{1}{2}$），中子的同位旋朝下（$I_3=-\frac{1}{2}$）。这里 I_3 是同位旋的第三个分量。这个模型和众所周知的盖尔曼-西岛（Gell-Mann-Nishijima）方程是相容的［7］：

$$Q=\frac{1}{2}B+I_3 \tag{1.1}$$

这里，Q 是原子核的电荷数（以质子的电荷为单位），B 是重子数。Q 总是一个整数，这是因为当 B 为偶数（奇数）时，I_3 取值为整数（半整

---

①译者注：也称作 isotopic spin 或 isobaric spin，它是一种强相互作用的对称性。特别地，它是重子和介子相互作用里 flavour symmetry 的一个子集。

数)。Q 等于原子核的质子数，并且也等于一个中性原子的电子数。中子数是 $N=\frac{1}{2}B-I_3$。斯格姆理论在为原子核建模上已经取得了可观的成果[8—11]。尽管介子场是玻色的，当 B 是奇数时，这些量子化的斯格姆子(Skyrmion)仍具有半整数的自旋[12]。但这一模型中单独的质子数或中子数都不具有拓扑性，同时电子应当被加进来。

斯格姆模型和四维场论之间联系为本文中讨论的想法提供了部分动机：一个斯格姆子可以被一个四维杨-米尔斯(Yang-Mills)场的投影很好地逼近。更确切地说，我们可以取一个 SU(2) 杨-米尔斯瞬子(instanton)，并且计算它在(欧氏)时间方向沿着所有直线的和乐(holonomy)[13]。这样将得到一个三维空间的斯格姆场，它的重子数 B 等于瞬子数。

因此，四维空间中的准几何结构(例如平直 $\mathbb{R}^4$ 中的一个杨-米尔斯瞬子)可以与核结构存在紧密的联系，但这时仍只能获得一个拓扑荷。下一步可以做的是把光滑的非平凡四维流形和原子中的基本粒子(质子、中子、电子)对应起来[14]。我们将提供一些适合的例子。这些流形并不都是紧致的，而且它们所对应的粒子也不都是电中性的。一个更吸引人的例子是作为电子模型的 Taub-NUT 空间。通过研究在 Taub-NUT 背景上的狄拉克(Dirac)算子，我们可以揭示电子的自旋是如何在这里出现的[15]。也有一些研究用 multi-Taub-NUT 空间来建模多电子系统[16，17]。然而，质子和中子的模型有一些技术层面的困难，现在还没有找到将质子和中子几何地组合起来形成(由电子环绕的)原子核的方法，而且在这个意义下也不清楚应该由什么拓扑不变量来表示质子数和中子数。

这些想法的一个变种为最简单的原子提供了一个模型，即中性带有一个质子和一个电子的氢原子。它可以看起来很好地被复射影平面 CP^2 来建模①。CP^2 有这样一个基本拓扑性质：它有一个自相交数为 1 的生成 2-闭链(cycle)②。CP^2 的第二个贝蒂数是 $b_2=1$；它可以分解为 $b_2^+=1$ 和 $b_2^-=0$。这个闭链由 CP^2 中的一条复直线表示，同时两条不同的直线总是交于一点。这样的一个闭链，以及它的正则邻域，可以视为原子里的质子部分；而和它对偶的一个点的邻域可以被视为电子。一个点的邻域就是一个边界为三维球面的四维球，而在 Taub-NUT 电子模型中也是如此：因为它在拓扑上就是 $\mathbb{R}^4$。这个三维球面是二维球面上的一个“扭曲”的圆圈丛(霍普夫纤维化 Hopf Fibration)，而这可以解释电子的电荷。

---

①CP^2 在 Ref [14] 里有一个不同的解释。

②译者注：这里指的是，CP^2 的第二同调群由一个闭链自由生成。

在这篇论文里，我们给出一个新颖的关于质子和中子数的提议。为了建模中性的原子，我们考虑紧致的四维流形。在以前的模型中我们总是要求带电的粒子是非紧致的；这样电通量（electric flux）就可以逸散到无穷远，在新模型里我们同样保留这个想法。我们也将考虑的流形局限于复代数曲面。它们的陈数会与质子数和中子数相联系。存在足够多的流形例子来建模所有已知的原子同位素。我们保留 CP^2 来作为氢原子的模型。

2. 代数曲面的拓扑和物理

复曲面［18］提供了丰富的四维紧致流形。它们主要由两个整数不变量—— c_1^2 和 c_2 来分类。对一个曲面 X，c_1 和 c_2 是它的复切丛（tangent bundle）的陈类（Chern class）。c_2 是整数，因为 X 的实维数是 4；c_1（更确切地说，c_1 的对偶）是第二同调群 $H_2(X)$ 里的一个二维闭链。c_1^2 是 c_1 和它自己的相交数，因此也是整数。

一个曲面 X 还有一些其他的拓扑不变量，但它们大多是与 c_1^2 和 c_2 相关的。这其中最基本的一个是霍奇数（Hodge number）。它们是全纯形式的杜比尔特（Dolbeault）上同调群的维数。在复二维情形中，霍奇数记为 $h^{i,j}, 0 \leqslant i, j \leqslant 2$。它们排列成一个霍奇菱形（Hodge diamond），见图 1。作为庞加莱对偶的一个推广，塞尔对偶（Serre duality）要求这个菱形在 180° 旋转下不变。对于一个连通的曲面，$h^{0,0} = h^{2,2} = 1$。

$$
\begin{array}{ccccc}
 & & h^{0,0} & & \\
 & h^{1,0} & & h^{0,1} & \\
h^{2,0} & & h^{1,1} & & h^{0,2} \\
 & h^{2,1} & & h^{1,2} & \\
 & & h^{2,2} & &
\end{array}
\qquad
\begin{array}{ccccc}
 & & 1 & & \\
 & \frac{1}{2}b_1 & & \frac{1}{2}b_1 & \\
\frac{1}{2}\left(b_2^+ - 1\right) & & 1 + b_2^- & & \frac{1}{2}\left(b_2^+ - 1\right) \\
 & \frac{1}{2}b_1 & & \frac{1}{2}b_1 & \\
 & & 1 & &
\end{array}
$$

图 1　一般复曲面的霍奇菱形（左）及代数曲面情况下相应的用贝蒂数表示的元素（右）。

复代数曲面是复曲面的一个基本子类［19，20］。一个复代数曲面总是可以嵌入到复射影空间 CP^n，因此，它从 CP^n 上的富比尼-施图迪（Fubini-Study）度量继承得到一个凯勒（Kähler）度量。对于任何一个凯勒流形，霍奇数有一个额外的对称性，$h^{i,j}=h^{j,i}$。对于曲面，这只是增加了一个新的关系，$h^{0,1}=h^{1,0}$。并非所有的复曲面都是代数的：其中一些仍然是凯勒流形并满足这个额外的对称性，但也有一些不是凯勒流形且不满足这个对称性。

对我们来说特别有意思的是全纯欧拉数（holomorphic Euler number）χ 和另外一个量 θ。χ 是霍奇菱形右侧顶部（等价的，左侧底部）对角线上元素的交错和，而 θ 则是中间对角线上元素的交错和。更确切地：

$$\chi=h^{0,0}-h^{0,1}+h^{0,2} \tag{2.1}$$

$$\theta=-h^{1,0}+h^{1,1}-h^{1,2} \tag{2.2}$$

（注意对 θ 正负号的选择。）欧拉数 e 和符号差（signature）τ 可以由这两个量表示：

$$e=2\chi+\theta \tag{2.3}$$

$$\tau=2\chi-\theta \tag{2.4}$$

上面的第一个公式可以转换成人们更熟悉的贝蒂数的交错和 $e=b_0-b_1+b_2-b_3+b_4$，因为每个贝蒂数是霍奇菱形中对应的行中所有元素之和。第二公式来自不那么平凡的霍奇指标定理（Hodge index theorem）。τ 的一个更深刻的定义依赖于把第二个贝蒂数分解为正负两部分，$b_2=b_2^+ + b_2^-$。在实数域上，第二同调群 $H_2(X)$ 上的相交形式（intersection form）是非退化的，并且可以对角化。而 b_2^+ 是最大正定子空间的维数；b_2^- 是最大负定子空间的维数。符号差 $\tau=b_2^+ - b_2^-$。

陈数通过下面的公式跟 χ 和 θ 联系起来。

$$c_1^2=2e+3\tau=10\chi-\theta,c_2=e=2\chi+\theta \tag{2.5}$$

它们的和给出诺特（Noether）公式 $\chi=\frac{1}{12}(c_1^2+c_2)$。这里 χ 总是整数。

对于一个代数曲面，它只有三个独立的霍奇数，并且它们唯一地由贝蒂数 b_1,b_2^+,b_2^- 所决定。霍奇菱形一定形如图 1 右侧所示，它给出正确的

b_1,e,τ。注意，b_1 一定是偶数，且 b_2^+ 一定是奇数。χ 和 θ 由下式给出：

$$\chi=\frac{1}{2}(1-b_1+b_2^+) \tag{2.6}$$

$$\theta=1-b_1+b_2^- \tag{2.7}$$

如果 X 是单连通的（很多例子都如此），那么 $b_1=0$。单连通流形 CP^2 和 K3 曲面所对应的霍奇菱形如图 2 所示。对于射影平面，$\chi=1$，$\theta=0$，因此 $e=3$，$\tau=1$。对于 K3 曲面，$\chi=2$，$\theta=20$，因此 $e=24$，$\tau=-16$。

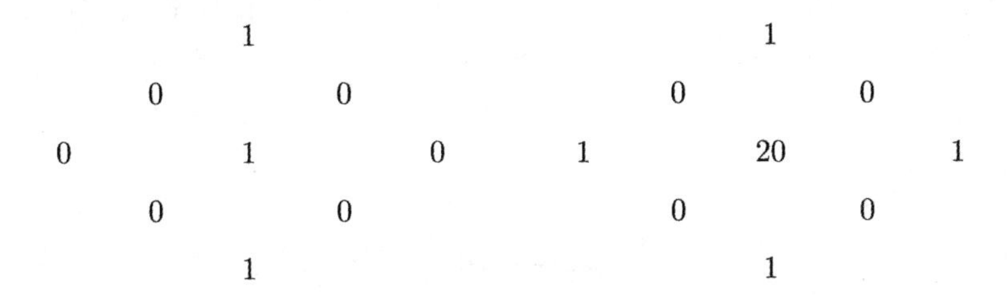

图 2　射影平面 CP^2 的霍奇菱形（左）及 K3 曲面的霍奇菱形（右）。

我们的提议是用复代数曲面来建模中性原子，将 χ 解释为质子数 P，并把 θ 诠释成重子数 B。因此中子数是 $N=\theta-\chi$。这个提议适用于 CP^2：它有 $P=1,N=0$。我们稍后可以看到，对于每一个正整数 P，都存在有限多个允许的 N 值。

关于 e 和 τ，我们有：

$$P=\frac{1}{4}(e+\tau),B=\frac{1}{2}(e-\tau),N=\frac{1}{4}(e-3\tau) \tag{2.8}$$

注意，对于一般的实四维流形，这些 P 和 N 的公式可能取值为分数，因此需要做一些修改。很容易验证下面的关于 P 和 N 的式子。

$$c_1^2=9P-N \tag{2.9}$$

$$c_2=e=3P+N \tag{2.10}$$

$$\tau=P-N \tag{2.11}$$

符号差 τ 和质子数与中子数的差之间的简单关系令人震惊。如果我们

写成 $N = P + N_{exc}$，这里，N_{exc} 表示质子比中子多出来的数目（通常是 0 或正数，但也可以是负的），那么，$\tau = -N_{exc}$。

如果一个代数曲面 X 是单连通的，那么 $b_1 = 0$，并且，

$$b_2^+ = 2P - 1, b_2^- = P + N - 1 = 2P - 1 + N_{exc} \tag{2.12}$$

这些公式在我们更细致地考虑相交形式时会很有用。

我们将要用满足 c_1^2 和 c_2 非负的曲面来作为原子的模型。这里面很多都是一般型极小曲面。关于代数曲面的几何最重要的结果也许是一般型极小曲面的陈数所需要满足的不等式。基本的不等式是 c_1^2 和 c_2 都是正数。此外还有波哥莫洛夫-宫冈-丘（Bogomolov-Miyaoka-Yau，BMY）不等式 $c_1^2 \leqslant 3c_2$，诺特不等式 $5c_1^2 - c_2 + 36 \geqslant 0$。这些不等式可以转换成关于 P 和 N 的不等式：

$$P > 0, 0 \leqslant N < 9P, N \leqslant 7P + 6 \tag{2.13}$$

满足上面不等式的所有整数值 P 和 N 都是允许的。所允许的区域展示如图 3，且对应于［18］中 229 页允许的区域，或者参考文献［21］。

还有满足 $c_1^2 = 0$ 且 c_2 非负的椭圆曲面，包括恩里克斯（Enriques）曲面和 K3 曲面。我们把这些曲面也包括在我们模型里。这里，$P \geqslant 0$，$N = 9P$，因此 $c_2 = 12P$，$\tau = -8P$。CP^2 也是允许的，因为它的 c_1^2 和 c_2 都是正的，尽管它是有理（rational）的而不是一般型曲面。除了 CP^2，还有其他的曲面在 BMY 线（$c_1^2 = 3c_2$）上［22］。它们满足 $P > 1$，$N = 0$。

物理学家通常用质子数和重子数来表示一个同位素。这里，质子数 P 由化学元素名决定，重子数是 P+N。比如 ^{56}Fe 表示铁元素的一个同位素，这里 P=26，N=30。目前已知的同位素如图 4（该图位于 289 页）所示。

所允许的代数曲面区域和已知的同位素区域的形状定性上是一致的，这是我们提议的最主要依据。比如，对于 $P = 1$，几何不等式允许的 N 值范围是从 0 到 9，这对应于氢同位素的范围从 ^1H 到 ^{10}H。在物理里面，广为人知的氢同位素有氕（protium）、氘（deuterium）、氚（tritium），即 ^1H、^2H、^3H，但核物理学家也曾发现具有准稳定性（quasi-stable）（共振）的同位素，一直到 ^7H（$N=6$）。

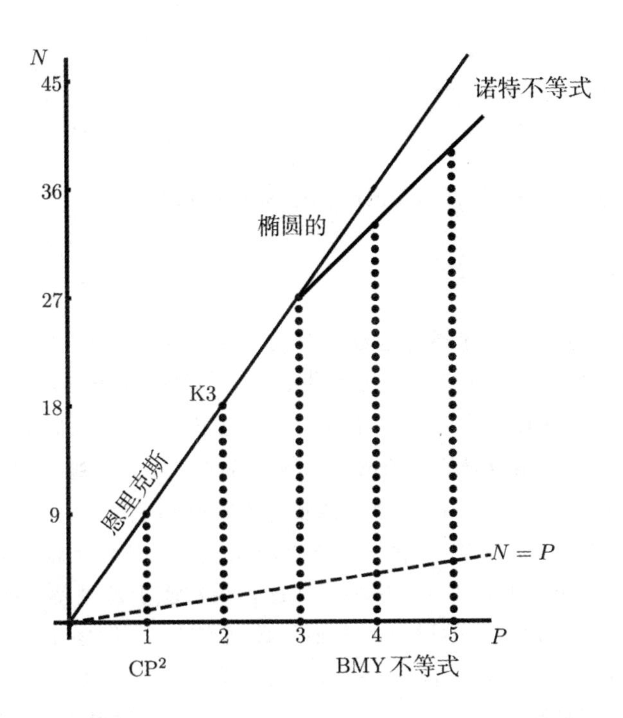

图 3　由代数曲面建模的原子的质子数 P 和中子数 N。正如在上文中讨论的那样，所允许的区域被陈数的不等式所限制。请注意在点 $P=3, N=27$ 处边界上的斜率从 9 变到了 7。直线 $N=P$ 对应于符号差为零的曲面，即 $\tau=0$。

对两种最简单的同位素，即分别带有一个电子的氕和氘，它们对应的极小模型分别是 CP^2 和复二次曲面 Q。这里 $Q=CP^1\times CP^1$，对应的 $e=4, \tau=0$。下面我们会进一步讨论它的相交形式。

对于 $P=2$，N 在几何上所允许的范围是 0 到 18。相对应的代数曲面应该建模从 ^{2}He 到 ^{20}He 的氦同位素。在 ^{3}He 和 ^{10}He 之间的同位素已经在物理上识别出，这些同位素都可以形成带两个电子的中性原子。不带中子的氦同位素 ^{2}He 在一些核元素表中没有被列出来，但是确实存在一个非束缚双质子共振（diproton resonance），并且双质子有时会在重原子核衰变时释放出来。最常见的稳定的氦同位素是带有两个质子两个中子的 ^{4}He，但是 ^{3}He 也是稳定的。^{4}He 原子核也称作 α 粒子，它们在核反应及核结构里起到至关重要的角色。因此，一个合适的 α 粒子模型是非常重要的。理想情况下，它应该和立方对称的 $B=4$ 斯格姆子一致，而后者是很多更大的斯格姆子的组成分块［9，11，23，24］。

3. 稳定性的山谷（Valley of Stability）

一条稳定性山谷穿越这些原子核同位素。在图 4（289 页）中，它是那条代表稳定原子核的不规则黑色曲线。在两侧，原子核是不稳定的。靠近山谷中心的区域寿命在很多年以上，而远离中心的寿命则只有几毫秒。离中心足够远的地方是原子核的边缘线，在那里，一个额外的质子或中子没有任何束缚，且会在 10^{-23} 秒的数量级内脱离原子核。

对于 P 大概不超过 20 的相对较小的原子核，其稳定性山谷的中心位于 $N=P$ 这条线上。在几何模型里，这条线对应于符号差 $\tau=0$ 的曲面。对于更大的 P，山谷中的原子核有中子数溢出 N_{exc}（即中子数与质子数之差）。N_{exc} 随着 P 的增大而慢慢增大。P 靠近 20 时，N_{exc} 很小；当 $P=92$（对应于准稳定的铀同位素）时，N_{exc} 大于 50；而当 P 靠近 120（人工制造的最重的原子核）时，N_{exc} 会再稍微大点。

在标准核模型里，解释山谷存在最主要的理论是泡利原理（Pauli principle）。质子和中子都有一系列十分相似的能量递增的单粒子态，并且每一个态上只允许有一个粒子。给定一个重子数，最低能态拥有等量的质子和中子，且它们填满最低的能态。如果一个质子被一个中子替代，被替换掉的质子态比加进来的中子态能量更低，因此，替换后系统的总能量增加。一个重要的额外效应是配对能量（pairing energy），它倾向于让质子和中子各自配成对。因此，大多数带有奇数个质子和奇数个中子的原子核是不稳定的。

对于较大的 P 值，单质子的能量趋向于高于单中子的能量。这是因为，除了对质子和中子影响差不多的相互吸引的强核力，质子之间还有相互排斥的库仑（Coulomb）静电场力。当原子核有很大的 P 时，这一效应变得十分重要，它偏好于中子富裕的原子核。这也解释了 P 值大于 83 的原子核的不稳定性。这些原子核或者通过放射出一个 α 粒子，或者通过裂变成大一点的碎片，而分裂成更小的原子核。然而，其中仍有某些原子核的寿命可以达到几十亿年，这也是 $P=92$ 的铀可以在自然界相对大量地被发现的原因。

注意，如果 $N = P$，那么电荷数是重子数的一半，根据公式（1.1），同位旋的第三个分量为零。通过研究核的基态和激发态，我们可以确定完整的同位旋，还可以发现它对于稳定的原子核取最小值。因此 $N = P$ 原子核的同位旋为零。当重子数是奇数时，最稳定原子核的 N 比 P 大 1（如果 P 不是很大），它的同位旋是 $\frac{1}{2}$。在斯格姆模型里，同位旋来源于内部自由度的量子化，而这些内部自由度对应于作用在介子场上的 SO（3）对称性。存在一个正比于同位旋平方算子 I^2 的能量贡献，正如正比于 J^2 的自旋能量。在没有库仑效应时，能量在同位旋为 0 或 $\frac{1}{2}$ 时取得最小值。库仑效应会和同位旋竞争，从而导致总能量的最小值偏向于中子富裕的原子核。

原子核的能量和寿命存在一般的趋势，但还有更多细节可以讨论。每个同位素都有依赖于质子数和中子数的特征，这在激发态的能谱以及基态和激发态的自旋里表现得很清楚。比较有趣的是，当质子数或中子数取某些幻数时，原子核会有额外的稳定性。其中较小的幻数有 2、8、20、28、50。更令人惊讶的是，质子和中子这些奇特的性质是相互独立的。这看起来好像和同位旋的重要性矛盾，因为质子和中子在同位旋上明显是相互影响的。

更加稳定的是那些具有双幻数的原子核，比如 ^{4}He、^{16}O、^{40}Ca、^{48}Ca。^{40}Ca 是最大的满足 $N = P$ 的稳定原子核。^{48}Ca 也是稳定的，且在自然界少量地存在，但对于相对它较小的原子核来说，它的中子数格外富裕。

对我们来说，重要的问题是我们提出的基于代数曲面的几何模型在多大程度上与这些原子核现象相符，此外我们也不应该忘记中性原子里的电子。我们看到，两者之间存在广泛的相似性：首先，我们上面讨论的曲面有一个“地理”分布，即上文中的几何不等式限制了中子数的取值范围。代数几何学家也从事“植物学”，即仔细构造和研究具有特定拓扑不变量的曲面。这其中的规律是很复杂的，一些曲面很容易构造，一些则很困难，而且它们的内部结构区别很大。这与原子核的复杂性是相似的，同样相似的还有电子轨道和原子壳结构的复杂性（这个目前了解较多一些）。

十分显著的是 $N = P$ 的原子核稳定线对应于符号差 $\tau = 0$ 这一简单的几何条件。我们还没有尝试在全体曲面构成的空间上定义能量函数，但一个简单的做法显然是引入一个正比于 τ^2 的函数作为主导项，这样函数的极小值就会取在我们想要的位置。数学家已经发现，相比于处在质子数富裕

（$N<P$）一侧的曲面，处在 $N=P$ 线上或者中子数富裕一侧（$N>P$）的曲面构造起来要容易得多。在中子数富裕一侧总是存在单连通的极小曲面，但在质子数富裕的一侧则不是这样。因此曲面的几何可以相当清楚地区分质子和中子。这对于物理解释是很吸引人的，因为它可以看作是对质子和中子非对称的预言。在标准核物理里面，我们认为在一个理想的没有电磁效应的世界里，质子和中子是严格对称的，但是在现实中，它们并不相同。一部分原因是库仑能量，但更重要的，是因为构成它们的上（u）、下（d）夸克质量不相等，从而使得质子（uud）比中子（udd）轻一些，尽管质子带有电荷。

这个几何模型需要这样一个能量贡献函数，对于较大的原子核或原子，它更偏向于中子而不是质子。一个可能性已经由勒布朗（LeBrun）探索过［25，26］。它被定义为，在所有满足给定拓扑的复曲面中，数量曲率（scalar curvature）的 L^2 范数的下确界。对于 b_1 为偶数的曲面，包括所有的单连通的曲面，这个下确界仅仅是 c_1^2 乘以一个常数。对于 $c_1^2=0$ 的曲面，它们的数量曲率可以为零；比如 K3 曲面，它是满足中子富裕的一个极端：$P=2$，$N=18$。把 τ^2 和数量曲率的 L^2 范数的正数倍组合起来构成的能量函数可能会更有意思。

4. 相交形式

一个复曲面 X 自动地是定向的，因此，任何一对 2-闭链都有一个确定的相交数［27］。给定第二同调群 $H_2(X)$ 的一组基 α^i，它们两两的相交数构成的矩阵 Ω^{ij} 叫作 X 的相交形式。更确切地，$\Omega^{ij}\equiv\Omega(\alpha^i,\alpha^j)$ 是 α^i 和 α^j 的相交数，而自相交数 Ω^{ii} 是 α^i 和它的一个光滑典范（generic）形变的相交数。Ω 是一个元素为整数的对称矩阵。根据庞加莱对偶，它还是幺模（unimodular）的（行列式为 ±1）。在实数域上，这样的矩阵可以对角化，并且对角线上的元素是 $+1$ 或 -1。$+1$ 和 -1 的数量分别为 b_2^+ 和 b_2^-。对于单连通的曲面，我们前面已经用 P 和 N 在方程（2.12）给出了一种解释。

然而，对于闭链来说，在实数域上对角化是行不通的，因为这样在新的基底下可能会得到系数为分数的闭链。我们只能用一个元素为整数的可逆矩阵来变换基底，其效果是获得 Ω 关于这一矩阵的共轭①。相交形式在整数上划分的（共轭）等价类比在实数上更精细。

对于几乎所有的代数曲面，Ω 都是不定的（indefinite②）。除了满足 $b_1=0$ 和 $B=\theta=1$ 的曲面外，b_2^+ 和 b_2^- 都是正的。因此，相交形式正定的曲面只有 CP^2，可能还要加上我们还没找到物理解释的伪射影平面。对于 CP^2，它满足 $P=1$，$N=0$，其相交形式是 1×1 的单位矩阵 $\Omega=(1)$。非退化的不定形式在整数上有一个相当简单的分类，主要的区别在于形式的奇偶性。如果至少一个矩阵元素 Ω^{ii} 是奇数，或者换一种不依赖于基底的说法，如果对某个闭链 α，$\Omega(\alpha,\alpha)$ 是奇数，那么这个形式就称为奇的。奇的形式总是可以对角化，其对角线上的元素是 $+1$ 或 -1。

偶形式更有意思一点。在这种情况下，对任何闭链 α，$\Omega(\alpha,\alpha)$ 都是偶数。最简单的例子是：

$$\Omega=\begin{pmatrix}0 & 1\\1 & 0\end{pmatrix} \tag{4.1}$$

这是二次曲面 Q 的相交形式。它的两个 CP^1 因子作为闭链 α^1 和 α^2 构成一组基。如果 $\alpha=x\alpha^1+y\alpha^2$，那么 $\Omega(\alpha,\alpha)=2xy$，因此它总是偶数。这个相交形式在实数域上可以对角化，并且特征值是 $+1$ 和 -1，因此它的符号差为零。但是这一对角化涉及含分数元素的矩阵，所以在整数上是无法完成的。方程（4.1）里的相交形式被称作“双曲平面”。偶形式的另一个例子是矩阵 $-E_8$。它是李代数 E_8 的嘉当（Cartan）矩阵取负值（对角线元素 -2）。这个矩阵是偶的且是幺模的。$-E_8$ 本身是负定的，但当它和双曲平面组合在一起后，得到的是一个我们所需要的不定矩阵。代数曲面最一般的不定偶形式可以写成下面的块对角形式：

$$\Omega=l\begin{pmatrix}0 & 1\\1 & 0\end{pmatrix}\oplus m(-E_8) \tag{4.2}$$

这里，$l>0$，$m\geqslant0$。l 一定是奇数，并且贝蒂数 $b_2^+=l$，$b_2^-=l+8m$。符号差是 $\tau=-8m$。

①译者注：指 $P\Omega P^{-1}$，即相似变换，而非复共轭。

②译者注：指一个对称二次形既不是正定也不是负定的。

对于大多数的曲面，它们的符号差不是 8 的倍数，因此它们的相交形式是奇的。如果符号差是 8 的倍数，对应的相交形式可能是偶的。对于给定的贝蒂数，可能存在两个不同的极小曲面（或者两个族的曲面）——一个带有奇的相交形式，另一个带有偶的。我们不知道这是否总会发生。

我们可以用物理量 P 和 N 重新表示这些条件。如果 $N_{exc}=N-P$ 既不是 0 也不是 8 的正整数倍，那么相交形式一定是奇的。如果 $N=P$，那么相交形式可以是双曲平面类型的 $l\begin{pmatrix}0 & 1\\ 1 & 0\end{pmatrix}$，$l=2P-1$，或者仍然是奇的。注意，$l$ 一定是奇数。因此可能对应偶相交形式的同位素包括所有那些满足 $N=P$ 的同位素，这样的同位素的数量是很大的。除了稳定的 $N=P$ 的同位素（最大发生在 ^{40}Ca，$P=20$），还存在很多准稳定的，例如 ^{52}Fe，$P=26$。已知最重的 $N=P$ 的同位素是 ^{100}Sn 或者可能是 ^{108}Xe。它们分别拥有 $P=50$ 和 $P=54$。我们的几何模型表明这些同位素的额外稳定性正是由偶相交形式的非平凡结构导致的。

如果 $N_{exc}=8m$，那么它的相交形式可以是方程（4.2）中的类型，$l=2P-1$，但它也可能是奇的。这样的例子有恩里克斯曲面（$l=1$，$m=1$）和 K3 曲面（$l=3$，$m=2$）。潜在对应于这些曲面的同位素是 ^{10}H 和 ^{20}He。这些同位素的中子过于多以至于到现在都还没有被观测到；但也存在很多更重的原子核（及对应的原子），它们的中子溢出 N_{exc} 是 8 的倍数。

有证据表明中子溢出 N_{exc} 是 8 的倍数的原子核拥有额外的稳定性。最显然的例子是 ^{48}Ca，但这通常是由它的壳模型解释的，因为 $P=20$ 和 $N=28$ 都是幻数。一个更有意思但理解更少的例子是已知最重的氧同位素 ^{24}O，它带有 8 个质子和 16 个中子。这和其他几个例子并不明显地符合壳模型。最稳定的铁同位素是 $N_{exc}=4$ 的 ^{56}Fe，但令人震惊的是，$N_{exc}=8$ 的 ^{60}Fe 拥有超过一百万年的寿命。这里 $P=26$，$N=34$。$N_{exc}=8$ 的 ^{64}Ni 是镍的一种稳定的同位素。此外还有一些惊人的例子，即中子溢出为 16 或 24 的稳定或相对稳定的同位素。其中有一些跟稳定性山谷的一般趋势比起来有些另类。一个例子是 $N_{exc}=24$ 的 ^{124}Sn，锡最重的稳定同位素。至于中子溢出为 8 的倍数的同位素的额外稳定性是否具有统计意义，还需要进一步的研究。

没有证据表明中子亏缺为 8（$N_{exc}=-8$）时存在稳定的效应。事实上，几乎没有已知原子核具有如此之少的中子数。仅有的一个备选是 ^{48}Ni，它的 $P=28$ 和 $N=20$ 都是幻数。

5. 其他曲面

除了一般类型的极小曲面，还存在其他类别的代数曲面。这些曲面有物理解释吗?

在一个曲面 X 上，我们通常可以“拉开（blow up)”一个或多个点。得到的曲面将不是极小的，因为按照定义，一个曲面是极小的，如果它不能从别的曲面通过拉开一些点得到。拉开一个点会使 c_2 增加 1，且 c_1^2 减少 1。在我们的模型里，这等价于把 N 增加 1 并保持 P 不变。换句话说，这等价于引进一个中子。在拓扑上，拉开是一个局部过程，并等价于粘上（通过连通和）一个$\overline{\mathrm{CP}^2}$。这会引进一个二维闭链，它的自相交数为-1，但和其他任何闭链都不相交。相交形式的秩（维数）会增加 1；对角线多出一个-1，且多出来的行和列里其他的元素为 0。这自动使相交形式变成奇的，因此原来任何一个偶形式现在都可对角化了。

物理上的解释似乎是这样的：一个中子被引进来，且它和所有其他的质子及中子分开得很远。这样就会增加一个相对较高的能量，比在原子核上束缚一个额外的中子所需的能量要高。极小代数曲面，尤其是带有偶相交形式的曲面，应该对应于拥有更低能量从而更加束缚的原子核或原子。

最简单的例子是在 CP^2 上拉开一个点。这样得到的是希策布鲁赫（Hirzebruch）曲面 H_1，一个 CP^1 上的非平凡 CP^1 丛。它的相交形式是 $\begin{pmatrix}1 & 0\\ 0 & -1\end{pmatrix}$。希策布鲁赫曲面和二次曲面都是单连通的且拥有相同的贝蒂数，$b_2^+ = b_2^- = 1$；或相应地，$P=1, N=1$。但是，希策布鲁赫曲面的相交形式是奇的，而二次曲面是偶的。我们的提议认为，希策布鲁赫曲面表示一个分离的质子、中子、电子体结构，而二次曲面代表氘原子——一个由束缚态质子和中子构成的原子核，并被电子所环绕。

勒布朗关于里奇曲率（Ricci curvature）L^2 范数的不等式［25，26］可以支持这个物理解释。如果曲面上的一些点被拉开，那么范数会增加，并且增加的值是拉开的点数的常数倍。这表明，里奇曲率的范数和数量曲率的范数都应该是物理能量的组成部分，尽管他们可能有不同的系数。

到目前为止，我们还没有考虑过可以表示单独一个中子或者一簇中子的曲面。类型 VII 的曲面可以作为候选，这些曲面满足 $c_1^2 = -c_2$，c_2 为正；或等价地，$P = 0$，N 为任意正整数。这些曲面是复的，但不是代数的，没有凯勒度量，也不是单连通的。单中子的模型是非常重要的。关于“拉开”的讨论暗示我们$\overline{\mathrm{CP}^2}$是另一个可能的模型。在这种情况下，一个中子对应于一个自相交数为 -1 的 2-闭链；它的镜像描述是 CP^2 中一个质子对应于一个自相交数为 $+1$ 的 2-闭链。

一个自由的中子几乎是稳定的，它的寿命大概是 10 分钟。物理上对成簇的中子非常感兴趣。类似于双质子共振，也存在双中子共振（dineutron resonance）。最近还有一些关于四中子共振（tetraneutron resonance）的实验证据［28］，这表明四个中子趋于束缚在一起。八中子共振（octaneutron resonance）也被讨论过，不过并没有确凿的证据表明它们存在。中子星的构成包括数量众多的中子和可能存在的少量其他粒子（质子和电子），但它们只有在将引力补充进来后才是稳定的。标准的牛顿引力对于原子核来说当然是可以忽略的。

两个亏格大于或等于 2 的黎曼曲面（代数曲线）的乘积是一般型极小曲面的例子，但它们显然不是单连通的。这些曲面作为原子的解释是有必要研究的。其他的曲面，例如直纹面（ruled surfaces），可能有一些物理解释，但是我们的公式在这种例子里会给出负的质子数和中子数。它们也不是反物质的模型（即反质子、反中子、正电子的组合），因为反物质最有可能由描述物质的曲面的复共轭所建模。另外，质子和反中子构成的束缚态，对应于正 P 和负 N，好像不存在。

6. 结论

我们提出了一个新的关于物质的几何模型。它超出了我们以前提议［14］的范围，因为它不仅仅局限在描述一类特定的粒子。原则上，我们的模型可以解释所有类型的中性原子。

每个原子由一个紧致的复代数曲面所建模。作为一个实流形，这个曲面是四维的。质子数 P（对于中性原子，它也等于电子数）和中子数 N 由

曲面的陈数 c_1^2 和 c_2 来表示，但它们也可以由霍奇数的组合或贝蒂数 b_1、b_2^+、b_2^- 来表示。

我们通过考虑几个代数曲面的例子——复射影平面 CP^2，二次曲面 Q，希策布鲁赫曲面 H_1 ——来得到 P 和 N 的公式。从已知的代数曲面满足的约束条件推导出来的一些结果可以看成是我们的模型的预测。比如，P 可以是任意一个正整数；N 总是大于等于 0 并且不超过 $9P$ 和 $7P+6$。这包含了所有已知的同位素。一个非常有趣的预测是，对于小的和中等大小的原子核，原子核稳定性山谷的中心线 $N=P$ 对应于直线 $\tau=0$。这里 $\tau=b_2^+-b_2^-$ 是符号差。τ 为正数和 τ 为负数的曲面有着质的区别。这表明在我们的模型里，质子数富裕和中子数富裕的原子核有本质的区别。

对于 $b_1=0$ 的单连通曲面（或者更加一般地，b_1 的值固定），P 增加 1 对应于 b_2^+ 增加 2。这可以解释为，对应于一个额外的质子和一个额外的电子，存在两个额外的自相交为正的 2-闭链。这跟我们以前的模型是一致的：在以前的模型里，一个质子对应于这样一个 2-闭链 [14]，并且含有 n 个 NUT 的 multi-Taub-NUT 空间建模 n 个电子 [16，17]。另一方面，N 增加 1 对应于 b_2^- 增加 1。这意味着，一个中子对应于一个自相交为负的 2-闭链。这和我们之前的想法是不同的：在以前的模型里，一个中子由一个自相交为零的 2-闭链建模。现在看起来，相交数是和同位旋（对于质子它的第三分量是 $\frac{1}{2}$；对于中子则是 $-\frac{1}{2}$）联系在一起的，而不是和电荷（对于质子是 1；对于中子是 0）。

很明显，还需要更多的工作来把这些想法发展成一个关于核与原子的物理模型。我们之前也提到过定义一个代数曲面的能量函数。有必要探究拓扑不变量与非拓扑曲率积分的组合，并将其和处于基态的核与原子的具体能量来做比较。重要的是要考虑基态和激发态的量子力学性质，以及它们的能量和自旋。离散的能隙可以来源于几何上的离散变化，例如将一个被拉开的曲面换成一个极小曲面，或者在保持 P 和 N 不变的情况下考虑改变 b_1 的影响，或者比较代数曲面在（更高维的）射影空间的不同嵌入。在某些情况下，相交形式的选择应该是离散的。还有一种可能性是找到薛定谔方程的一个使用线性算子（例如拉普拉斯算子或狄拉克算子）的类比，这里线性算子作用在曲面上的微分形式空间或自旋空间。另一条可能正确的途径是将曲面的连续模（moduli）作为动力学变量，然后对它们进行量子化。这个模应该对应于质子、中子及电子的相对位置。上面提到的一些想法已经在由 Taub-NUT 空间或另一个非紧致四维流形建模的单粒子情境下研究过 [15，29]。进一步的物理过程，例如较大原子核的裂变或者原子聚合而形成分子的过程，也需要被研究。

在这些研究之前，有必要确定曲面上需要什么样的度量结构。在过去我们一般要求流形有一个自对偶的度量，即引力瞬子；但是现在看来这个条件太严格了，因为满足条件的紧致流形太少。要求流形具有凯勒-爱因斯坦度量可能更合理一点，尽管并不是所有的代数曲面都有这样的度量[30，31]。对于这些想法的进一步发展，参考文献［32，33]。

致谢

我们感谢克里斯·哈尔克罗（Chris Halcrow）制作图1至图3，和尼克·米（Nick Mee）提供图4。

参考文献

[1] THOMSON W. On vortex atoms，Trans. R. Soc. Edin. 6，1867：94.

[2] LILLEY J. Nuclear Physics：Principles and Applications，Wiley，Chichester，2001.

[3] ROHRLICH F. Classical Charged Particles，3rd edn.，World Scientific，Singapore，2007.

[4] SKYRME T H R. A nonlinear field theory，Proc. R. Soc. London A260，1961：127.

[5] SKYRME T H R. A unified field theory of mesons and baryons，Nucl. Phys. 31，1962：556.

[6] ADKINS G S，NAPPI C R，WITTEN E. Static properties of nucleons in the Skyrme model，Nucl. Phys. B 228，1983：552.

[7] PERKINS D H. Introduction to High Energy Physics，4th edn. ，Cambridge UniversityPress，Cambridge，2000.

[8] BATTYE R A，et al. ，Light nuclei of even mass number in the Skyrme model，Phys. Rev. C 80，2009：034323.

[9] LAU P H C，MANTON N S. States of carbon-12 in the Skyrme model，Phys. Rev. Lett. 113，2014：232503.

[10] HALCROW C J. Vibrational quantisation of the B = 7 Skyrmion，Nucl. Phys. B 904，2016：106.

[11] HALCROW C J，KING C，MANTON N S. A dynamical α-cluster model of 16O，Phys. Rev. C 95，2017：031303（R）.

[12] FINKELSTEIN D，RUBINSTEIN J. Connection between spin，statistics and kinks，J. Math. Phys. 9，1968：1762.

[13] ATIYAH M，MANTON N S. Skyrmions from instantons，Phys. Lett. B 222，1989：438.

[14] ATIYAH M，MANTON N S，SCHROERS B J. Geometric models of matter，Proc. R. Soc. London A468，2012：1252.

[15] JANTE R，SCHROERS B J. Dirac operators on the Taub-NUT space，monopoles andSU(2) representations，J. High Energy Phys. 01，2014：114.

[16] FRANCHETTI G，MANTON N S. Gravitational instantons as models for chargedparticle systems，J. High Energy Phys. 03，2013：072.

[17] FRANCHETTI G. Harmonic forms on ALF gravitational instantons，J. High Energy Phys. 12，2014：075.

[18] BARTH W，PETERS C，VAN DE VEN A. Compact Complex Surfaces，Springer，Berlin，Heidelberg，1984.

[19] GRIFFITHS P，HARRIS J. Principles of Algebraic Geometry，Wiley Classics，NewYork，Chichester，1994.

[20] VOISIN C. Hodge Theory and Complex Algebraic Geometry，Vol. I，Cambridge University Press，Cambridge，2002.

[21] Enriques-Kodaira classification，Wikipedia，2016.

[22] CARTWRIGHT D I，STEGER T. Enumeration of the 50 fake projective planes，C. R. Acad. Sci. Paris，Ser. I348，2010：11.

[23] BRAATEN E, TOWNSEND S, CARSON L. Novel structure of static multisoliton solutionsin the Skyrme model, Phys. Lett. B235, 1990: 147.

[24] BATTYE R A, MANTON N S, SUTCLIFFE P M. Skyrmions and the α-particle model of nuclei, Proc. R. Soc. London A463, 2007: 261.

[25] LEBRUN C. Four-manifolds without Einstein metrics, Math. Res. Lett. 3, 1996: 133.

[26] LEBRUN C. Ricci curvature, minimal volumes, and Seiberg-Witten theory, Invent. Math. 145, 2001: 279.

[27] DONALDSON S K, KRONHEIMER P B. Geometry of Four-Manifolds, Oxford UniversityPress, Oxford, 1990.

[28] KISAMORI K, et al. , Candidate resonant tetraneutron state populated by the ^{4}He (^{8}He; ^{8}Be) reaction, Phys. Rev. Lett. 116, 2016: 052501.

[29] JANTE R, SCHROERS B J. Spectral properties of Schwarzschild instantons, Class. Quantum Grav. 33, 2016: 205008.

[30] OCHIAI T. (ed.), Kähler Metric and Moduli Spaces, Advanced Studies in Pure Mathematics, Vol. 18-II, Kinokuniya, Tokyo, 1990.

[31] TIAN G. Kähler-Einstein metrics with positive scalar curvature, Invent. Math. 137, 1997: 1.

[32] ATIYAH M, MARCOLLI M. Anyons in geometric models of matter, J. High Energy Phys. 07, 2017: 076.

[33] ATIYAH M F. Geometric models of helium, Mod. Phys. Lett. A32, 2017: 1750079.

第二章
拓扑引力的进展

DEVELOPMENTS IN TOPOLOGICAL GRAVITY

罗贝特·戴克赫拉夫（Robbert Dijkgraaf），爱德华·威滕（Edward Witten）
普林斯顿高等研究院，
普林斯顿爱因斯坦路，新泽西州 NJ08540，美国本文介绍了二维拓扑引力的两个进展。它作为黎曼曲面模空间的相交理论还没被物理学家所熟知。10 多年前，米尔扎哈尼（Mirzakhani）对拓扑引力和二维引力矩阵模型之间关系的公式给出了一个优美的证明［1，2］。这里我们将部分地介绍这一工作，以此缅怀这位杰出的数学开拓者。最近，潘德里潘德（Pandharipande），所罗门（Solomon）和特斯勒（Tessler）［3］（更进一步的进展参见［4－6］）将模空间上的相交理论推广到带边黎曼曲面的情形，并得到了 KdV 和维拉宿（Virasoro）约束的推广。尽管从矩阵模型的观点看，这种推广是自然的（即在矩阵模型中添加向量自由度），但并非是简单直接的。我们将介绍解决这些困难的出人意料的想法。

目录

1. 引言

二维时空中的量子引力至少有两个最简单的候选模型。从 20 世纪 80 年代起就一直被不断研究着的矩阵模型便是其中之一。这些模型在［7－11］中被提出，之后在［12－14］中被求解出来；［15］做了全面的综述并包含大量的资料。第二个候选模型是拓扑引力理论，也就是黎曼曲面模空间中的相交理论。在过去人们便开始猜想二维拓扑引力是等价于矩阵模型的［16，17］。

两者的等价性导出了用矩阵模型配分函数来表达模空间中某些上同调类相交数的公式，该配分函数由 KdV 方程［18］或等价地由维拉宿约束［19］决定。孔采维奇（Kontsevich）用一种新的矩阵模型直接计算了模空间中的相交数（这种矩阵模型也是由 KdV 方程和维拉宿约束所控制的），从而证明了这些公式［20］。

10 多年前，玛丽亚姆·米尔扎哈尼（Maryam Mirzakhani）在她的博士论文中找到了这个等价性的新证明［1，2］（一些别的证明参见［21，22］）。她把重点放在理解带边双曲黎曼曲面模空间的韦伊-彼得森体积，证明了该体积包含了相交数的所有信息。曲面 Σ 上的双曲结构是由平坦 $SL(2,\mathbb{R})$联络决定的，所以 Σ 上双曲结构的模空间 M 可以认为是平坦 $SL(2,\mathbb{R})$联络的模空间。事实上，定义 M 上韦伊-彼得森辛形式的公式与以紧李群（例如 $SU(2)$）为结构群的平坦联络模空间上辛形式相同。对紧李群来说，模空间的体积可以通过剪切和粘贴的直接方法来计算［23］。这里涉及用三洞球面来粘成 Σ 的构造。你可能会简单地希望对 $SL(2,\mathbb{R})$ 和韦伊-彼得森体积做类似的计算。但是关键的差别在于：在 $SL(2,\mathbb{R})$ 的情形中，为了定义和计算模空间的体积，你需要模掉 Σ 的映射类群的作用（否则得到体积是无限的）。然而模掉映射类群的作用与简单的剪切粘贴方法不相容。玛丽亚姆·米尔扎哈尼用一种惊人的优美方法克服了这个困难。我们将在第 2 部分中简单回顾这一方法。

二维引力的矩阵模型有一个自然的推广，其中引入了向量自由度［24－29］。从物理的观点看，这个推广与有复结构的二维带边流形上的二维引力有关。我们称这样的二维流形为开黎曼曲面（如果 Σ 的边界为空集，我们称它为闭黎曼曲面）。自然地，我们希望类似于闭黎曼曲面的情形，开黎曼曲面的模空间也有与带向量自由度的矩阵模型相关的相交理论。为了构造这样的理论，你立刻会遇到困难：开黎曼曲面的模空间是带边的并且没有一个自然的定向；这两点导致了在这个空间上定义相交理论并不是一件显然的事情。这些困难被潘德里潘德，所罗门和特斯勒通过一种相当出乎意料的方法克服了［3］。这个解法涉及在某个初看起来毫不相关的问题里引入自旋结构［4－6］。在第 3 部分，我们将解释其中的要点。在第 4 部分，我们将回顾有向量自由度的矩阵模型，并证明它们在模掉某个小的变形后，可以导出开黎曼曲面模空间相交理论中的维拉宿约束。

我们考虑的是文献［12－14］中研究的矩阵模型的直接推广。相同的问题可以使用有源高斯矩阵模型的不同方法来处理，参见［30］及［31］的第 8 章。另一不同方法还可以参考［32］。［33］则说明了矩阵模型和相交理论之间的关系。

2. 韦伊-彼得森体积与二维拓扑引力

2.1 背景与起始步骤

令 Σ 为一个带有标记点①$p_1,\cdots\cdots,p_n$ 的亏格 g 闭黎曼曲面，并令 $\mathcal{L}_i$ 是 Σ 在 p_i 处的余切空间。当 Σ 和 p_i 变化时，$\mathcal{L}_i$ 作为 $\mathcal{M}_{g,n}$ 上某个复线丛的纤维（仍记为$\mathcal{L}_i$）随之变动。这里 $\mathcal{M}_{g,n}$ 是有 n 个孔的亏格 g 曲线的模空间。事实上，这些线丛自然地延拓到 $\mathcal{M}_{g,n}$ 的德利涅-芒福德（Deligne-Mumford）紧化 $\overline{\mathcal{M}}_{g,n}$ 上。我们记 $\mathcal{L}_i$ 的第一陈类为 ψ_i，于是$\psi_i=c_1(\mathcal{L}_i)$是一个二维的上同调类。对非负整数 $d,\tau_{i,d}=\psi_i^d$ 是一个二维的上同调类。通常的二维拓扑引力关联函数由下面的相交数给出：

$$\langle\tau_{d_1}\tau_{d_2}\cdots\tau_{d_n}\rangle=\int_{\overline{\mathcal{M}}_{g,n}}\tau_{1,d_1}\tau_{2,d_2}\cdots\tau_{n,d_n}=\int_{\overline{\mathcal{M}}_{g,n}}\psi_1^{d_1}\psi_2^{d_2}\cdots\psi_n^{d_n}\qquad(2.1)$$

其中 $d_1,\cdots,d_n$ 是 n 个非负整数。(2.1) 式的右边等于零，除非 $\sum_{i=1}^n d_i=3g-3+n$。更准确地说，(2.1) 式定义的是关联函数中亏格 g 贡献的部分，而完整的关联函数则是对所有 $g\geqslant 0$ 求和得到。（对一组给定的 d_i，从条件 $\sum_{i=1}^n d_i=3g-3+n$ 中至多只能解出一个整数解 g，它是在计算 $\langle\tau_{d_1}\tau_{d_2}\cdots\tau_{d_n}\rangle$ 时唯一需要考虑的值）。

现在我们解释这些关联函数是如何联系到 $\mathcal{M}_g$ 的韦伊-彼得森体积。在 $n=1$ 的特殊情况，我们只有一个标记点 p 和一个线丛$\mathcal{L}$以及上同调类ψ。我们还有忘掉标记点的遗忘映射 $\pi:\overline{\mathcal{M}}_{g,1}\longrightarrow\overline{\mathcal{M}}_g$。通过在其纤维上对四维上同调类 $\tau_2=\psi^2$ 进行积分，我们构造了一个 $\overline{\mathcal{M}}_g$ 上的二维上同调类 κ：

$$\kappa=\pi_*(\tau_2)\qquad(2.2)$$

①标记点必须两两不重合。

一般地，米勒-森田-芒福德（Miller-Morita-Mumford）（MMM）类由 $\kappa_d=\pi_*(\tau_{d+1})$ 来定义，所以 κ 正是第一个 MMM 类 κ_1。κ 作为上同调类等于模空间的韦伊-彼得森辛形式 ω 的常数倍［34，35］：

$$\frac{\omega}{2\pi^2}=\kappa \tag{2.3}$$

由（2.2）可知，使用 κ 来定义体积形式比 ω 方便。于是 M_g 的体积就是：

$$V_g=\int_{\overline{\mathcal{M}}_g}\frac{\kappa^{3g-3}}{(3g-3)!}=\int_{\overline{\mathcal{M}}_g}\exp(\kappa) \tag{2.4}$$

κ 和 τ_2 间的关系让人想到体积 V_g 或许是拓扑引力的一个关联函数：

$$V_g\overset{?}{=}\frac{1}{(3g-3)!}\langle\tau_2^{3g-3}\rangle \tag{2.5}$$

但是这样一个简单的公式是不对的。理由如下，为了计算（2.5）式的右边，我们必须在 Σ 上引入 $3g-3$ 个标记点并在每个点处放上 τ_2（也就是 ψ_i^2）。当只有一个标记点时，κ 确实能通过如（2.2）式那样在遗忘映射纤维上对 τ_2 积分来得到。但是，当标记点多于一个时，我们必须注意在定义 $M_{g,n}$ 的德利涅-芒福德紧化时，标记点不允许重合。这会导致一些变化，比如两个 τ_2 要改成一个 τ_3。最终 V_g 也能通过拓扑引力的关联函数表达出来，并能用 KdV 方程或维拉宿约束来计算，但是该公式变得更复杂。参见下面的 2.4 小节。现在我们只提一下这个方法在［36］中被用来决定在 g 相当大时 V_g 的渐进行为，但在一般的情况下显然不能推出 V_g 的精确公式。韦伊-彼得森体积及其渐进估计起初是在［37］中用不同的方法来研究的。

$\mathcal{M}_{g,n}$ 也有韦伊-彼得森体积 $V_{g,n}$。原则上它也能用 $\overline{\mathcal{M}}_{g,n'}(n'>n)$ 中相交数的信息来计算。这虽然给出了有用的信息不过仍难以给出精确的一般公式。

米尔扎哈尼的做法不一样。首先，她在双曲的世界里考虑问题，所以接下来 Σ 不仅是一个复黎曼曲面，它也被赋予了一个双曲度量，也就是常数量曲率 $R=-1$ 的黎曼度量。一个复黎曼曲面有且仅有一个 $R=-1$ 的凯勒（Kähler）度量。当我们研究双曲黎曼曲面时，一个标记点自然地①被看作是在双曲度量下无穷远处的尖点（图 1）。

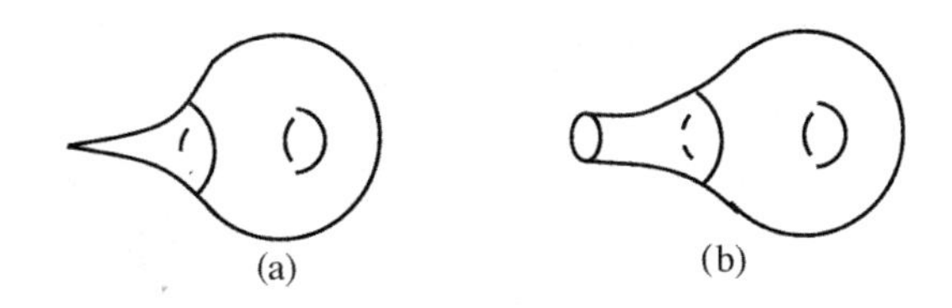

图 1　(a) 双曲黎曼曲面上作为标记点的尖点：它位于双曲度量的无穷远处。(b) 不使用标记点，一个双曲黎曼曲面可能有周长是任意正数 b 的测地边界。

不用标记点的话，我们可以考虑带边的黎曼曲面。在双曲的条件下，这要求每个边界都是双曲度量下的测地线。它的周长可以是任意正数 b。现在我们考虑的是一个有 n 个边界的亏格 g 开黎曼曲面而不是带有 n 个标记点的亏格 g 闭黎曼曲面。Σ 上有一个双曲度量并且边界是给定长度 $b_1,\cdots,b_n$ 的测地线。这样的双曲度量的模空间记为 $\mathcal{M}_{g;b_1,b_2,\cdots,b_n}$ 或 $\mathcal{M}_{g,\vec{b}}$，这里 $\vec{b}$ 是数组 $(b_1,b_2,\cdots,b_n)$。

作为一个拓扑空间，$\mathcal{M}_{g,\vec{b}}$ 与 $\vec{b}$ 的选取无关。事实上，$\mathcal{M}_{g,\vec{b}}$ 是一个轨形，而一个轨形的拓扑类型不依赖于像 $\vec{b}$ 这样的连续变量。当 $b_1,\cdots,b_n$ 都趋于零时，边界都趋于尖点从而 $\mathcal{M}_{g,\vec{b}}$ 趋于 $\mathcal{M}_{g,n}$。因此在拓扑的意义下，对任意 $\vec{b}$，$\mathcal{M}_{g,\vec{b}}$ 等价于 $\mathcal{M}_{g,n}$。具体地说，我们总能通过把以圆心为标记点的圆盘粘贴到边界的方法，将带边的黎曼曲面转化为带标记点的黎曼曲面，同时不改变黎曼曲面的参数。这推出了 $\mathcal{M}_{g,\vec{b}}$ 和 $\mathcal{M}_{g,n}$ 的拓扑等价性。如果允许 Σ 上的双曲度量延拓到尖点型的奇点，我们就会得到 $\mathcal{M}_{g,\vec{b}}$ 的一个紧化 $\mathcal{M}_{g,\vec{b}}$，它与 $\mathcal{M}_{g,n}$ 的德利涅-芒福德紧化 $\overline{\mathcal{M}}_{g,n}$ 是一致的。

$\mathcal{M}_{g,n}$ 和 $\mathcal{M}_{g,\vec{b}}$ 都有自然的韦伊-彼得森辛形式，分别记为 ω 和 $\omega_{\vec{b}}$（参见[38]）。由于 $\mathcal{M}_{g,n}$ 和 $\mathcal{M}_{g,\vec{b}}$ 是拓扑等价的，所以一个自然的问题是 $\mathcal{M}_{g,\vec{b}}$ 的辛形式 $\omega_{\vec{b}}$ 是否和 $\mathcal{M}_{g,n}$ 的辛形式 ω 在同一个上同调类里。答案是否定的。我们有（参见 [2] 中的定理 4.4)：

①这个对应是自然的，因为当对 $\mathcal{M}_{g,n}$ 做德利涅-芒福德紧化时，Σ 上双曲度量的退化性导致了尖点。由于当 Σ 退化时额外的标记点也作为双曲度量的尖点出现（比如当两个分支在一个新的标记点处粘起来时），所以全部标记点都可以自然地用相同的方式处理。

$$\omega_{\vec{b}}=\omega+\frac{1}{2}\sum_{i=1}^{n} b_i^2\ \psi_i \tag{2.6}$$

（这是上同调类之间的关系，而不是微分形式的方程。）由此可得 $\mathcal{M}_{g,\vec{b}}$ 的韦伊-彼得森体积是①：

$$V_{g,\vec{b}}=\frac{1}{(2\pi^2)^{3g-3+n}}\int_{\mathcal{M}_{g,\vec{b}}}\exp\left(\omega+\frac{1}{2}\sum_{i=1}^{n} b_i^2\ \psi_i\right) \tag{2.7}$$

等价地，由于允许尖点的紧化不影响体积积分，并且 $\mathcal{M}_{g,\vec{b}}$ 的紧化与 $\overline{\mathcal{M}}_{g,n}$ 相同，所以我们也能写下在紧化空间上的积分：

$$V_{g,\vec{b}}=\frac{1}{(2\pi^2)^{3g-3+n}}\int_{\overline{\mathcal{M}}_{g,n}}\exp\left(\omega+\frac{1}{2}\sum_{i=1}^{n} b_i^2\ \psi_i\right) \tag{2.8}$$

以上结果告诉我们当 $\vec{b}=0$ 时，$V_{g,\vec{b}}$ 简化为 $M_{g,n}$ 的体积 $V_{g,n}=(1/2\pi^2)^{3g-3+n}\int_{\overline{\mathcal{M}}_{g,n}}E^{\omega}$。更进一步地，(2.8) 式推出 $V_{g,\vec{b}}$ 是 $\vec{b}^2=(b_1^2,\cdots,b_n^2)$ 的总次数为 $3g-3+n$ 的多项式。在计算 $V_{g,\vec{b}}$ 的最高次项时，我们可以把 ω 从 (2.8) 式的指数中舍去，然后按 b_i 的幂次展开。最高次项就是：

$$\frac{1}{(2\pi^2)^{3g-3+n}}\sum_{d_1,\cdots,d_n}\prod_{i=1}^{n}\frac{b_i^{2d_i}}{2^{d_i}\ d_i!}\langle\tau_{d_1}\ \tau_{d_2}\cdots\tau_{d_n}\rangle \tag{2.9}$$

（仅带有 $\sum_i d_i=3g-3+n$ 的项对求和有非零的贡献。）或者说，闭黎曼曲面上二维拓扑引力的关联函数在 $V_{g,\vec{b}}$ 的展开式中作为系数出现。当然，$V_{g,\vec{b}}$ 包含了更多的信息②，因为我们也可以考虑 $V_{g,\vec{b}}$ 中 $\vec{b}$ 的次高项。

因此米尔扎哈尼处理拓扑引力的方法涉及如何从体积多项式 $V_{g,\vec{b}}$ 导出拓扑引力的关联函数。在回顾一个更简单的问题之后，我们将在 2.3 小节讲计算这些多项式的一些步骤。

---

①因子 $1/(2\pi^2)^{3g-3+n}$ 出现的原因是我们在方程 (2.4) 中定义体积时使用的不是 ω 而是 κ。

②原则上这些并不是新的信息。利用在开头讨论过的 $M_{g,n}$ 和拓扑引力关联函数之间的关系，我们也能导出用拓扑引力关联函数表示的 $V_{g,\vec{b}}$ 中的次高项。但是，这种方法难以得到有用的公式。

2.2　一个较简单的问题

在解释如何计算 $\mathcal{M}_{g,\vec{b}}$ 的体积之前，我们先描述在一个较简单的情形中怎样计算体积。事实上，类似的计算出现在［2］中。

令 G 为一个紧李群，例如 $SU(2)$，它的李代数是 g。令 Σ 是亏格 g 的闭黎曼曲面，M_g 是从 Σ 的基本群到 G 的全体同态所构成的模空间。等价地，M_g 是 Σ 上 g 值平坦联络的模空间。于是［38，39］M_g 有一个自然的辛形式，它在很多方面都和 $\mathcal{M}_g$ 的韦伊-彼得森体积形式类似。将 Σ 上一个平坦联络记为 A，它的变分记为 δA。M_g 上的辛形式可以通过规范场论的公式定义为

$$\omega=\frac{1}{4\pi^2}\int_\Sigma \mathrm{Tr}\delta A\wedge\delta A \qquad (2.10)$$

这里（对 $G=SU(2)$）Tr 为二维表示的迹。

实际上，$\mathcal{M}_g$ 的韦伊-彼得森形式能够通过完全相同的公式来定义。Σ 上双曲结构的模空间是 Σ 上平坦 $SL(2,\mathbb{R})$ 联络的模空间模掉 Σ 的映射类群作用后的一个连通分支①。此时的平坦联络也记为 A，Tr 仍是 $SL(2,\mathbb{R})$ 二维表示的迹。于是在这个情形下，(2.10) 式的右边变成 $\mathcal{M}_g$ 的韦伊-彼得森辛形式 ω 的倍数。

带测地边界的双曲黎曼曲面模空间 $\mathcal{M}_{g,\vec{b}}$ 也有类似的基于紧李群 G 的对应。对 $\vec{b}=(b_1,b_2,\cdots,b_n)$，$\mathcal{M}_{g,\vec{b}}$ 可以用规范场论的语言来解释。在规范场论的语境中，$\mathcal{M}_{g,\vec{b}}$ 中的一个点对应着 Σ 上的平坦 $SL(2,\mathbb{R})$ 联络，其满足绕第 i 个边界的和乐（holonomy）在 $SL(2,\mathbb{R})$ 中共轭于群元素 $\mathrm{diag}(e^{b_i},e^{-b_i})$。

用这种语言我们显然可以类似地对 $SU(2)$ 等紧李群定义 $\mathcal{M}_{g,\vec{b}}$。对 $\alpha_\kappa,\kappa=1,\cdots,n$，我们选取 $SU(2)$ 中包含 $U_k=\mathrm{diag}(e^{i\alpha\kappa},e^{-i\alpha\kappa})$ 的共轭类。将 n-数组 $(\alpha_1,\alpha_2,\cdots,\alpha_n)$ 记为 $\vec{\alpha}$，$M_{g,\vec{\alpha}}$ 定义了带 n 个洞（或等价地 n 个边界）的亏格

①Σ 上平坦 $SL(2,\mathbb{R})$ 联络的模空间有不同连通分支，它们用秩 2 平坦实矢量丛的欧拉类来区分(该丛的转移函数取值在 $SL(2,\mathbb{R})$ 的二维表示中)。其中的一个连通分支参数化了带自旋结构的双曲度量。如果将 $SL(2,\mathbb{R})$ 换成 $PSL(2,\mathbb{R})=SL(2,\mathbb{R})/\mathbb{Z}_2$ (双曲平面的对称群)，我们就可以忘掉自旋结构。准确地说，M_g 就是平坦 $PSL(2,\mathbb{R})$ 联络的一个连通分支。这种细化在下面的讨论中不重要，故我们只讨论 $SL(2,\mathbb{R})$。使用 $PSL(2,\mathbb{R})$ 的话，我们可以将 Tr 定义为其三维表示的迹的 1/4。

g 曲面上平坦联络的模空间，其满足绕第 κ 个洞的和乐共轭于 U_κ。经过一些分析[①]，在这种情形下 $\mathcal{M}_{g,\vec{b}}$ 的韦伊-彼得森形式 $\kappa_{\vec{b}}$ 以及 $\mathcal{M}_{g,\vec{\alpha}}$ 的类似辛形式 $\omega_{\vec{\alpha}}$ 可以用（2.10）式的右边来定义。特别地，$M_{g,\vec{\alpha}}$ 有辛体积 $V_{g,\vec{\alpha}}$，它是 $\vec{\alpha}$ 的多项式。这个多项式的系数是某种形式的二维拓扑规范理论关联函数——它们是 $M_{g,\vec{\alpha}}$ 上某些上同调类的相交数。

类似于 2.1 小节中对引力的描述，[40] 对紧致规范群的规范理论做了上述论述。而且 [23] 对紧规范群描述了计算辛体积 $V_{g,\vec{\alpha}}$ 的各种相对简单的方法。没有一种方法能自然地搬过来处理引力的情形。但是玛丽亚姆·米尔扎哈尼在引力方面的工作给我们带来了有助于解决紧规范群的规范理论中类似问题的想法。为此我们做几个评述。

首先，我们考虑一个三洞球面 [有时称为"裤子"，见图 2（a）] 的特殊例子。对 $G=SU(2)$，$\mathcal{M}_{0,\vec{\alpha}}$ 或者是体积为 1 的一个点，或者是体积为 0 的空集，这取决于 $\vec{\alpha}$。我们也能对其他紧群 G 计算（稍微困难些）三洞球面模空间的体积，但在此不解释其中的细节因为 $SU(2)$ 的情形足以说明问题。

现在为了推广至三洞球面以外的情况，我们注意到任一个闭曲面 Σ 都可以通过沿着一些三洞球面的边界粘贴而成 [图 2（b）]。如果 Σ 是这样构造的，那么对应的体积 $M_{g,\vec{\alpha}}$ 就是把每个三洞球面的体积函数乘起来再沿着发生粘贴的内边界对参数 α 积分而得。（我们也要对粘贴时产生的扭转角度积分，但这仅给出一个平凡的全局因子。）因此，对紧群而言，我们可以相对直接地得到体积 $V_{g,\vec{\alpha}}$。而且这样的公式相当好处理。

---

①在引力方面，米尔扎哈尼完全没有用（2.10）式，而是采用了基于芬切尔-尼尔森（Fenchel-Nielsen）坐标的方法证明了 $\kappa_{\vec{b}}$ 的上同调类关于 $\vec{b}^2$ 是线性的。在规范理论这边，应用（2.10）式时，带孔（即去掉标记点）的黎曼曲面比带边的黎曼曲面更方便。这并不影响平坦联络的模空间，因为如果 Σ 是带边的黎曼曲面，那么我们可以在每个边界处粘上一个带一个孔的圆盘，这样就把所有边界都换成了孔，并且没有改变平坦联络的模空间。为简单起见，我们将一直使用带边黎曼曲面。

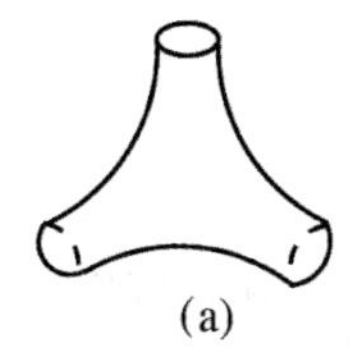

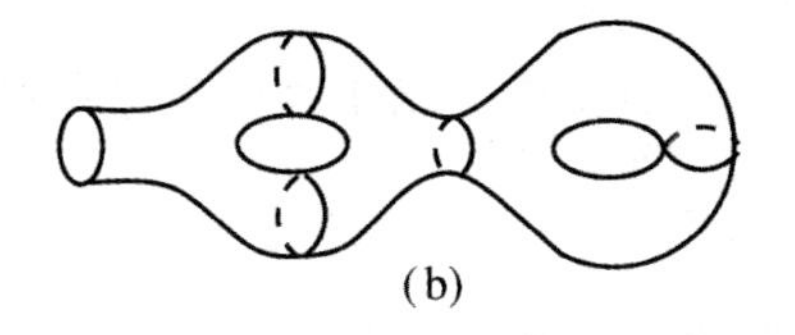

图 2 (a) 三洞球面或“裤子”。

(b) 可能带边的黎曼曲面 Σ，可通过沿边界粘贴三洞球面得到。三洞球面的每个边界或者是外边界——Σ 自身的边界——或者是由粘贴（一般来说不同的）三洞球面的边界而成的内边界。这个例子里有一个外边界和四个内边界。

当我们模仿 $SU(2)$ 去处理 $SL(2,\mathbb{R})$ 的情形时，一些步骤仍然有效。特别地，如果 Σ 是一个三洞球面，那么对任意 $\vec{b}$，模空间 $\mathcal{M}_{0,\vec{b}}$ 是一个点并且 $V_{0,\vec{b}}=1$。对 $SL(2,\mathbb{R})$，出错的地方是如果 Σ 使 $\mathcal{M}_{0,\vec{b}}$ 不再是一个点，那么 Σ 上平坦 $SL(2,\mathbb{R})$ 联络模空间的体积是无限的。对 $SU(2)$，上一段提到的过程需要对参数 $\vec{\alpha}$ 的积分。这些参数是取值于某个紧集的角变量，故对它们的积分是收敛的。而对于 $SL(2,\mathbb{R})$（在与双曲度量有关的平坦联络模空间的连通分支中），我们要把角变量 $\vec{\alpha}$ 换成正参数 $\vec{b}$。这些正数的集合不是紧致的，从而对 $\vec{b}$ 的积分是发散的。

这并不奇怪，因为李群 $SL(2,\mathbb{R})$ 是非紧的。平坦 $SL(2,\mathbb{R})$ 联络与复结构间的关系告诉我们怎样得到一个合理的问题。从平坦 $SL(2,\mathbb{R})$ 联络的模空间（的一个连通分支）到黎曼曲面的模空间，我们必须模掉 Σ 的映射类群（Σ 的自同胚群的连通分支）。黎曼曲面的模空间有有限的体积而平坦 $SL(2,\mathbb{R})$ 联络的模空间没有。

然而这就是我们使用切割粘贴的方法来计算体积时遇到的困难。拓扑上，Σ 能够通过许多不同的粘贴三洞球面的方式得到。这些不同的粘贴方式在映射类群的作用下彼此转换。任何一种粘贴方式在映射类群的作用下都不是不变的，并且在基于某个粘贴方式的计算中，如何模掉映射类群的作用也是个困难的问题。

下面我们介绍玛丽亚姆·米尔扎哈尼关于拓扑引力的方法，其核心就是如何处理上述问题。

2.3 玛丽亚姆·米尔扎哈尼怎样处理模不变性

令 Σ 为一个带测地边界的双曲黎曼曲面。为了计算对应的模空间的体积，理想的做法是沿着闭测地线 ℓ 来切割 Σ。这样的切割方法能用比 Σ 简单的双曲黎曼曲面构造出 Σ。如果 Σ 被沿着 ℓ 分成了两个不连通的分支［（图 3（a)］，那么 Σ 可以由两个带测地边界的双曲黎曼曲面 Σ_1 和 Σ_2 沿着 ℓ 粘成。如果 Σ 被沿着 ℓ 切割后仍是连通的，那么 Σ 是通过粘贴一个曲面 Σ' 的两个边界分支而成。这两种情况分别称为分离的和不分离的。

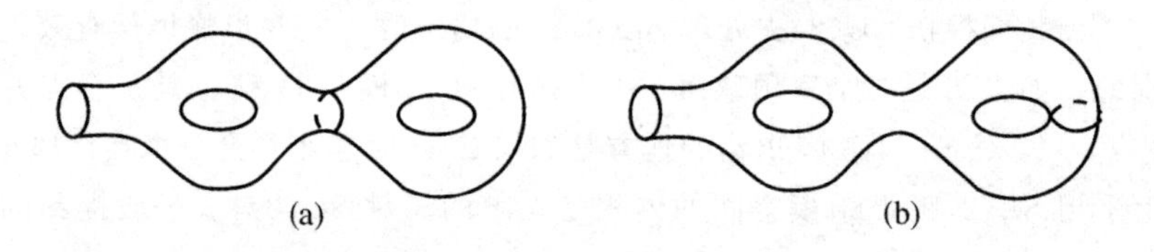

图 3 带边黎曼曲面沿着某个嵌入圆周的切割可能是如（a）所示分离的，也可能是（b）所示不分离的。

在分离的情形，我们期望 Σ 对应的体积函数 $V_{g,\vec{b}}$ 能通过 Σ_1 和 Σ_2 对应的体积函数相乘，并对 ℓ 的周长 b 积分来得到。形式上：

$$V_\Sigma \overset{?}{=} \int_0^\infty \mathrm{d}b\, V_{\Sigma_1,b}\, V_{\Sigma_2,b} \tag{2.11}$$

这里 Σ_1 和 Σ_2 都有一个边界分支的周长是 b，并且这个分支在 Σ 中不出现。在不分离的情形，类似的公式是：

$$V_\Sigma \overset{?}{=} \int_0^\infty \mathrm{d}b\, V_{\Sigma',b,b} \tag{2.12}$$

这里 Σ' 有两个外边界分支的周长都是 b。

Σ_1 、Σ_2 和 Σ' 在以下意义中比 Σ 简单：它们的亏格更小，或者说欧拉示性数是较大的负值。所以如果我们有形如（2.11）或（2.12）那样的公式，那么就能归纳地导出体积函数的一般公式。

这些公式的问题在于一个双曲黎曼曲面事实上有无限多简单闭测地线

l_α，然而并没有一个自然的（满足模不变性的）选择。尽管如此，假设 $F(b)$是正实数 b 的函数并满足：

$$\sum_\alpha F(b_\alpha) = 1 \tag{2.13}$$

这里求和遍历双曲曲面 Σ 上的所有简单闭测地线 ℓ_α，b_α 是 ℓ_α 的长度。这样通过对每个嵌入的简单闭测地线配以权重因子 $F(b)$后再进行求和，我们可以得到上述公式的正确形式。在写下这些公式的过程中，我们要记住沿给定的 ℓ_α 切割亏格 g 曲面 Σ 时，它或者保持连通，或者被分成亏格分别是 g_1 和 g_2 的曲面 Σ_1 和 Σ_2 满足 $g_1+g_2=g$。在分离的情形，Σ 的边界按 Σ_1 和 Σ_2 任意分配。Σ_1 和 Σ_2 中的每一个都有额外的一个边界分支，其周长记为 b'。若 Σ 的边界长度是 $\vec{b}$，则 Σ_1 和 Σ_2 的边界长度分别为 $\vec{b}_1, b'$ 和 $\vec{b}_2, b'$，这里 $\vec{b}=\vec{b}_1 \sqcup \vec{b}_2$（$\vec{b}_1 \sqcup \vec{b}_2$ 是两个集合 $\vec{b}_1$ 和 $\vec{b}_2$ 的不交并），而 Σ 是由 Σ_1 和 Σ_2 沿着长度是 b' 的边界粘成的。见图 3（a）所示。这个图中集合 $\vec{b}$ 只有一个元素。在图 3（b）所示的不分离的情形中，Σ 是由边界长度为 $\vec{b}, b', b'$ 的另一曲面 Σ′ 沿着长度为 b' 的两个边界粘贴而成的。Σ′ 的亏格 g' 是 $g'=g-1$。不考虑拓扑的性质，体积的递推关系涉及（2.13）式那样对所有简单闭测地线 ℓ_α 的求和。这个递推关系是：

$$V_{g,\vec{b}} \stackrel{?}{=} \frac{1}{2} \sum_{g_1,g_2 | g=g_1+g_2} \sum_{\vec{b}_1,\vec{b}_2 | \vec{b}_1 \sqcup \vec{b}_2=\vec{b}} \int_0^\infty d b' F(b') V_{g_1,\vec{b}_1,b'} V_{g_2,\vec{b}_2,b'} + \int_0^\infty d b' F(b') V_{g-1,\vec{b},b',b'} \tag{2.14}$$

在第一项中，求和取遍所有拓扑的粘贴方式；因子$\frac{1}{2}$反映了 Σ_1 和 Σ_2 对调位置的可能性。因子 $F(b')$则用来配合对沿所有简单闭测地线的切割方式求和。对亏格和曲面欧拉示性数绝对值进行归纳，这个递推关系将导出所有 $V_{g,\vec{b}}$ 的精确表达式。

在一个重要的特殊情形中，也就是 Σ 是亏格 1 的并只有 1 个边界分支时，[41] 确实依照（2.13）式和（2.14）式给出了准确的求和规则和等式。

一般的情形要复杂得多。一般地，我们有一个等式涉及 Σ 的一对简单测地线。这对测地线和 Σ 的另一个边界分支共同组成了一个裤子的边界（图 4）。这个等式是由麦克沙恩（McShane）对带孔的双曲黎曼曲面证明的［41］，并被米尔扎哈尼推广到带边的曲面，参见［1］中的定理4.2。

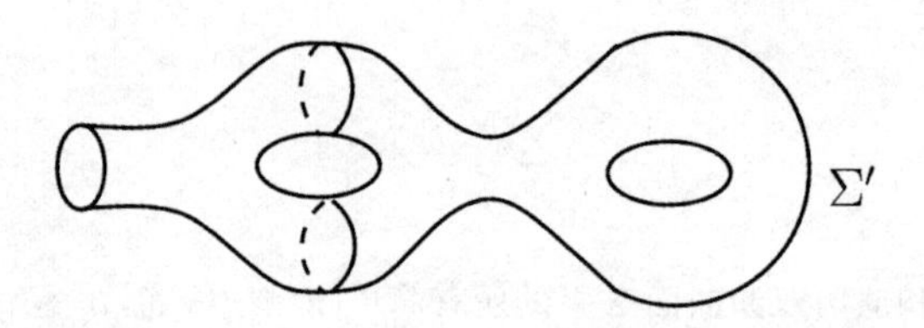

图4　通过粘贴带测地边界的双曲裤子和一个更简单的双曲曲面 Σ′ 来构造双曲曲面 Σ。Σ 和 Σ′ 都有测地边界（图中是 Σ′ 连通的情况）。

这个推广的麦克沙恩等式导出了一个关于韦伊-彼得森体积的类似于公式（2.14）的递推公式。准确的叙述请参见米尔扎哈尼的论文［1］中定理8.1。下面说一下朴素公式（2.14）和准确公式之间的主要区别。在（2.14）式中，我们把 Σ 想象成基本的小块以任意的方式粘成的。在正确的公式中——米尔扎哈尼的定理8.1——我们把一些裤子粘起来得到 Σ，如图4所示。推广的麦克沙恩等式及递推关系中引进了类似于 $F(b')$ 的因子 $F(b,b',b'')$，用以配合对无限多将 Σ 切割成双曲裤子的方式求和。

从这个意义上来说，米尔扎哈尼得到了一个类似于但比（2.14）式更复杂的韦伊-彼得森体积的递推公式。这样做的一部分妙处是该公式出人意料地更容易处理。在［1］的第6小节里，她用这个递推公式重新证明了体积函数 $V_{g,\vec{b}}$ 是 $b_1^2,\cdots,b_n^2$ 的多项式，完全没有使用在2.1小节中讲过的与拓扑引力的关系。在［2］中，她证明了这些多项式满足［19］中用矩阵模型描述的二维引力维拉宿约束。因此，通过2.1小节中讲过的体积和相交数的关系——下面将回到这个话题——她给出了［17，20］中已知的关于黎曼曲面模空间中相交数，或等价的关于二维拓扑引力关联函数的公式。

2.4　体积与相交数

在本小节中我们主要描述关于韦伊-彼得森体积与拓扑引力关联函数之间联系的公式。

给定一个带有 $n+1$ 个标记点的曲面 Σ，去掉一个标记点 p 的操作诱导了遗忘映射 $\pi:\overline{\mathcal{M}}_{g,n+1}\longrightarrow\overline{\mathcal{M}}_{g,n}$。如果我们在 p 点处放上一个上同调类 τ_{d+1} 并沿着 π 的纤维对其积分，就得到了米勒-森田-芒福德类 $\kappa_d=\pi_*(\tau_{d+1})$。这是一个 $\overline{\mathcal{M}}_{g,n}$ 上次数为 $2d$ 的上同调类。

在计算关联函数 $\left\langle\tau_{d+1}\prod_{j=1}^{k}\tau_{n_j}\right\rangle$ 的第一步中，你也许会对放上 τ_{d+1} 的点进行积分，并在 $\pi:\overline{\mathcal{M}}_{g,n+1}\longrightarrow\overline{\mathcal{M}}_g$ 的纤维上积分之后，希望得到：

$$\left\langle\tau_{d+1}\prod_{j=1}^{k}\tau_{n_j}\right\rangle \overset{?}{=} \left\langle\kappa_d\prod_{j=1}^{k}\tau_{n_j}\right\rangle \tag{2.15}$$

但这是不对的。这个公式的正确形式应包含 τ_{d+1} 和某个 τ_{n_j} 接触时产生的交叉项。这样的交叉项相当于引入了 τ_{d+n_j}。完整的解释参见［17］。把这些交叉项都算在内，我们能将 τ 的关联函数表示成 κ 的关联函数，反之亦然。

一个特殊的情况是体积的计算。像之前那样，我们把 κ_1 记为 κ，并把 $\overline{\mathcal{M}}_g$ 的体积定义为 $\int_{\overline{\mathcal{M}}_g}\kappa^{3g-3}/(3g-3)!$。这可以由 τ 的关联函数来表示，但必须考虑到交叉项。

作为例子，我们考虑亏格是 2 的闭曲面的情形。紧化模空间 $\overline{\mathcal{M}}_2$ 的体积是：

$$V_2=\frac{1}{3!}\langle\kappa\kappa\kappa\rangle \tag{2.16}$$

将其与拓扑引力的如下关联函数进行比较：

$$\frac{1}{3!}\langle\tau_2\tau_2\tau_2\rangle \tag{2.17}$$

通过对孔的位置积分，τ_2 变成了 κ，但同时也产生了交叉项。在这些交叉项中，τ_2 和某个 τ_s，$s\geqslant 0$，合并生成了有 τ_{s+1} 的一项。比如：

$$\langle\tau_2\tau_2\tau_2\rangle=\langle\kappa\tau_2\tau_2\rangle+2\langle\tau_3\tau_2\rangle \tag{2.18}$$

这里的系数 2 反映了第一个 τ_2 可能与另两个 τ_2 中的任意一个合并成 τ_3。同样的过程也适用于因子 κ 已经出现的情况；它们不产生额外的交叉项。比如：

$$\langle \kappa \tau_2 \tau_2 \rangle = \langle \kappa\kappa \tau_2 \rangle + \langle \kappa \tau_3 \rangle = \langle \kappa \kappa \kappa \rangle + \langle \kappa \tau_3 \rangle \tag{2.19}$$

类似地

$$\langle \tau_2 \tau_3 \rangle = \langle \kappa \tau_3 \rangle + \langle \tau_4 \rangle \tag{2.20}$$

将这些等式做线性组合，最终我们得到：

$$\langle \kappa \kappa \kappa \rangle = \langle \tau_2 \tau_2 \tau_2 \rangle - 3\langle \tau_2 \tau_3 \rangle + \langle \tau_4 \rangle \tag{2.21}$$

这等价于说 V_2 作为下列函数中 ξ^3 的系数：

$$\langle \exp(\xi \kappa) \rangle \tag{2.22}$$

等于以下函数中 ξ^3 的系数：

$$\left\langle \exp\left(\xi \tau_2 - \frac{\xi^2}{2!}\tau_3 + \frac{\xi^3}{3!}\tau_4 \right) \right\rangle \tag{2.23}$$

在高亏格时的推广是：

$$\langle \exp(\xi\kappa) \rangle = \left\langle \exp\left(\sum_{\kappa=2}^{\infty} \frac{(-1)^{\kappa}\xi^{\kappa-1}}{(\kappa-1)!}\tau_{\kappa} \right) \right\rangle \tag{2.24}$$

$\overline{\mathcal{M}}_g$ 的体积就是这些展开式中 ξ^{3g-3} 的系数。为了证明（2.24），我们将其右边记为 $W(\xi)$ 并计算：

$$\frac{\mathrm{d}}{\mathrm{d}\xi} W(\xi) = \left\langle \left(\tau_2 + \sum_{r=3}^{\infty} (-1)^r \frac{\xi^{r-2}}{(r-2)!} \tau_r \right) \exp\left(\sum_{\kappa=2}^{\infty} \frac{(-1)^{\kappa}\xi^{\kappa-1}}{(\kappa-1)!} \tau_{\kappa} \right) \right\rangle \tag{2.25}$$

然后将右边括号里的 τ_2 项换成 κ 以及 τ_2 与指数函数中 τ_κ 的交叉项。这些交叉项和括号中的 τ_r 项相抵消，于是我们得到：

$$\frac{\mathrm{d}}{\mathrm{d}\xi}W(\xi) = \left\langle \kappa \exp\left(\sum_{\kappa=2}^{\infty} \frac{(-1)^{\kappa} \xi^{\kappa-1}}{(\kappa-1)!} \tau_{\kappa} \right) \right\rangle \tag{2.26}$$

对所有 $s \geqslant 0$ 重复这个过程：

$$\frac{\mathrm{d}^{s}}{\mathrm{d}\,\xi^{s}}W(\xi) = \left\langle \kappa^{s} \exp\left(\sum_{k=2}^{\infty} \frac{(-1)^{\kappa} \xi^{\kappa-1}}{(\kappa-1)!} \tau_{\kappa} \right) \right\rangle \tag{2.27}$$

令 $\xi = 0$，则：

$$\frac{\mathrm{d}^{s}}{\mathrm{d}\,\xi^{s}}W(\xi) \bigg|_{\xi=0} = \langle \kappa^{s} \rangle \tag{2.28}$$

并且对所有 $s \geqslant 0$，这个等式等价于（2.24）。

在［42］中，（2.24）是通过对比矩阵模型和米尔扎哈尼的公式导出的。在 4.2 小节中讨论谱曲线的时候，我们将回到这个问题上。关于代数几何方法及其推广，参见［43，44］。类似地，我们也可以得到 $\overline{\mathcal{M}}_{g,\vec{b}}$ 的体积公式。

3. 开拓扑引力

3.1　准备

在这个小节中，我们介绍最近关于开黎曼曲面上拓扑引力的工作［3－6］。这里的开黎曼曲面是指二维带边定向流形。

从二维引力矩阵模型的观点来看，我们希望存在这种有趣的理论，因为在二维引力的矩阵模型中添加向量自由度就会导出二维带边流形上的模型①。我们将在第 4 节中讨论有向量自由度的矩阵模型。这里我们只从拓

①类似的，将矩阵模型中常用的对称群 $U(N)$ 换成 $O(N)$ 或 $Sp(N)$，我们可以构造二维无定向（可能不可定向）流形上的引力模型。现在仍不知道这是否与某种拓扑场论有关。

扑场论方面来讨论。

令 Σ 为一个带边黎曼曲面，在边界和内部都可能有标记点或孔。它的复结构赋予了 Σ 一个自然的定向，并诱导了所有边界分支上的定向。若 p 是内部的一个孔，则 Σ 在 p 处的余切空间是一个复线丛 $\mathcal{L}$，并且如 2.1 小节所述，对每个非负整数 $d \geqslant 0$ 我们可以定义次数为 $2d$ 的上同调类 $\tau_d = \psi^d$。算子 $\tau_0 = 1$ 对应内部的一个孔，而$\tau_d(d>0)$被称为引力衍生子。

在一个边界孔处没有类似的引力衍生子，因为如果 p 是 Σ 的一个边界点，那么 Σ 在 p 处的切丛自然是平凡的。它有一个由 $\partial\Sigma$ 在 p 处的切空间给出的自然实子丛，并且这个子丛实际上可由 $\partial\Sigma$ 的定向来平凡化（在同伦的意义下）。所以若 p 是 Σ 的一个边界孔，则$c_1(\mathcal{L})=0$。

因此带边黎曼曲面上二维拓扑引力的可观测量包括通常的内部可观测量 τ_d，$d \geqslant 0$，和一个对应于边界孔的边界可观测量 σ。形式上，我们希望对带 n 个内部孔和 m 个边界孔的黎曼曲面 Σ，计算：

$$\langle \tau_{d_1} \tau_{d_2} \cdots \tau_{d_n} \sigma^m \rangle_\Sigma = \int_{\overline{\mathcal{M}}} \psi_1^{d_1} \psi_2^{d_2} \cdots \psi_n^{d_n} \tag{3.1}$$

这里 $\overline{\mathcal{M}}$ 是有 n 个内部孔和 m 个边界孔的 Σ 上共形结构的（紧化）模空间。d_i 是任意非负整数。在 $\overline{\mathcal{M}}$ 上被积分的上同调类 $\prod_{i=1}^{n} \psi_i^{d_i}$ 只由内部孔处的数据生成的（事实上只是那些 $d_i > 0$ 的内部孔）。边界孔（以及那些 $d_i = 0$ 的内部孔）的出现只是因为它们包含在积分区域 $\overline{\mathcal{M}}$ 的定义里。与不带边的黎曼曲面类似，为使是积分（3.1）式不为零，Σ 必须在拓扑的意义下选取为这样的曲面，使得 $\overline{\mathcal{M}}$ 的维数等于做积分的上同调类的次数：

$$\dim \overline{\mathcal{M}} = \sum_{i=1}^{n} 2\, d_i \tag{3.2}$$

假设（3.1）式有意义，那么带边黎曼曲面上二维引力的（未归一化）的关联函数 $\langle \tau_{d_1} \tau_{d_2} \cdots \tau_{d_n} \sigma^m \rangle$ 就是对 Σ 的所有拓扑选取求 $\langle \tau_{d_1} \tau_{d_2} \cdots \tau_{d_n} \sigma^m \rangle_\Sigma$ 的和（如果 Σ 有多于 1 个边界分支，那么这个求和要包括边界孔在这些边界分支上的所有分布方式）。还可以按边界分支的数目对曲面 Σ 进行加权来推广一下这个定义。为此，我们引入参数 w，并为有 h 个边界分支的曲面配上权重因子 w^h。

对内部可观测量 τ_i 引入耦合参数 t_i，并对 σ 引入参数 v，则带边黎曼曲面上二维引力模型的配分函数形式上就是：

$$Z(t_i;v,w)=\sum_{h=0}^{\infty}\sum_{\Sigma}w^h\left\langle\exp\left(\sum_{i=0}^{\infty}t_i\tau_i+v\sigma\right)\right\rangle_{\Sigma}\tag{3.3}$$

这个对Σ的求和遍历有 h 个边界分支及特定内部孔和边界孔的黎曼曲面的所有拓扑类型。右边的指数函数展开成幂级数后，每一项按照（3.1）式取值。

这个形式的定义现在有两个困难：①

（1）为了在一个流形 M 上对形如 $\prod_i \psi_i^{d_i}$ 的上同调类做积分，这个流形必须是定向的。但是带边黎曼曲面的模空间事实上是不可定向的。

（2）为了使定向流形 M 上一个上同调类的积分在拓扑上是定义良好的，M 应当没有边界，或者这个上同调类在 M 的边界上是平凡的。但是带边黎曼曲面上共形结构的紧化模空间 $\overline{\mathcal{M}}$ 一般都是带边流形。

处理这些问题需要对上面的形式定义做一些改进［3—6］。这一节的剩余部分将对此做个介绍。我们先从 $\overline{\mathcal{M}}$ 的不可定向性开始，在3.9小节中再讨论 $\overline{\mathcal{M}}$ 是带边流形这个事实带来的影响。

3.2　反常

带边黎曼曲面模空间的定向问题在没有边界孔的时候能更直接地看出来。因此我们将Σ取为亏格 g，有 h 个洞或边界分支，没有边界孔，但可能有内部孔的黎曼曲面。

首先，若 $h=0$，则Σ是可能有孔的一个普通的闭黎曼曲面。Σ上共形结构的紧化模空间 $\overline{\mathcal{M}}$ 是一个复流形（更确切地说是一个轨形），从而有自然的定向。这个定向用来定义 $\overline{\mathcal{M}}$ 中通常的相交数，也就是无边黎曼曲面

①更一般的，我们可以给边界引入一个有限的标签集 S，使得每个边界由某个 $s\in S$ 来标记。这样，对每个 $s\in S$，我们有一个边界可观测量 σ_s，其对应着 s 标记的边界上的孔，以及该孔对应的参数 v_s。下面的（3.3）式对应的情况是 w 为集合 S 的大小，并且对所有 $s\in S$，$v_s=v$。这个包含标签集的推广也适用于下面的（4.49）式中用因子 $\prod_{s\in S}\det(z_s-\Phi)$ 来改进矩阵积分。类似地，我们可以将 w^h 替换成 $\prod_{s\in S}w_s^{h_s}$，这里 h_s 是 s 标记的边界分支的数目，而对每个 s，w_s 是另一个参数。这对应着在矩阵积分中引入因子 $\prod_{s\in S}(\det(z_s-\Phi))^{w_s}$。这样的推广已出现在［45］中。

上二维拓扑引力的关联函数。

这对 Σ 有孔的情形也是对的（这些孔是内部孔因为到现在为止 Σ 仍是无边的）。现在我们把某些孔换成洞。每次我们把一个孔换成一个洞时都给模空间增加一个实参数。如果把 Σ 看作带双曲度量和测地边界的二维流形，那么这个新增的参数就是洞的周长 b。

通过增加 $h>1$ 个洞，我们就得到 h 个实参数 $b_1, b_2, \cdots, b_h$，记为 $\vec{b}$。相应的紧化模空间记为 $\overline{\mathcal{M}}_{g,n,\vec{b}}$（这里 n 是没换成洞的孔数）。下面是一个是重要的细节。在第 2 节中定义韦伊-彼得森体积时，我们把 b_i 视为任意常数；“体积”则定义为固定 $\vec{b}$ 时的体积，并没有对 $\vec{b}$ 积分。（这样的积分会发散因为体积函数 $V_{g,n,\vec{b}}$ 是 $\vec{b}$ 的多项式函数。而且米尔扎哈尼的递推关系中更自然的是对固定的 $\vec{b}$ 定义的体积函数。）在定义带边黎曼曲面上的二维引力时，b_i 是完全作为参数的——它们是在定义相交数时被积分掉的参数。这里与第 2 节不同的变化希望不会引起混淆。

如果令 b_i 都趋于 0，那么这些洞变回孔而 $\overline{\mathcal{M}}_{g,n,\vec{b}}$ 则变成 $\overline{\mathcal{M}}_{g,n+h}$。这是一个复流形（或轨形）并且有自然的定向。当 b_i 变化时，$\mathcal{M}_{g,n,\vec{b}}$ 是 $\mathcal{M}_{g,n+h}$ 上的纤维丛①，其纤维是由 $b_1, b_2, \cdots, b_h$ 参数化的 $\mathbb{R}_+^h$。（这里 $\mathbb{R}_+$ 是正实数集，$\mathbb{R}_+^h$ 则是 h 个 $\mathbb{R}_+$ 的笛卡尔积。）$\mathcal{M}_{g,n,\vec{b}}$ 的定向等价于 $\mathbb{R}_+^h$ 的定向。

如果在相差一个偶置换下给定 Σ 上洞的次序，我们就通过下面的微分形式给出 $\mathbb{R}_+^h$ 的定向。

$$\Omega = \mathrm{d}b_1 \mathrm{d}b_2 \cdots \mathrm{d}b_h \tag{3.4}$$

但是，对于 $h>1$，当没有这些洞如何排序的任何信息时，$\mathbb{R}_+^h$ 没有自然的定向。

因此当 $h>1$ 时，$\overline{\mathcal{M}}_{g,n,\vec{b}}$ 没有自然的定向。事实上，它是不可定向的。这可以从下面的事实推出，即有多于一个洞的黎曼曲面有一个能交换两个洞并保持其余洞不变的微分同胚（并且这个微分同胚能保持 Σ 的定向）。在构造 $\overline{\mathcal{M}}_{g,n,\vec{b}}$ 时需要模掉这个微分同胚，于是这个模空间是不可定向的。

我们可以把这视为二维定向带边流形上二维拓扑引力的整体反常。由于模空间没有定向，甚至不可定向，所以关联函数不能如大家期望的那样

---

①这个论断实际上是从第 2 节中谈到的一个事实来的：对固定的 $\vec{b}$，$\overline{\mathcal{M}}_{g,n,\vec{b}}$ 作为轨形同构于 $\overline{\mathcal{M}}_{g,n}$（然而我们已在第 2 节中讨论过，它们的辛结构不等价）。对固定的 $\vec{b}$ 给定这种等价性，当 $\vec{b}$ 变化时，$\overline{\mathcal{M}}_{g,n,\vec{b}}$ 是 $\overline{\mathcal{M}}_{g,n+h}$ 上的纤维丛，其纤维由 $\vec{b}$ 来参数化。

合理定义。

为了消除反常，我们通常会试图将二维拓扑引力和某个能抵消反常的物质系统相耦合。在二维拓扑引力的背景下，这样的物质系统应该是一个拓扑场论。为了定义一个在 Σ 的边界为空集时能退化成通常拓扑引力的理论，我们需要一个在无边黎曼曲面上本质是平凡的拓扑场论。下面将看到，这个平凡性是特指无反常。但是这种理论应当在有边界的情况下带有反常。

这些条件也许听起来太强，但是确实有一个拓扑场论满足所有这些性质。首先，赋予 Σ 一个自旋结构（最终我们将对所有自旋结构求和，从而得到一个不依赖于最初 Σ 上自旋结构选取的真正的拓扑场论）。当 $\partial\Sigma=\emptyset$ 时，我们可以定义一个 Σ 上的手性狄拉克算子（作用在 Σ 上正手性自旋 1/2 场上）。这里存在一个称为 ζ 的 $\mathbb{Z}_2$ 值不变量，它源自阿蒂亚和辛格提出的手性狄拉克算子的模 2 指标［46，47］。ζ 定义为手性狄拉克算子的模 2 零模数。因为 ζ 不依赖于 Σ 的共形结构（或度量），所以它是一个拓扑不变量。如果手性零模的数目是偶数或奇数（也就是 $\zeta=0$ 或 $\zeta=1$），那么一个自旋结构称为偶的或奇的。对这些内容的介绍，可参见［48］，特别是其中的 3.2 小节。

通过对 Σ 的所有自旋结构配上因子 $\frac{1}{2}(-1)^{\zeta}$ 并加权求和，我们定义了一个拓扑场论。因子 $\frac{1}{2}$ 源自自旋结构有一个包含两个元素的对称群，其就像 ± 1 那样作用在费米子上。类似于规范场论中的法捷耶夫-波波夫（Faddeev-Popov）规范，为了定义拓扑场论，我们需要除以未破缺的对称群的阶数。这里的对称群是 $\mathbb{Z}_2$，故引入因子 $\frac{1}{2}$。更有趣的因子是 $(-1)^{\zeta}$，它会导致边界的反常。含有这个因子的拓扑场论并不是显然能够定义的。我们将在 3.4 小节中描述这种理论的两个实现方法，从而清楚地说明确实存在这样的拓扑场论，称其为 $\mathcal{T}$。

在一个亏格 g 的黎曼曲面上，存在 $\frac{1}{2}(2^{2g}+2^{g})$ 个偶自旋结构和 $\frac{1}{2}(2^{2g}-2^{g})$ 个奇自旋结构。$\mathcal{T}$ 的亏格 g 配分函数是：

$$Z_g=\frac{1}{2}\left(\left(\frac{1}{2}(2^{2g}+2^{g})\right)-\left(\frac{1}{2}(2^{2g}-2^{g})\right)\right)=2^{g-1} \tag{3.5}$$

这不等于 1，所以拓扑场论 $\mathcal{T}$ 是不平凡的。但是，当我们将其与拓扑引力耦合时，亏格 g 的振幅带有因子 g_{st}^{2g-2}，这里g_{st}是弦耦合常数①。它和 Z_g 的乘积是$(2g_{st}^2)^{g-1}$。所以，在无边黎曼曲面上，$\mathcal{T}$与拓扑引力的耦合能通过吸收因子 $\sqrt{2}$ 到g_{st}的定义中来抵消②。在这个意义上，$\mathcal{T}$与拓扑引力的耦合在只考虑闭黎曼曲面时是没有影响的。

Σ有边界的情况就不同了。在带边黎曼曲面上，作为复线性（椭圆）算子，手性狄拉克算子不可能定义合理的局部边界条件，而且不存在对应于ζ的拓扑不变量。因此理论$\mathcal{T}$作为一个拓扑场论无法定义在带边流形上。

然而在带边流形上，将理论$\mathcal{T}$定义成某种反常的拓扑场论仍是可能的。这种反常会帮助解决上面谈到的模空间定向性引起的问题。为解释这一点，我们将描述理论$\mathcal{T}$的更多物理构造。下面先讨论$\mathcal{T}$是如何与凝聚态物理的当代论题相联系。

3.3 与凝聚态物理的联系

理论$\mathcal{T}$在凝聚态物理中有一个近亲。考虑一个$1+1$维的费米子链，其内部存在第一激发态和基态间的能隙，并且这个链处在一个“可逆”的相，也就是说数个相同的链的张量积是完全平凡的③。这样的相有两个，其中只有一个是非平凡的。这个非平凡的相称为基塔耶夫（Kitaev）自旋链［50］。它的特点是在这个极长的链的端点处，存在一个非配对的马约拉纳（Majorana）费米模。这个模通常称为零模，因为在长链的极限下，它与哈密顿量相交换④。

在凝聚态物理中，基塔耶夫自旋链是从哈密顿量的角度来研究的。在上一段中我们也是采用这种方式。从相对论的观点来看，基塔耶夫自旋链模型对应于定义在定向的二维自旋流形Σ上的拓扑场论。当Σ没有边界

---

①在数学的处理中，g_{st}常常取成1。这样做本质上并没有缺失信息，因为对g_{st}的依赖性和生成函数中对参数t_1的依赖性包含了相同的信息。这可由胀子方程，也就是L_0维拉宿约束推出。

②这事实上是［49］中的一个特殊情况，那里涉及对任意$r\geqslant 2$，Σ上典则丛的r次根的一般讨论。

③这里的平凡性是指在不丢失内部能谱中能隙的条件下，哈密顿量能形变到另一个哈密顿量，它的基态是每个格点处局部波函数的张量积。

④一个长的但有限的链有一对这样的马约拉纳模，在每个端点各一个。经过量子化，它们生成一个秩是2的克利福德代数（Clifford algebra），其不可约表示是二维的。因此，一个长链指数地趋于有2重简并的基态。在凝聚态物理中，这种简并性会被某个费米传播子在两端间的隧穿效应破坏掉。在下面考虑的理想模型中，这个简并性是严格的。

时，它的配分函数是$(-1)^{\zeta}$。下面我们将看到这个论断是怎样联系到基塔耶夫自旋链的标准刻画。我们的理论$\mathcal{T}$和基塔耶夫自旋链的不同在于$\mathcal{T}$是通过对所有自旋结构求和来定义的，而基塔耶夫模型是在给定自旋结构的二维流形上定义的费米子理论。而且我们将看到，当Σ有边界时，凝聚态物理中适当的边界条件与二维引力中的不同。尽管有这些差别，这两者的对比仍是富有启发性的。

因为这里我们研究的是定向二维流形Σ上的二维引力，时间反演对称性不起任何作用，因为它对应于使Σ反定向的微分同胚。基塔耶夫自旋链则有一个有趣的时间反演对称，但是这与我们的讨论无关。

理论$\mathcal{T}$和凝聚态物理还有另一个有趣的联系：它和二维伊辛（Ising）模型的高温相有关。[51] 说明了$\mathcal{T}$的平凡性对应着伊辛模型处在高温相时只有一个平衡态，而且这个态是有能隙的。

3.4　理论$\mathcal{T}$的两种实现

下面我们介绍理论$\mathcal{T}$的两种实现，一种是按凝聚态物理的思路，将拓扑场论视为有能隙物理系统的低能极限，另一种是按拓扑σ-模型的思路[52]，将某种超对称理论扭曲变形成拓扑场论。

首先我们考虑一个二维时空中有质量的马约拉纳费米子。这时用欧氏度量处理较为方便。狄拉克算子可取为：

$$\mathcal{D}_m=\gamma^1 D_1+\gamma^2 D_2+m\bar{\gamma} \tag{3.6}$$

这里的伽马矩阵取为实对称的，比如：

$$\gamma^1=\begin{pmatrix}0&1\\1&0\end{pmatrix},\quad \gamma^2=\begin{pmatrix}1&0\\0&-1\end{pmatrix} \tag{3.7}$$

从而$\bar{\gamma}=\gamma^1\gamma^2$是实反称的：

$$\bar{\gamma}=\begin{pmatrix}0&-1\\1&0\end{pmatrix} \tag{3.8}$$

这样的选择保证了狄拉克算子$\mathcal{D}_m$是实反称的。我们称m为质量参数；

于是费米子的质量就是 $|m|$。

单个马约拉纳费米子的路径积分形式上等于实反称算子的普法夫多项式（Pfaffian）$\mathrm{Pf}(\mathcal{D}_m)$。实反称算子的普法夫多项式是一个实数，它的平方等于该算子的行列式；在现在的情况下，行列式 $\det\mathcal{D}_m=(\mathrm{Pf}(\mathcal{D}_m))^2$ 可以通过类似于 ζ-函数正则化的方法来合理地定义。但是普法夫多项式的符号比较微妙。对于有限维实反称矩阵 M，普法夫多项式的符号依赖于 M 作用的空间的定向。对于无限维矩阵 $\mathcal{D}_m$，它却没有这样自然的定向。所以对单个马约拉纳费米子，$\mathrm{Pf}(\mathcal{D}_m)$ 的符号并没有一个自然的选取。

然而，假设我们考虑的是一对具有相同（非零）质量的马约拉纳费米子，那么它们的路径积分等于 $\mathrm{Pf}(\mathcal{D}_m)^2$，从而是一个正实数（因为 $\mathrm{Pf}(\mathcal{D}_m)$ 是实数）。这实际上保证了从这对等质量马约拉纳费米子取低能极限后得到的拓扑场论是完全平凡的。在不丢失质量间隙的前提下让 $|m|\longrightarrow\infty$，极限下的 $\mathrm{Pf}(\mathcal{D}_m)^2$ 完全不产生任何物理效应，除非是对有效作用量中的某些参数做重整化的时候①。

为了得到理论 T，我们考虑另一对马约拉纳费米子，其中一个具有正质量参数而另一个具有负质量参数。我们发现如果让质量参数逐渐变化，使得这个理论过渡到等质量参数的情况，那么其中一个质量参数必须经过零点，也就是失去质量间隙。

这说明一个具有相反符号质量参数的理论也许是和等质量参数的平凡理论处在完全不同的相。为了证明这一点并说明它与理论 T 的关系，我们来分析当单个马约拉纳费米子的质量参数在正负值间变化时，这个理论的配分函数是如何改变的。

$\mathrm{Pf}(\mathcal{D}_m)$ 的绝对值不依赖于 m 的符号。这是因为算子 $\mathcal{D}_m^2$ 在变换 $m\longrightarrow -m$ 下是不变的。（$-\mathcal{D}_m^2$ 的行列式是 $\mathrm{Pf}(\mathcal{D}_m)$ 的幂，并在变换 $m\longrightarrow -m$ 下不变，这推出 $\mathrm{Pf}(\mathcal{D}_m)$ 在差正负号的意义下不依赖于 $\mathrm{sign}(m)$。）因此具有相反质量和相同质量的两个理论的配分函数有相同的绝对值。它们的差别仅仅是在符号上。这个符号正是我们要理解的。

为了确定这个符号，我们考虑当 m 从很大的正值变成很大的负值时，$\mathrm{Pf}(\mathcal{D}_m)$ 会发生什么变化。若 $\mathrm{Pf}(\mathcal{D}_m)$ 变号，则它必须在某处为零。而它只在 $\mathcal{D}_m$ 有零模时才等于零。这只在 $m=0$ 时才会发生，所以问题变成确

①在二维时，当我们积分掉一个有质量的中性场时，唯一需要做重整化的参数是真空能。它对应着在有效作用量中正比于 Σ 的体积 $\int_\Sigma \mathrm{d}^2x\,\sqrt{g}$ 的项，而另一项 $\int_\Sigma \mathrm{d}^2x\,\sqrt{g}R$ 的系数则正比于 Σ 的欧拉示性数［这里 R 是 Σ 的里奇（Ricci）数量曲率］。

定当 m 通过 0 的时候，$\mathrm{Pf}(\mathcal{D}_m)$ 的符号怎么变化。

当 $m=0$ 时 $\mathcal{D}_m$ 的零模就是无质量狄拉克算子 $\mathcal{D}=\gamma^1 D_1+\gamma^2 D_2$ 的零模。这些模总是带有相同或相反的手性成对出现。更准确地说，令 $\hat{\gamma}=i\bar{\gamma}$ 是手性算子。它的特征值是 1 或 -1，对应于费米子的正或负的手性。在 3.2 小节中定义模 2 指标时出现的手性狄拉克算子正是算子$\mathcal{D}$在 $\hat{\gamma}=+1$ 的态上的限制。由于 $\hat{\gamma}$ 是虚值的，而$\mathcal{D}$是实值的，所以特征函数的复共轭会交换 $\hat{\gamma}$ 的特征值，但与$\mathcal{D}$是可交换的；从而$\mathcal{D}$的零模总是以相同或相反的手性成对出现。

当限制在$\mathcal{D}$的一对零模上时，反称算子 $\mathcal{D}_m$ 变成：

$$\begin{pmatrix} 0 & -m \\ m & 0 \end{pmatrix} \tag{3.9}$$

在差一个与 m 无关的符号的意义下，它的普法夫多项式等于 m，而这个符号与二维空间定向的选取有关。重要的是这个普法夫多项式会随着 m 变号而变号。若有 s 对零模，限制在零模空间上的普法夫多项式等于 m^s，从而当 m 变号时改变符号 $(-1)^s$。s 是正手性零模的数目，而 $(-1)^s$ 等于 $(-1)^\zeta$，这里 ζ 是狄拉克算子的模 2 指标。

现在我们能够回答开头的问题了。因为具有等质量参数的理论的配分函数是平凡的（在相差某些低能参数重整化的意义下），所以具有相反质量参数的理论的配分函数等于 $(-1)^\zeta$（在相差某个重整化的意义下）。因此我们找到了理论$\mathcal{T}$的一种物理实现。

这个结果可以用某种离散手性反常来说明。在经典的层次，对 $m=0$，马约拉纳费米子具有 $\mathbb{Z}_2$ 手性对称性①$\psi\longrightarrow\hat{\gamma}\psi$。在这个对称性下质量参数是奇的，所以在经典的情况下，正的或负的 m 会导致等价的理论。在量子力学中，我们需要检查费米测度是否在离散的手性对称下不变。通常狄拉克算子的非零模总是成对出现，并且两者的测度在这个对称下不变；所以我们只要检验零模。由于 $\psi\longrightarrow\hat{\gamma}\psi$ 保持正手性零模不变且给负手性零模

①在我们的约定中，$\hat{\gamma}$ 是欧式空间中取虚值的算子。一个问题是马约拉纳费米子是否也具有这种对称性。然而，经过威克（Wick）旋转到洛伦兹空间后（此时 γ^0 会带有因子 i），$\hat{\gamma}$ 变成了实值的并将一直保持在洛伦兹空间中费米场及其对称性都满足现实性条件的区域。因此 $\psi\longrightarrow\hat{\gamma}\psi$ 是一个有物理意义的对称性而 $\psi\longrightarrow\bar{\gamma}\psi$ 不是（尽管在欧式空间中这看起来更自然）。在后一种变换下，无质量的狄拉克作用量确实会改变符号，因此在经典的层次上，$\psi\longrightarrow\hat{\gamma}\psi$ 是一种对称性而 $\psi\longrightarrow\bar{\gamma}\psi$ 不是。

乘以-1，所以这个操作将测度乘上因子$(-1)^s=(-1)^\zeta$，这里s是负手性（或正手性）零模的数目，ζ是模2指标。

最后，我们介绍与此密切相关的构造同一拓扑场论的另一种方法。其中的机制在后面也有用处。考虑一个有（2，2）超对称的二维理论和一个复的手性超场Φ。我们先看平直时空并假设大家了解（2，2）超对称中超空间的描述以及它的拓扑场论变形。Φ可以展开成：

$$\Phi=\phi+\theta_-\psi_++\theta_+\psi_-+\theta_+\theta_-F \tag{3.10}$$

这里ϕ是一个复标量场；ψ_+和ψ_-是某个狄拉克费米场的手性分量；F是一个复的辅助场。考虑这样的作用量：

$$S=\int \mathrm{d}^2x\,\mathrm{d}^4\theta\,\bar{\Phi}\Phi+\frac{i}{2}\int \mathrm{d}^2x\,\mathrm{d}^2\theta m\Phi^2-\frac{i}{2}\int \mathrm{d}^2x\,\mathrm{d}^2\,\bar{\theta}\,\bar{m}\,\bar{\Phi}^2 \tag{3.11}$$

趋势函数是$W(\Phi)=im\,\Phi^2/2$。在一般情况下，m是复值质量参数，但这里我们假设$m>0$。对所有θ做积分，在积分掉辅助场F之后，该作用量变成①：

$$S=\int d^2x(\partial_\mu\bar{\phi}\partial^\mu\phi+m^2\ |\phi|^2+\bar{\psi}\gamma^\mu\partial_\mu\psi+im\,\mathcal{E}^{\alpha\beta}(\psi_\alpha\psi_\beta-\bar{\psi}_\alpha\bar{\psi}_\beta)) \tag{3.12}$$

如果我们将狄拉克费米子ψ用马约拉纳费米子χ_1和χ_2展开$\psi=(\chi_1+i\chi_2)/\sqrt{2}$，就发现$\chi_1$和$\chi_2$是有质量的马约拉纳费米子，其质量矩阵有一个正的和一个负的特征值。这和前面构造理论T时一样。有质量的场ϕ在低能时不重要：它的路径积分是正定的，在大m或低能极限下只贡献重整化的效果。所以在低能时这个超对称理论给出了理论T的另一个实现。然而超对称的机制却能做到不取低能极限就得到理论T。这种方法在下面还有用处。因为趋势函数是$W=im\,\Phi^2/2$对Φ是齐次的，所以该理论有$U(1)$ R-对称性。它在超空间中的作用是$\theta_\pm\longrightarrow e^{i\alpha}\theta_\pm$。又因为$W$是$\Phi$的二次函数，所以我们必须定义这个对称变换使得$\phi$不变而$\phi$则按$\phi\longrightarrow E^{i\alpha}\phi$变化。当该理论变

---

①这里$\epsilon^{\alpha\beta}$是ψ_+和ψ_-张成的二维空间的列维-奇维塔（Levi-Civita）反对称张量。

形成一个拓扑场论时，场的自旋改变其 R 荷的一半。在现在的情形下，由于ψ在 R- 对称下不变，所以它在变形后仍是狄拉克费米子，但是ϕ要增加自旋 $+1/2$（它在旋转下的变化类似于狄拉克费米子的正手性部分）。

这个变形理论可以表述为具有任意度量张量的任意黎曼曲面 Σ 上的拓扑场论。这里我们使用“拓扑场论”的名称不是很准确，因为变形理论含有自旋 1/2 的场，故需要事先选定自旋结构。为了得到真正的拓扑场论，我们必须对所有自旋结构的选取求和。变形理论的超对称保证了对ϕ的路径积分抵消了对ψ的路径积分的绝对值之后，只剩下符号 $(-1)^{\zeta}$。因此变形理论和理论 T 是完全等价的，不需要取任何低能极限。

在［49］中，以上结论是用另一种方法的特殊情况导出的。那里对任意 $r\geqslant 2$ 分析了趋势函数为 Φ^{r} 的理论。

考虑到后面的应用，我们看一下为了保持变形理论的超对称，场ϕ的构形要满足的条件：

$$\bar{\partial}\phi+im\bar{\phi}=0 \tag{3.13}$$

对任意趋势函数，这个方程可以推广成：

$$\bar{\partial}\phi+\frac{\partial\bar{W}}{\partial\bar{\phi}}=0 \tag{3.14}$$

这个方程称为 ζ- 瞬子方程［53］。稍微计算下就发现对实函数 ϕ_1 和 ϕ_2，若令 $\phi=\phi_1+i\phi_2$ 和 $\hat{\phi}=\begin{pmatrix}\phi_1\\-\phi_2\end{pmatrix}$，则方程（3.13）等价于：

$$\mathcal{D}_m\hat{\phi}=0 \tag{3.15}$$

其中 $\mathcal{D}_m$ 是有质量的狄拉克算子（3.6）。

3.5 理论T中的边界条件

我们的下一个目标是在带边流形上构造理论T。这当然要先讨论可能的边界条件。在本节中，我们将使用相反质量马约拉纳费米子对实现理论T的模型。

对边界条件的主要要求是保持算子 $\mathcal{D}_m$ 的反称性。记矩阵转置为 tr，则反称性意味着：

$$\int(\chi^{tr}\mathcal{D}_m\psi+(\mathcal{D}_m\chi)^{tr}\psi)=0 \tag{3.16}$$

在验证这个条件时，我们需要做分部积分然后得到一个对 $\chi^{tr}\gamma_{\perp}\psi$ 做边界积分的边界项，这里 $\gamma_{\perp}$ 是垂直于边界的伽马矩阵。如果加上下面的边界条件，这项就变成零。

$$\gamma_{\parallel}\psi\mid=\eta\psi \tag{3.17}$$

其中 $\eta=+1$ 或 -1，$\gamma_{\parallel}$ 是与边界相切的伽马矩阵，$|$ 则表示在边界上的限制。任一个符号的选取都能保证算子 $\mathcal{D}_m$ 的反称性。这样的 $\mathcal{D}_m$ 是实值的，从而 $\mathrm{Pf}(\mathcal{D}_m)$ 也是实数。

边界条件 $\gamma_{\parallel}\psi|=\pm\psi$ 有一个简单的解释。只有一个伽马矩阵 $\gamma_{\parallel}$ 与边界相切，它满足 $\gamma_{\parallel}^2=1$，并生成了一个秩为 1 的克利福德代数。在这个代数的不可约表示中，它满足 $\gamma_{\parallel}=1$ 或 $\gamma_{\parallel}=-1$。于是 Σ 的自旋丛作为秩 2 的实向量丛，可以沿着 $\partial\Sigma$ 分解为两个自旋丛的直和，它们分别对应于 $\gamma_{\parallel}\psi=\psi$ 和 $\gamma_{\parallel}\psi=-\psi$。这两个 $\partial\Sigma$ 上的自旋丛是同构的，因为它们能被在 $\partial\Sigma$ 上整体定义的乘以 $\gamma_{\perp}$ 的运算所交换。因此 Σ 的自旋丛沿着 $\partial\Sigma$ 被自然地分解成两个 $\partial\Sigma$ 上自旋丛的直和。边界条件说的是沿着边界 ψ 在这两个丛的某一个中取值。下面 Σ 的自旋丛记为 S，$\partial\Sigma$ 的自旋丛则记为 E。

现在我们讨论满足边界条件的马约拉纳费米子在接近边界时的行为。取 $\mathbb{R}^2$ 的上半平面，也就是 x_1x_2 平面中 $x_1\geqslant 0$ 的部分。对于不依赖 x_2 的模，狄拉克方程 $\mathcal{D}_m\psi=0$ 变成：

$$\left(\frac{\mathrm{d}}{\mathrm{d}x_1}+m\gamma_2\right)\psi=0 \tag{3.18}$$

它的解是：

$$\psi=\exp(-mx_1\gamma_2)\psi_0 \tag{3.19}$$

其中 ψ_0 是某个函数。在这个几何图像中，γ_2 就是 $\gamma_{\parallel}$。如果 ψ 满足边界

条件 $\gamma_{\parallel}\ \psi\ | = \eta\ \psi$，那么这个模是可归一化的当且仅当：

$$m\eta > 0 \tag{3.20}$$

若 $m\eta < 0$，则即使是沿着边界，该理论仍有阶为 m 的质量间隙。但若 $m\eta > 0$，则这个模作为（0+1）维无质量马约拉纳费米子沿着边界传播。

下面我们将用这些结果来研究在几种可能的边界条件下理论 T 的边界反常。

3.6　理论 T 的边界反常

首先我们回顾一下对实费米场和形如 $\mathcal{D}_m$ 的实反称狄拉克算子，路径积分 $\mathrm{Pf}(\mathcal{D}_m)$ 的符号一般会存在反常。在数学上，该反常可以自然地解释为这个狄拉克算子伴随着一个实的普法夫线丛从 PF 而费米普法夫多项式 $\mathrm{Pf}(\mathcal{D}_m)$ 是 PF 的截面。

我们的问题中有两个马约拉纳费米子 ψ_1 和 ψ_2，它们可能有不同的质量和不同的边界条件。对应地存在两条普法夫线丛 PF_1 和 PF_2，总的普法夫线丛则是张量积①$PF = PF_1 \otimes PF_2$。

一般地，狄拉克算子的普法夫线丛不依赖于费米子的质量，但是它可能与边界条件有关。事实上，在下面的问题中这种相关性确实存在并且起到极其重要的作用。

我们来考虑各种边界条件下的边界路径积分和边界反常。

3.6.1　平凡的情况

最平凡的情况是两个质量和两个边界条件都是相同的。我们将质量及其符号选为满足 $m\eta < 0$。

因为两个边界条件是相同的，所以 PF_1 典范同构于 PF_2，从而 $PF =$

---

①这里有个隐含的微妙之处。如果一个费米场有奇数个零模，那么它的普法夫线丛应当是奇的或费米的。对应地，如果 ψ_1 和 ψ_2 中每一个都有奇数个零模，那么 PF_1 和 PF_2 都是奇的，从而正确的叙述应是 $PF = PF_1 \hat{\otimes} PF_2$，这里 $\hat{\otimes}$ 是 $\mathbb{Z}_2$ 分次张量积（这个术语将在3.6.2小节中引入）。我们不会遇到这种细微的差别，因为 ψ_1 和 ψ_2 中至少有一个满足边界条件（3.17）的其中一个。满足边界条件的其中之一意味着费米场有偶数个零模。这是因为若 $m\eta < 0$，则不存在零模而且零模的数目模2之后不依赖于 m。注意到在带边黎曼曲面上不存在零模手性的概念，所以我们只计算零模的全部数目。相反地，在定义无边曲面的理论 T 时所采用的模2指标是只计算正手性的零模。

$PF_1 \otimes PF_2$ 自然是平凡的。

两个马约拉纳费米子具有相同的质量和边界条件，故这两个模的组合狄拉克算子$\mathcal{D}$是两个相同的狄拉克算子 $\mathcal{D}_m$ 的直和。于是费米路径积分 Pf($\mathcal{D}$)满足 Pf($\mathcal{D}$)=Pf ($\mathcal{D}_m$)^2,特别地 Pf($\mathcal{D}$)是正定的（再联系到 PF 的平凡性，这反映了同构 $PF_1 \cong PF_2$）。

由 $m\eta < 0$ 可知在边界附件不存在更低能的模，从而该理论在边界和内部都有阶为 m 的一致质量间隙。因此在除掉低能有效作用量中的一些常数后，路径积分 Pf($\mathcal{D}$) 等于 1。

换句话说，在两个模有相同的边界条件时，等质量的平凡理论沿着边界仍是平凡的。

对该理论做一般的形变后（正如在凝聚态物理中做的那样），上述结论在两个马约拉纳费米子的边界条件相同但 $m\eta > 0$ 的情况下仍是正确的。于是我们有两个（0+1）维无质量马约拉纳费米子 χ_1 和 χ_2。给定任意一对这样的（0+1）维马约拉纳费米模，我们能通过在哈密顿量（或拉格朗日量）中加入质量项 $i\mu\chi_1\chi_2$ 将它们从低能理论中去除，这里 μ 是常数。从而这个理论变成有质量间隙的并且其重整化的配分函数仍等于 1。

费米统计不允许给单个 1 维无质量马约拉纳费米子加入质量项。因此沿着边界的 1 维马约拉纳模的数目是一个模 2 拓扑不变量。下面我们将讨论在什么情况下这个不变量不等于零。

3.6.2 凝聚态物理中的边界条件

对理论 T 或者基塔耶夫自旋链，我们来考虑具有相反质量的两个马约拉纳费米子。在凝聚态物理的背景中，为了研究带边流形上的理论，我们需要加入边界条件使得该理论是完全无反常的。换句话说，我们需要确保普法夫线丛 $PF = PF_1 \otimes PF_2$ 是平凡的。这是因为：我们用 3.6.1 小节中的边界条件，也就是两个马约拉纳费米子的 η 同号，由于 PF 一般地不依赖于质量，所以不管是什么质量 PF 都自然是平凡的。

但是因为这两个马约拉纳费米子有相反符号的质量 m，所以不管 η 怎么选，它们中恰有一个具有沿着边界可归一化的零模。这意味着理论在边界上没有质量间隙。尽管它在内部有质量间隙，但仍有一个（0+1）维无质量马约拉纳费米子在边界上传播。正如 3.3 小节中提到的，这是凝聚态物理中定义基塔耶夫自旋链所用的性质。

现在我们来讨论这个构造的一个重要推论。后面会看到它对带边流形上二维引力的数学工作［3−6］是重要的。一般地，假设 Σ 有 h 个边界分

支 $\partial_1\Sigma, \partial_2\Sigma, \cdots, \partial_h\Sigma$。在每一个分支上，选择一个边界条件的符号，这就决定了 $\partial_i\Sigma$ 上一个实自旋丛 E_i。每个 $\partial_i\Sigma$ 上都有一个无质量1维马约拉纳费米子 χ_i。在沿着 $\partial_i\Sigma$ 传播的过程中，χ_i 可能满足周期性或反周期性边界条件。事实上，圆周 $\partial_i\Sigma$ 上有两个可能的自旋结构，在弦论中它们通常被称为内沃-施瓦茨（Neveu-Schwarz）或NS（反周期性）自旋结构和拉蒙（Ramond）（周期性）自旋结构。NS自旋结构是有边的而R自旋结构是无边的。Σ 的自旋丛 S 决定了 $\mathcal{E}_i$ 是NS型的还是拉蒙型的。对一般的 S，$\mathcal{E}_i$ 的限制通常只是具有拉蒙自旋结构的边界分支的数目 R 是偶数。

在沿圆周 $\partial_i\Sigma$ 传播时，场 χ_i 有一个零模当且仅当 E_i 是拉蒙型的。这不是一个真正的零模，但是当 m 很大时（相对于 Σ 的特征尺度的倒数）它依指数接近一个零模。记这些模为 ν_i，$i=1,\cdots,R$。相比模 ψ_1 和 ψ_2，ν_i 对应的 D_m 特征值要小得多，从而在积分掉别的模后会得到一个只有 ν_i 的有效理论。

因为整个理论是无反常的，所以它决定了 ν_i 的合理定义的测度。这个条件并不显然。在 ν_i 参数化的空间中，一个测度形如：

$$\mathrm{d}\nu_1\mathrm{d}\nu_2\cdots\mathrm{d}\nu_R \tag{3.21}$$

但是，这个表达式最初并没有明确定义的符号。首先，在对拉蒙边界分支的 ν_i 做奇置换时它的符号显然会改变。另一方面，我们也应当考虑单个 ν_i 的符号。由于 ν_i 是实值的，所以我们能不计符号地取定某个归一化使得它们的 L^2 模长是1。但是没有自然的方式来选取 ν_i 的符号，并且改变奇数个符号显然会改变测度（3.21）的符号。

我们既没有自然的方式在不计偶数次变号的情况下来选取 ν_i 的符号，也没有自然的方式在不计偶置换的情况下来对 ν_i 排序。但是在 $\nu_1,\nu_2,\cdots,\nu_R$ 张成的空间中，这种合理定义的测度确实存在，并意味着一种选取方法会决定另一种。这个存在性（最开始时是用不同方法证明的）是［3－6］中的一条重要引理。

ν_i 张成的空间中自然测度的存在性也可用下列数学化的语言来描述。对 $i=1,\cdots,R$，令 $\mathcal{E}_i$ 是 ν_i 生成的1维实向量空间。一旦取定了 $\mathcal{E}_i$ 的次序，

所有 $\mathcal{E}_i$ 的 $\mathbb{Z}_2$ - 分次张量积①$\widehat{\otimes}_i\ \mathcal{E}_i$ 等价于普通的张量积，当两个 $\mathcal{E}_i$ 交换位置时，这个同构就改变符号。上面的引理等价于说这个 $\mathcal{E}_i$ 的 $\mathbb{Z}_2$ 分次张量积是典范平凡的：

$$\widehat{\otimes}_{i=1}^{R}\mathcal{E}_i \cong \mathbb{R} \tag{3.22}$$

3.6.3 二维引力中的边界条件

为了把理论T应用到二维引力中——或至少应用到［3－6］中研究的理论——我们需要引进不同的边界条件。在这个应用中，理论T需在边界和内部都保持有质量间隙。但它会有反常，并与引力反常相抵消。

因此，尽管两个马约拉纳费米子有相反的质量，在边界上也必须保持有质量间隙。为了做到这一点，我们需要在这两个马约拉纳费米子上加相反的边界条件使得两个模都满足 $m\eta<0$。

假定这个理论在靠近边界处有阶为 m 的一致质量间隙，那么在对有效作用量中一些参数做重整化后它的路径积分的绝对值等于1。而且该路径积分自然是实值的。因此正如我们在无边的情况下做的那样②，这个路径积分可写成 $(-1)^{\zeta}$。然而，现在 $(-1)^{\zeta}$ 不再是 ±1，而是在实线丛 PF 中取值。事实上，由于 $(-1)^{\zeta}$ 处处非零，所以它是 PF 的一个平凡化。

这个理论实际上和反常的一些标准术语不同。线丛 PF 显然是平凡的，因为重整化后的配分函数 $(-1)^{\zeta}$ 给出了一个平凡化。但是由于这个平凡化不是由考虑局部的转移函数或更基础的方法而是通过路径积分本身给出的，所以这个理论并不能自然地称为无反常的。我们称一个理论是无反常的，通常是指它的路径积分能够定义成一个数而不是某个线丛的截面；这里则不是这样的情况。

在我们的问题中，PF 不能通过局部转移函数的方法来平凡化。局部的方法可以给出同构：

---

①由于这里的记号可能比较陌生，我们介绍皮埃尔·德利涅给出的一个例子。令 S_i，$i=1,\cdots,t$ 是一族圆周，T 是环面 $\Pi_{i=1}^{t} S_i$。则 $\mathcal{E}_i=H^1(S_i,\mathbb{R})$ 和 $\alpha=H^n(T,\mathbb{R})$ 都是一维向量空间。α 和通常的张量积 $\otimes_i \mathcal{E}_i$ 之间并没有自然的同构。这是因为交换两个圆周的操作作用在 $\otimes_i \mathcal{E}_i$ 上是平凡的，而作用在 α 则是乘以－1。但是存在一个典范同构 $\alpha\cong\widehat{\otimes}_i\ \mathcal{E}_i$。

②这是在取定某个自旋结构后做路径积分。在写下理论 T 的配分函数时，我们需要对所有自旋结构求和再除以2。

$$PF \cong \widehat{\bigotimes}_{i=1}^{R} \mathcal{E}_i \tag{3.23}$$

这里的张量积是取遍具有拉蒙自旋结构的所有边界分支。这个论断和 PF 的平凡性没有矛盾，因为我们已从（3.22）得到 $\widehat{\bigotimes}_{i=1}^{R} \mathcal{E}_i$ 是平凡的。

为了解释（3.23）能用局部的方法推出，先令：

$$V = \bigoplus_{i=1}^{R} \mathcal{E}_i \tag{3.24}$$

则（3.23）等价于：

$$PF \cong \det V \tag{3.25}$$

这里 $\det V$ 是向量空间 V 的最高次外积（注意交换 V 中的两项 $\mathcal{E}_i$ 和 $\mathcal{E}_j$ 对 $\det V$ 的作用是乘以 -1，就像在（3.23）的 $\mathbb{Z}_2$-分次张量积那样）。

下面要用到普法夫线丛的性质。考虑一族由空间 W 参数化的实值狄拉克算子（这里 W 表示的是 Σ 上度量的选取）。一旦狄拉克算子的零模空间有固定的维数，它给出向量丛 $V \longrightarrow W$ 的纤维。普法夫线丛 $PF \longrightarrow W$ 就是从 V 的最高次外积 $\det V$。

更一般地，除零模之外，我们还可以考虑不是 $i\mathcal{D}_m$ 特征值的正数 a，以及由绝对值小于 a 的特征值对应的特征向量张成的空间 V。我们仍有同构 $PF \cong \det V$。

进一步地，普法夫线丛 PF 不依赖于费米子的质量。这意味着在计算 PF 时，除了考虑相反质量及边界条件也反号的情况，还可以考虑相同质量但边界条件是反号的情况。

在这个情况中，ψ_1 和 ψ_2 中的一个有正的 $m\eta$，另一个则有负的 $m\eta$。尽管解释起来有些区别，但我们仍回到了 3.6.2 小节中讨论过的情形：一个费米子有即便在边界上也保持的质量间隙 m，另一个则在每个拉蒙边界分支都恰有一个低能模。这些低能模组成的空间是 $V = \bigoplus_{i=1}^{R} \mathcal{E}_i$，从而得到（3.23）。

对我们来说（3.23）已经足够了，但值得提一下它有类似于［54］中定理 B 的推广。除了同时翻转 Σ 的所有边界分支上的边界条件，我们还可以每次只翻转一个边界分支上的边界条件。令 S 是 Σ 的某个边界分支，PF 和 PF' 分别是翻转 S 上边界条件前后的普法夫线丛。若沿 S 的自旋结构是 NS 型的，那么：

$$PF' \cong PF \tag{3.26}$$

也就是改变边界条件没有影响。但是如果它是拉蒙型的，那么：①

$$PF' \cong \mathcal{E} \hat{\otimes} PF \tag{3.27}$$

这里$\mathcal{E}$是沿 S 的费米零模的空间。反复应用这个规则，从 ψ_1 和 ψ_2 有同号的 η 时 PF 是平凡的事实出发，我们可以推出它们有反号的 η 时 (3.23) 也成立。

为了验证 (3.26) 和 (3.27)，我们需要用到一个性质：当翻转沿 S 的边界条件时，普法夫线丛的变化只依赖于沿 S 的几何性质，而与 Σ 的其余部分无关。这个可以由指标理论的切除性质推出。于是我们可以把 S 嵌入到任何方便处理的 Σ 中。一个容易处理的 Σ 是圆环 $S\times I$，其中 $I=[0,1]$ 是单位区间，S 作为左边界 $S\times\{0\}$ 嵌入到 $S\times I$。然后计算在保持 $S\times\{1\}$ 上边界条件不变但翻转 $S\times\{0\}$ 上边界条件所产生的效果。取费米子的质量为 0，这样狄拉克算子就是共形不变的。圆环上的度量取为平坦的，于是费米零模是一个满足边界条件的常值模。对于 NS 自旋结构的情形，费米子在 S 的方向上是反周期的因而没有零模。因此零模的空间是 $V=0$，从而 $\det V=\mathbb{R}$。这就验证了 NS 情况下的 (3.26)。在 R 情形中，在一端翻转边界条件会增加或去掉 1 个零模（取决于在另一端的边界条件）。对应的零模空间是 $V\cong\mathcal{E}$，从而 $\det V\cong\mathcal{E}$，也就推出了 (3.27)。

3.7 反常抵消

我们现在已准备好解释如何消除 3.2 小节中出现的反常 [3－6]。首先看 Σ 的所有边界都是拉蒙型的情况，而且暂时忽略边界上的孔。将第 i 个边界的周长记为 b_i，回忆一下反常的出现是由于微分形式 $\Omega=\mathrm{d}b_1\,\mathrm{d}b_2\cdots\mathrm{d}b_R$ [(3.4) 式] 的符号没有自然的选择。但是在与理论 T 耦合之后，它和 $(-1)^\zeta$ 乘积的符号需要有自然的选取，这个乘积就是理论 T 的路径积分：

$$\hat{\Omega}=\mathrm{d}b_1\,\mathrm{d}b_2\cdots\mathrm{d}b_R(-1)^\zeta \tag{3.28}$$

$(-1)^\zeta$ 在 $\hat{\bigotimes}_i\,\mathcal{E}_i$ 中取值，其中 $\mathcal{E}_i$ 是沿第 i 个拉蒙边界的零模组成的一

①这个公式说明了当沿着一个或数个拉蒙边界翻转其中一个马约拉纳费米子的边界条件时，普法夫线丛会变成非平凡的，对应的理论也变成有反常的。

维向量空间。

这里的 $\widehat{\bigotimes}_i$ 是 $\mathbb{Z}_2$ 分次张量积，意味着交换任意两个边界分支会导致 $\widehat{\bigotimes}_i\,\mathcal{E}_i$ 变号。原来的反常也是由于 $\mathrm{d}b_1\,\mathrm{d}b_2\cdots\mathrm{d}b_R$ 在交换任意两个边界分支时会变号。所以结果就是 $\widehat{\Omega}$ 在边界分支的置换下不变号。它自然地取值于 $\mathcal{E}_i$ 的普通张量积：

$$\widehat{\Omega}\in\bigotimes_{i=1}^{R}\mathcal{E}_i \tag{3.29}$$

我们得到了什么呢？反常并没有消失，但是变成了局部的：它变成了每个边界分支上因子的普通张量积；因为这是普通的张量积，所以能通过在每个边界分支独立地选取局部坐标来抵消。

上述消除反常的步骤意味着 Σ 的边界不再是单纯的边界，而是带有额外的结构。令 S_i 是 Σ 的第 i 个边界分支，$\mathcal{E}_i$ 是它的自旋结构。在［3－6］的理论中（现在仍忽略边界孔），每个 S_i 上有 $\mathcal{E}_i$ 在同伦意义下的平凡化。先只考虑拉蒙边界。由于 $\mathcal{E}_i$ 是实线丛并且在拉蒙边界上是平凡的，所以它在每个拉蒙边界上有两个平凡化的同伦类。除了对 Σ 的所有自旋结构求和再在模空间上积分，我们还应当对每个拉蒙边界 S_i 上 $\mathcal{E}_i$ 的平凡化同伦类求和。

S_i 上的费米零模是处处非零的“常值”模，所以每个这样的非零模都给出 $\mathcal{E}_i$ 的平凡化。这意味着在忽略边界孔时，$\mathcal{E}_i$ 的平凡化对应着 S_i 上零模符号的选取。因此一旦我们取好了所有 $\mathcal{E}_i$ 的平凡化，（3.29）的右边就是平凡的并且 $\widehat{\Omega}$ 就有了合理定义的符号。

因此加入理论$\mathcal{T}$并在边界上取好自旋丛的平凡化，模空间的定向问题就解决了。但是如果没有更多别的结构，关联函数仍会全等于零。事实上，对 $\mathcal{E}_i$ 平凡化的符号求和也就是对 $\widehat{\Omega}$ 的符号求和。

我们现在讨论的对有 NS 自旋结构的边界不成立，因为它们的自旋丛不能整体地平凡化。

一个必须考虑的外加结构是边界上的孔。假设在没有孔的地方，$\mathcal{E}_i$ 是局部平凡的，这个平凡化会在跨过孔的时候变号。

在这样的规则下，我们可以把 NS 边界和拉蒙边界放在一起讨论。有 NS 自旋结构的边界分支的一个简单例子是圆盘的边界（图 5）。它的自旋结构是 NS 型或反周期型的，不能被整体地平凡化。它只能在一个点的补集上被平凡化，在跨过这个点时平凡化要变号。在［3－6］的理论中，这个点被看作是边界上的孔。所以带一个边界孔的 NS 边界是可能在理论中出现，但没有边界孔的 NS 边界则不能出现。一个 NS 边界上孔的数目一般可以是任意正奇数，这是因为 NS 边界的自旋结构可以有绕边界圆周一圈后变号奇数次的平凡化。

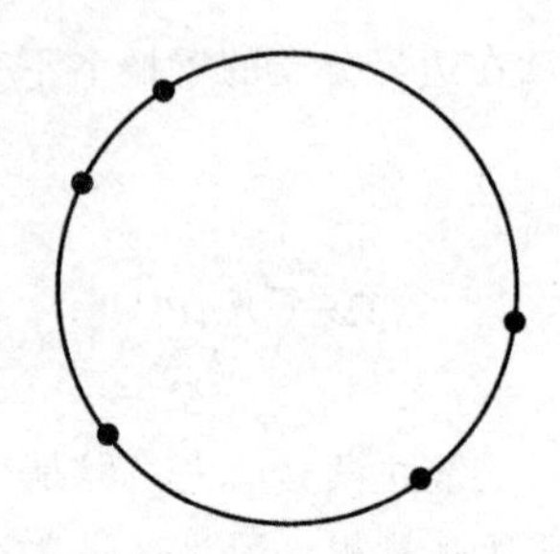

图 5　有五个边界孔的圆盘。边界圆周的自旋丛 S 必然是 NS 型的实线丛。这个实线丛不是在 S 整体平凡的，但由于边界孔有奇数个，所以它能在这些边界孔的补集中通过跨过边界孔时变号的方式来平凡化。

作为例子，具有 n 个边界孔和 m 个内部孔的圆盘有维数为 $2m+n-3$ 的模空间。n 是奇数推出这个维数是偶数。这是某些关联函数 $\int_{\overline{\mathcal{M}}}\Pi_i\ \psi_i^{d_i}$ [（3.1）式] 非零的必要条件，因为上同调类 ψ_i 全是偶数次的。

拉蒙边界的自旋结构是整体平凡的，所以可能存在没有边界孔的拉蒙边界。当然，这是我们上面讨论过的。拉蒙边界一般可以有偶数个边界孔。

在任意 NS 型或拉蒙型边界分支上存在自旋结构的两类逐段平凡化。先在给定的出发点（不是孔）处任意取定一个平凡化，则其延拓到整个圆周的平凡化完全由跨过边界孔时要变号的规则唯一决定。

这种关于边界和边界孔的描述初看起来有些怪，但在 3.8 小节中我们会看到给它合理的物理解释并不难。但我们先要弄清楚加入边界孔是否会给模空间的定向带来新的问题。下面我们按 [3－6] 中处理符号问题的方法来解决这个疑问。这个方法能从 3.8 小节的框架中导出，但现在先不这样做。

首先考虑有 NS 自旋结构的边界分支 S。它的周长是 b，上面有奇数 n 个按顺序排列的边界孔。任取一个点 $p\in S$，并以此为起点把边界点按从小到大的次序标记上角度 $\alpha_1<\alpha_2<\cdots<\alpha_n$。于是 b 和 $\alpha_1,\cdots,\alpha_n$ 是 S 对应的模参数。我们用下列微分形式来给这个参数空间定向

$$\Upsilon = \mathrm{d}b\,\mathrm{d}\alpha_1\,\mathrm{d}\alpha_2 \cdots \mathrm{d}\alpha_n \tag{3.30}$$

注意Υ有自然的符号：因为α有奇数个，所以把一个$\mathrm{d}\alpha$从末尾移到开头并不影响Υ的符号。而且由于Υ是偶数次的，所以它与其余边界分支上的类似因子是可交换的。因此NS边界条件不会引起模空间定向的问题。

若S有拉蒙自旋结构。此时n是偶数。这会导致两个结果。第一，当某个$\mathrm{d}\alpha$从末尾移到开头时，我们要做一次变号。然而正如$n=0$的情形，$(-1)^{\zeta}$的符号取决于拉蒙边界上自旋结构的平凡化。一个合理的做法是只用在起始点$p \in S$右边的平凡化来定义$(-1)^{\zeta}$的符号。这样的话，把一个边界孔从末尾移到开头会改变Υ的符号但同时也改变$(-1)^{\zeta}$的符号。又由于n是偶数，所以在拉蒙边界时Υ是奇数次的。因此Υ与其余拉蒙边界上的类似因子是反交换的。像$n=0$时那样，这抵消了$(-1)^{\zeta}$在交换两个拉蒙边界时变号的影响。

3.8　膜

3.8.1　ζ-瞬子方程与紧性

在本节中，我们要用膜的物理来说明上节中看似奇怪的图景。3.4小节中理论T的第二种实现模型在这里很有用。这是基于某个具有（2，2）超对称和复手性超场Φ的二维拓扑变形理论。Φ的下分量是一个复值场ϕ。这个理论还有一个全纯的趋势函数$W(\phi)=\frac{i}{2}m\phi^2$。这里我们取定这个趋势函数，但下面一些公式对一般的$W(\phi)$也成立。

场ϕ的构形是超对称的条件有下面的ζ-瞬子方程给出：

$$\frac{\partial \phi}{\partial \bar{z}} + \frac{\partial \bar{W}}{\partial \bar{\phi}} = 0 \tag{3.31}$$

这个方程可以写成$\bar{\partial}\phi + d\bar{z}\,\partial_{\bar{\phi}}\bar{W}$，于是它可以定义在给定了处处非零（0，1）-形式$\mathrm{d}\bar{z}$的黎曼曲面Σ上。（例如，当Σ是亏格1的或复平面的一个区域时，这样的微分形式整体存在。）若像我们这里取的那样，W是拟齐次的，那么当ϕ是适当定义时这个方程是共形不变的。这个方程的共形不变形式也能写在任意黎曼曲面上。共形不变形式就是当我们用W的R-对称性对理论做拓扑变形时所得到的方程。比如若 W 是二次函数，在拓扑变形后，ϕ必须取为某个手性自旋丛 $L \longrightarrow \Sigma$ 的截面，其中的自旋丛是典则丛 $K \longrightarrow \Sigma$ 的一个平方根。[49] 中研究了更一般的 $W \sim \Phi^r$，在拓扑变形后的理论中，ϕ是 K 的 r 次根的截面（这个 r 次根可能在 Σ 上某些加入“变形场”的特定点处有奇点）。

只要 ζ- 瞬子方程能够定义，不管是对拓扑变形的形式还是对只有复值场ϕ的形式，我们都能得到一些重要的性质。特别地，若 Σ 没有边界，那么ζ- 瞬子方程只有“平凡”解。这可以用标准的方法来证明：对方程的绝对值平方在 Σ 上积分，然后做分部积分，可知任意解都满足：

$$
\begin{aligned}
0 &= \int_\Sigma |\mathrm{d}^2 z| \left| \frac{\partial \phi}{\partial \bar{z}} + \frac{\partial \bar{W}}{\partial \bar{\phi}} \right|^2 \\
&= \int_\Sigma |\mathrm{d}^2 z| \left(|\mathrm{d}\phi|^2 + \left| \frac{\partial W}{\partial \phi} \right|^2 + (\partial_z W + \partial_{\bar{z}} \bar{W}) \right)
\end{aligned} \tag{3.32}
$$

若 Σ 没有边界，那么全导数的项 $\partial_z W$ 和 $\partial_{\bar{z}} \bar{W}$ 可以去掉。从而在闭曲面 Σ 上，任意的解都满足 $\mathrm{d}\phi = 0$ 和 $\partial W / \partial \phi = 0$；也就是说$\phi$是常数并且一定是 W 的临界点。由此可知，对于一大类 W，ζ- 瞬子方程的解空间是紧的（事实上是“平凡”的）。这个紧性是与 ζ- 瞬子方程相关的变形拓扑场论能够合理定义的重要前提。

3.8.2 ζ-瞬子方程的边界条件

如果 Σ 有边界，那么我们必须给 ζ- 瞬子方程加上边界条件。首先我们忽略变形，把ϕ视为通常的复标量场。若令 W 为 0，则ϕ的方程变成柯西-黎曼方程，即要求ϕ是全纯的。与计算该方程解的数目相关的拓扑 σ- 模型就是通常的A - 模型。尽管与理论$\mathcal{T}$相关的拓扑场论不是通常的A - 模型——因为存在趋势函数并且ϕ变形成自旋 1/2——但是先讨论这个熟悉的情况对我们也是很有帮助的。

柯西-黎曼方程的一个至少在局部上合理的（椭圆的）边界条件应是要求ϕ的边界值全落在任意取定的某条曲线 $\ell \in \mathbb{C}$。在 ζ- 瞬子方程中加入趋势函数并不影响这个条件，这完全取决于方程的“领头项”（含有最多导数的项）。这里我们可以粗略地称 ℓ 为一个膜，确切地说它应该是某个膜的支撑集。下面会看到，存在多个膜的支撑集都是 ℓ。更一般地，我们可以像膜物理中的那样用更准确的方式来加上这个边界条件。取一些膜 ℓ_α，然后将

边界 $\partial\Sigma$ 分解成只在端点处相接的区间 ℓ_α 的并集。对每个 α，我们要求 ℓ_α 映到 ℓ_α（ℓ_α 和 ℓ_β 的公共端点必须映到 ℓ_α 和 ℓ_β 的某个交点）。

那么，我们应该使用怎样的 ℓ 呢？首先，A-模型显然对紧的 ℓ 是能合理定义的。事实上，$\mathbb{C}$中的紧闭曲线是一条边界，所以取这样的 ℓ 会使目标集为$\mathbb{C}$的A-模型是反常的，[53] 中的13.5小节从物理的观点解释了这一点。这个反常是一种紫外效应，与黎曼曲面上边界对费米子数目反常的贡献有关。直观上说，若 ℓ 是平面中的闭曲线，那么它能不自相交地缩成一点。因此，我们将考虑非紧的 ℓ，例如$\mathbb{C}$中的直线。

这样的选取可以避免上面提到的紫外问题，但是 ℓ 的非紧性可能会带来红外问题。柯西-黎曼方程 $\bar{\partial}\phi=0$ 的边界值落在非紧空间 ℓ 时，其解空间通常不是紧的。这导致在定义目标集为$\mathbb{C}$的A-模型时出现困难。

依照我们想要得到的，有几种方法可以避开这些困难。一个方法可以从数学上导出“卷的深谷（Fukaya）范畴”。为了最终的目的，我们需要用趋势函数来防止ϕ变大。这在数学上对应着深谷-赛德尔（Fukaya-Seidel）范畴 [55]；物理的解释可参见 [53]，特别是里面的 11.2.6 和 11.3 小节。这里的想法是回到等式（3.32），只是现在 Σ 有边界。例如，将 Σ 取为上半 z-平面。令 $z=x_1+ix_2$，则该等式变成：

$$0=\int_\Sigma |\mathrm{d}^2 z|\left(|\mathrm{d}\phi|^2+\left|\frac{\partial W}{\partial\phi}\right|^2\right)+2\int_{\partial\Sigma}\mathrm{d}x_1\,\mathrm{Im}W \qquad (3.33)$$

现在可以清楚地看出需要考虑的是哪种膜。我们应取这样的 ℓ 使得沿着 ℓ 趋于 ∞ 时 $\mathrm{Im}W\longrightarrow\infty$。于是等式中的边界项保证了$\phi$不能在 $\partial\Sigma$ 上变大，进而内部项保证了ϕ不能在任何地方变大。这是能定义A-模型的关键技术步骤。

现在我们对 $W(\phi)=\frac{i}{2}m\phi^2$ 来具体实现这个条件，其中 $m>0$，$\phi=\phi_1+i\phi_2$。我们有 $\mathrm{Im}W(\phi)=\frac{m}{2}(\phi_1^2-\phi_2^2)$。于是在$\phi$复平面的无穷远附近，有两个区域使得 $\mathrm{Im}W\longrightarrow+\infty$：这分别发生在正$\phi$轴附近和负$\phi$轴附近。

非紧的一维流形 ℓ 在拓扑上是实直线。为了确保沿着 ℓ 趋于 ∞ 时 $\mathrm{Im}W\longrightarrow\infty$，我们应当让 ℓ 的两端分别在靠近正负ϕ轴的好区域里。除此以外，ℓ 的精确形状没有关系，因为A-模型在 $\mathbb{C}$的哈密顿辛同态下是不变的。起决定作用的是ϕ是否在 ℓ 的两端趋于 $+\infty$或 $-\infty$。而且若ϕ在 ℓ 的两端都趋于同方向的无穷，那么它在一定的意义下是“拓扑平凡的”，也就是说它在ϕ-平面中趋于无穷同时保持沿着 ℓ 有 $\mathrm{Im}W \longrightarrow \infty$。所以唯一有趣的情况是$\phi$在 ℓ 的一端都趋于 $-\infty$而在另一端则趋于 $+\infty$。其他更多的细节是不起作用的。因此，我们可以把 ℓ 简单地取为实ϕ轴①。换句话说，ϕ的边界条件是它在 $\partial\Sigma$ 上是实值的，或者说若 $\phi = \phi_1 + i\phi_2$，则当 $x_2 = 0$ 时 $\phi_2 = 0$。

这在拓扑变形的模型中有个有趣的解释。先回忆在这个模型中，ϕ是 Σ 上手性自旋丛 $\mathcal{L}$ 的截面。$\mathcal{L}$在 Σ 上一点处的纤维是 1 维的复向量空间。它实际上是秩为 2 的实向量空间。所以我们把复线丛 $\mathcal{L} \longrightarrow \Sigma$ 看作秩为 2 的实向量丛 $S \longrightarrow \Sigma$。这个丛 S 是 Σ 上实的非手性自旋丛。因此，可以把ϕ的实部和虚部看成 Σ 上二分量的实自旋丛。事实上，我们已经在（3.15）式中做了基本一样的事情，在那里ϕ的 ζ- 瞬子方程等价于 $\hat{\phi} = \begin{pmatrix} \phi_1 \\ -\phi_2 \end{pmatrix}$ 的有质量狄拉克方程。

现在回顾一下在 3.5 节中，我们定义了秩为 1 的实自旋丛 $\mathcal{E} \longrightarrow \partial\Sigma$，$\mathcal{E}$ 的截面是 Σ 上秩 2 自旋丛 S（限制在 $\partial\Sigma$ 上）的截面 $\hat{\phi}$，使得 $\gamma_\parallel \hat{\phi} = \hat{\phi}$（这个方程取相反的符号 $\gamma_\parallel \hat{\phi} = -\hat{\phi}$ 则定义了另一个 $\partial\Sigma$ 上等价的实自旋丛）。若 Σ 是上半平面，则切向的伽马矩阵是 $\gamma_\parallel = \gamma_1$，并且我们使用的伽马矩阵［（3.7）式］满足 $\gamma_1 \hat{\phi} = \hat{\phi}$，这等价于 $\phi_2 = 0$。

我们可以用在一般变形拓扑场论中都有意义的方式来表述上述边界条件。在 $\partial\Sigma$ 之外的内部，ϕ是手性自旋丛 $\mathcal{L} \longrightarrow \Sigma$ 的截面。ϕ满足的边界条件是在 $\partial\Sigma$ 上它是实自旋丛 $\mathcal{E} \longrightarrow \partial\Sigma$ 的截面。这样表述边界条件的好处是它和通常的A- 模型中的表述是一致的，也是我们的动机：它保证了方程（3.32）中的表面项等于零，于是带边黎曼曲面 Σ 上 ζ- 瞬子方程的唯一解是 $\phi = 0$。

通过与通常的A- 模型比较我们能理解更多。为了得到以 ℓ 为支撑集的膜，我们需要先取好 ℓ 的定向。两种可能的定向给出两个可能的膜，分别称为 $\mathcal{B}'$ 和 $\mathcal{B}''$。它们中任何一个都和另一个没有区别。

在通常的A- 模型中，我们能自由引进$\mathcal{B}'$或$\mathcal{B}''$或两者。当ϕ不是复值场而是有手性的旋量时，与理论$\mathcal{T}$相关的变形模型则不一样。这是因为 $\mathcal{B}'$ 和 $\mathcal{B}''$ 代表了实自旋丛 $\mathcal{E} \longrightarrow \partial\Sigma$ 上定向的选取，而一般情况下这个实自旋丛是不可定向的。因此绕有 NS 自旋结构的 $\partial\Sigma$ 分支一圈会把 $\mathcal{B}'$ 和 $\mathcal{B}''$ 调换。所以在与理论 $\mathcal{T}$ 相关的模型中我们引进了其中一个膜就必须也引进另

①这样的 ℓ 可以视为趋势函数 W 在其唯一临界点 $\phi = 0$ 处的莱夫谢茨（Lefschetz）支撑环。一般地，在深谷-赛德尔范畴里最基本的对象就是这些莱夫谢茨支撑环。

一个。

一旦引入了膜$\mathcal{B}'$和$\mathcal{B}''$，我们就和数学文献［3－6］中描述的图景很接近了。Σ的边界分解为只在端点处相接的区间ℓ_a的并集。把每个区间标记上$\mathcal{B}'$或$\mathcal{B}''$。这样的做法选择了$\mathcal{E}\longrightarrow\partial\Sigma$的一个定向。由于$\mathcal{E}$是秩为1的实向量丛，所以用3.7小节的语言来说，$\mathcal{E}$的定向和$\mathcal{E}$的平凡化是（在同伦的意义下）一致的。

现在还剩下一点需要弄清楚。在［3－6］的理论中，一旦跨过边界孔，$\mathcal{E}$的定向就改变。为什么会这样呢？

下面是一个直接的答案。对于一般的膜$\mathcal{B}$，A-模型中$(\mathcal{B},\mathcal{B})$弦对应着放在由$B$标记的弦边界上的局部算子。我们的模型尽管只是局部地等价于一个A-模型，但是已足以讨论局部算子。对于膜$\mathcal{B}'$和$\mathcal{B}''$，由于ℓ是可缩的，所以唯一有意义的局部$(\mathcal{B}',\mathcal{B}')$或$(\mathcal{B}'',\mathcal{B}'')$算子是恒等算子。然而在拓扑弦理论中，我们在弦世界片边界上加到作用量中的实际上是给定局部算子的衍生子。当$\mathcal{O}$是边界局部算子时，我们想要的是从$\mathcal{O}$衍生出的1-形式$\mathcal{V}$。若$\mathcal{O}$是恒等算子，那么$\mathcal{V}=0$。（回忆下$\mathcal{V}$是由$\{Q,\mathcal{V}\}=\mathrm{d}\,\mathcal{O}$来刻画的，其中$Q$是理论的BRST算子；若$\mathcal{O}$是恒等算子，那么$\mathrm{d}\mathcal{O}=0$从而$\mathcal{V}=0$。）因此从弦$(\mathcal{B}',\mathcal{B}')$和$(\mathcal{B}'',\mathcal{B}'')$我们得不到有意思的结果。

与标准A-模型的类比表明$(\mathcal{B}',\mathcal{B}'')$或$(\mathcal{B}'',\mathcal{B}')$的空间也是1维的（参见3.8.3和3.8.4小节），但$(\mathcal{B}',\mathcal{B}'')$或$(\mathcal{B}'',\mathcal{B}')$弦对应着能够引起标记边界的膜跃变的局部算子，而且都肯定不是恒等算子。因此引力衍生子不为零。

另一个关键的细节是算子的统计性质。恒等算子是玻色的，其非零1-形式衍生子则是费米的。费米边界孔算子并不是［3－6］的理论所需的，在那里耦合参数和关联函数都是玻色的。与标准A-模型的类比表明（3.8.3小节）$(\mathcal{B}',\mathcal{B}'')$和$(\mathcal{B}'',\mathcal{B}')$局部算子都是费米的，从而它们的1-形式衍生子是玻色的。

还有一个细节显示与标准A-模型的类比有些误导性，因为这种类比只在局部成立。在有膜$\mathcal{B}'$和$\mathcal{B}''$的A-模型中，$(\mathcal{B}',\mathcal{B}'')$和$(\mathcal{B}'',\mathcal{B}')$局部算子是相互独立的算子，从而我们可以把它们（或它们的1-形式衍生子）配上独立的耦合参数加到模型中。在现在的背景下，没有办法区分$\mathcal{B}'$和

$\mathcal{B}''$；我们只能说它们能用实自旋丛的定向来区分①。所以实际上只有一种边界孔，我们可以认为它是（$\mathcal{B}',\mathcal{B}''$）或（$\mathcal{B}'',\mathcal{B}'$）中的一个，对应的只有一种边界耦合。

顺便提一下，就算（$\mathcal{B}',\mathcal{B}'$）或（$\mathcal{B}'',\mathcal{B}''$）有非平凡的1-形式引力衍生子，它也不会起作用。我们必须把这两个算子等同起来从而得到一个有费米耦合常数υ的算子。由于拓扑引力的关联函数是玻色的，它们不可能依赖于单个费米变量υ。

3.8.3 定向与统计

考虑目标空间为X的任意A-模型中的膜$\mathcal{B}'$。$\mathcal{B}'$的支撑集是一个拉格朗日子流形$L\subset X$。取有平凡陈-佩顿（Chan-Paton）丛的B'。如果有N个膜$\mathcal{B}'$，那么我们就得到一个沿着L的有效$U(N)$规范理论。

再取M个膜$\mathcal{B}'$，它们的支撑集上类似地也有$U(M)$规范理论。当我们把N个膜$\mathcal{B}'$和另M个组合在一起，就得到一个$U(N+M)$规范理论。

现在取另一个反定向的L对应的膜$\mathcal{B}''$。M个膜$\mathcal{B}''$的支撑集上也有$U(M)$规范理论。但是如果把M个膜$\mathcal{B}''$和N个膜$\mathcal{B}'$组合起来，我们得到的就不是规范群$U(N+M)$，而是超群$U(N\mid M)$[56]。

下面举个例子来说明为什么一定是这样的。一个熟悉的设定是X为卡拉比-丘三流形。N个膜对应的有效规范理论实际上是$U(N)$规范理论。其中的规范场记为A。理论中还有一个在伴随表示中取值的1-形式场ϕ，它描述了膜位置的变化。有效作用量是复联络$\mathcal{A}=A+i\phi$的陈-西蒙斯（Chern-Simons）3-形式的倍数：

$$I=\frac{1}{g_{st}}\int_L CS(\mathcal{A}) \tag{3.34}$$

这里$CS(\mathcal{A})=Tr(\mathcal{A}\wedge \mathrm{d}\mathcal{A}+\frac{2}{3}\mathcal{A}\wedge\mathcal{A}\wedge\mathcal{A})$是陈-西蒙斯3-形式，$g_{st}$是弦耦合常数。$L$只是一个普通的三维流形，所以这个3-形式$CS(\mathcal{A})$也能定义。但要在$L$上对一个3-形式积分的话就需要$L$的定向。这本身没有一个自然的选择，但是一个定向的选择是支撑集L上膜$\mathcal{B}$定义的一部分。这

①例如，在绕有NS自旋结构的圆周一圈后，$\mathcal{B}'$和$\mathcal{B}''$要交换。Σ的一个边界分支上实自旋丛的定向通常并不告诉我们如何选取其他边界分支上自旋丛的定向。所以我们只能说$\mathcal{B}'$和$\mathcal{B}''$只在局部上不同但是没有整体的看法。

解释了为何在定义支撑集 L 的膜$\mathcal{B}'$或$\mathcal{B}''$时需要先取好 L 的定向；并且支撑集 L 上有两个A-膜$\mathcal{B}'$和$\mathcal{B}''$，它们只在定向的选取上有区别。$\mathcal{B}'$对应的有效作用量 I 与$\mathcal{B}''$对应的具有相反的符号①。现在把 N 个膜上的 $U(N)$ 陈-西蒙斯理论和 M 个膜上的具有相同符号的 $U(M)$ 陈-西蒙斯理论组合起来就得到一个 $U(N+M)$ 陈-西蒙斯理论（场ϕ的期望值描述了 $U(M+N)$ 到 $U(N)\times U(M)$ 的破缺）。但是如果 $U(M)$ 和 $U(N)$ 的陈-西蒙斯作用量符号相反，那么它们不可能组合成一个 $U(M+N)$ 陈-西蒙斯理论。但它们却能组合成$U(N|M)$ 超群陈-西蒙斯理论。回顾一下一个 $N|M$-维矩阵的超迹的定义如下：

$$\mathrm{Str}\begin{pmatrix} U & V \\ W & X \end{pmatrix} = \mathrm{Tr}U - \mathrm{Tr}X \tag{3.35}$$

这里的负号是为了使 $U(N|M)$ 的陈-西蒙斯 3-形式的超迹能导出作用量中 $U(N)$ 和 $U(M)$ 的部分有相反的符号。

将 $U(N+M)$ 换成 $U(N|M)$ 的一个结果是对角线之外的块 V 和 W 具有相反的统计性质。这就是在 3.8.2 小节的结尾处说到的（$\mathcal{B}'$,$\mathcal{B}''$）弦是费米的，而它的 1-形式衍生子是玻色的。

刚才讨论的情况在物理弦论中并不常发生，因为我们通常都是对满足某个稳定性条件的膜感兴趣。这个稳定性条件涉及卡拉比-丘流形的全纯体积形式限制在膜上的相位。对于给定的拉格朗日子流形，至多只有一个定向满足这个条件。

3.8.4 弦的量子化

在标准的A-模型中，对任意的膜 $\mathcal{B}_1$ 和 $\mathcal{B}_2$，($\mathcal{B}_1$,$\mathcal{B}_2$) 型的局部算子所成的空间与一个无限长带子上量子化得到的物理态空间是相同的，这个带子的边界条件是一端为 $\mathcal{B}_1$ 而另一端为 $\mathcal{B}_2$。下面将看到尽管我们考虑的模型只在局部等价于标准的A-模型，但是其中也有类似的等同性。

对某正实数 a，考虑 x_1x_2 平面中的带子 $0\leqslant x_2\leqslant a$ 并把 x_1 视为欧式的"时间"。我们前面讨论过方程（3.33）在 $x_2=0$ 和 $x_2=a$ 处分别有一个边界条件，它们分别贡献相反的符号。为了得到紧致性，$x_2=a$ 处的边界条

---

①例如，L 可能是拓扑上平凡的（正如这里用到的那样，$L=l$）。我们将忽略与膜的 K-理论诠释相关的微妙之处；这些都与我们的目标无关。

件应当保证在无穷远处 $\mathrm{Im}W \longrightarrow -\infty$。因此就像前面一样，$x_2 = a$ 处的边界条件可取为$\phi_1 = 0$，同时 $x_2 = 0$ 处的则取为 $\phi_2 = 0$ ①。

为了找到满足这些边界条件的物理态的空间，首先要找到经典的基态空间。把 x_1 看作“时间”的话，这些基态就是在两端满足边界条件的 ζ- 瞬子方程的 x_1- 无关解。若解只依赖于 x_2，ζ- 瞬子方程约化成 $\frac{\mathrm{d}\phi}{\mathrm{d}x_2} + m\bar{\phi} = 0$。这个 1 阶线性方程满足边界条件在 $x_2 = 0$ 处 $\phi_2 = 0$ 和在 $x_2 = a$ 处 $\phi_1 = 0$ 的唯一解是 $\phi = 0$。而且这个解是非退化的，也就是说当我们在它附近做线性化时，线性化的方程的解空间是平凡的（现在的情况下，这个结论是平凡的因为这个 ζ- 瞬子方程已经是线性的）。非退化的经典解在量子化后对应着单态。

如果有多个经典真空，那么我们需要考虑用隧道效应来找出真正的超对称基态等。现在只有一个经典真空，这个步骤就是平凡的。所以在我们的问题中，只有一个超对称的基态。

有个疑惑是我们似乎用了不同的边界条件，即 $x_2 = a$ 处的膜和 $x_2 = 0$ 处的不同。但是若把这个带子共形地映成上半平面 $x_2 \geqslant 0$，其中带子的 $x_2 = -\infty$映到上半平面边界上的原点 $x_1 = x_2 = 0$，那么边界条件的不同就消失了。这种处理两个边界的做法实际上是要求ϕ限制在 $\partial\Sigma$ 上应当是实自旋丛 $\mathcal{E} \longrightarrow \partial\Sigma$ 的截面。

超对称基态的空间对应了在 $x_1 = x_2$ 处 $(\mathcal{B}',\mathcal{B}')$，$(\mathcal{B}'',\mathcal{B}'')$ 或 $(\mathcal{B}',\mathcal{B}'')$ 型的局部算子的空间。由于决定带子上 1 维物理态的空间并不需要带子边界上自旋丛的定向，所以 $(\mathcal{B}',\mathcal{B}')$，$(\mathcal{B}'',\mathcal{B}'')$ 或 $(\mathcal{B}',\mathcal{B}'')$ 型的局部算子的空间作为向量空间是相同的。但是正如 3.8.3 小节中讲的那样，这些算子有不同的统计性质。

3.9 边界上的退化

到现在为止，我们一直都在关注模空间的定向问题。如 3.1 节所言，定义带边黎曼曲面上拓扑引力还有另一个严重的问题，也就是带边黎曼曲面的模空间及其德利涅-芒福德紧化都是有边界的。正因为这样，像拓扑引力关联函数 $\int_{\overline{\mathcal{M}}} \Pi_i \psi_i^{d_i}$ 这样的相交数［(3.1) 式］在拓扑的意义下不是合理

①这两个边界条件的不同与 3.9 节的内容有关：在 $x_2 = 0$ 处，$\sqrt{\mathrm{d}z}$ 是实的，而在 $x_2 = a$ 处，$\sqrt{-\mathrm{d}z}$ 是实的。

定义的。下面我们通过最简单的具体计算来介绍如何克服这个困难。完整的解释参见 [3－6]。

我们首先用一个简单的例子来说明这个问题。一个有 n 个边界孔（没有内部孔）的圆盘 Σ 的模空间$\overline{\mathcal{M}}$是实三维的。把某个实余 1 维的颈项 [图 6（a)] 捏成一点后 [图 6（b)]，这个圆盘退化成一个奇异的黎曼曲面 Σ，这个曲面还可以由两个圆盘 Σ_1 和 Σ_2 粘成 [图 6（c)]。这个过程是在实余 1 维上发生的，所以图 6（b）表示$\overline{\mathcal{M}}$的边界 $\partial\overline{\mathcal{M}}$ 的一个连通分支。我们来验证一下图 6（b）的构形确实是由 $n-4$ 个参数来描述，从而它在$\overline{\mathcal{M}}$中是实余一维的。Σ 的边界孔也是 Σ_1 和 Σ_2 的边界孔，假设 Σ_1 有 n_1 个 Σ 的边界孔，Σ_2 有 n_2 个 Σ 的边界孔，则 $n_1+n_2=n$。并且 Σ_1 和 Σ_2 在粘贴处还有一个边界孔 p_1 或 p_2。于是 Σ_1 和 Σ_2 分别有 n_1+1 和 n_2+1 个边界孔，它们的模空间分别是 二维 和 二维。因此图 6（b）中的奇异构型一共有 $(n_1-2)+(n_2-2)=n-4$ 个实参数。

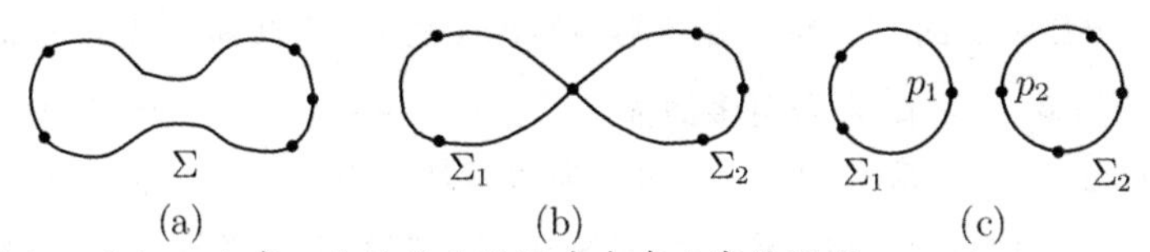

图 6　(a) 一个有 n 个边界孔的圆盘中有变窄的颈项。

(b) 颈项坍缩从而 Σ 退化成两个在某点粘起来的圆盘 Σ_1 和 Σ_2。

(c) 如 (b) 所示的图形可以通过把 $p_1\in\Sigma_1$ 粘到 $p_2\in\Sigma_2$ 得到。Σ 的边界孔分散到 Σ_1 和 Σ_2 上。

因此我们证实了带边黎曼曲面的模空间是带边流形（或轨形）。这在定义相交数的时候就会出现问题。

现在我们在 Σ 上有一个自旋丛 S 的情况下再确认这件事情，此时如 3.7 节所述 $\partial\Sigma$ 上诱导的实自旋丛$\mathcal{E}$是沿 $\partial\Sigma$ 分段平凡的。这时有一个有趣的现象出现。如果 Σ 是一个圆盘，那么自旋丛 $\mathcal{E}\longrightarrow\partial\Sigma$ 总是 NS 型的，从而圆盘上边界孔的数目 n 一定是奇数。但是当 Σ 退化成分别有 n_1+1 和 n_2+1 个边界孔的两个分支 Σ_1 和 Σ_2 时，n_1+1 或 n_2+1 必是偶数。然而在我们的理论中，一个圆盘总是应该有奇数个边界孔。这意味着实际上在这个理论中 p_1 或 p_2 并不真的是边界孔：实自旋丛 $\mathcal{E}_1\longrightarrow\partial\Sigma_1$ 和 $\mathcal{E}_2\longrightarrow\partial\Sigma_2$ 的分段平凡化只在跨过 p_1 或 p_2 两者之一时发生跳跃。在下面有更准确的解释。于是在用积分导出关联函数时，被积函数中相乘的上同调类 ψ_i 在 $\partial\overline{\mathcal{M}}$ 上的限制是从遗忘 p_1 或 p_2 后的商空间的拉回。事实上 $\partial\overline{\mathcal{M}}$ 表现得就像是实余二维的，从而相交数是可以合理定义的。

让我们来解释更多的细节。首先引进一套有用的语言。接下来，Σ是一个可能有边界的黎曼曲面，K是Σ的复典则线丛。$\mathcal{S}$是它的手性自旋丛。于是K和$\mathcal{S}$都是Σ上的复线丛，并且$\mathcal{S}\otimes\mathcal{S}$同构于$K$，这个同构由线性映射$w:\mathcal{S}\otimes\mathcal{S}\longrightarrow K$给出。

沿着$\partial\Sigma$，我们可以说1-形式是实值的，从而K限制在$\partial\Sigma$上有一个实子丛。而且黎曼曲面Σ的定向诱导了$\partial\Sigma$的定向。于是K的一个截面限制在$\partial\Sigma$上是正实值的。例如，当Σ是上半复z-平面时，$\partial\Sigma$是实z-轴从而复值1-形式$\mathrm{d}z$限制在$\partial\Sigma$上是正实值的。而当Σ是下半复z-平面时，它的边界是反定向的实z-轴，此时$-\mathrm{d}z$在$\partial\Sigma$上是正实值的。

这是一个描述$\partial\Sigma$上实自旋丛$\mathcal{E}$的方便框架。我们称$\mathcal{S}\longrightarrow\Sigma$的局部截面$\psi$沿着$\partial\Sigma$是实的如果1-形式$w(\psi\otimes\psi)$限制在$\partial\Sigma$上是正实值的。在这种情况下，我们称$\psi$在$\partial\Sigma$上的限制为$\mathcal{E}$的一个截面。这可以用来定义$\in$。例如，当$\Sigma$是上半复$z$-平面时，满足条件$w(\psi\otimes\psi)=\mathrm{d}z$的$\mathcal{S}$的截面$\psi$沿着$\partial\Sigma$是实的，它在$\partial\Sigma$的限制给出了$\mathcal{E}$的一个截面。我们可以不是很严格地用$\psi=\sqrt{\mathrm{d}z}$来做更多的描述。注意到$(-\psi)\otimes(-\psi)=\psi\otimes\psi$，我们也有$w((-\psi)\otimes(-\psi))=\mathrm{d}z$。所以就像一个数的平方根那样，$\mathrm{d}z$的平方根也是在相差正负号的意义下是唯一的。当$\Sigma$是下半复$z$-平面时，$\mathcal{S}$的满足条件$w(\psi\otimes\psi)=-\mathrm{d}z$的截面$\psi$沿着$\partial\Sigma$是实的，并且是$\mathcal{E}$的一个截面。我们也可以非严格写$\psi=\pm\sqrt{-\mathrm{d}z}$或者$\psi=\pm i\sqrt{\mathrm{d}z}$。

实自旋丛$\mathcal{E}\longrightarrow\partial\Sigma$的平凡化可以由$\mathcal{E}$的任意非零截面给出。比如，当$\Sigma$是上半复$z$-平面时，$\mathcal{E}\longrightarrow\partial\Sigma$可以用$\psi=\pm\sqrt{\mathrm{d}z}$来平凡化。而当$\Sigma$是下半复$z$-平面时，$\mathcal{E}\longrightarrow\partial\Sigma$则可以用$\psi=\pm i\sqrt{\mathrm{d}z}$来平凡化。

可以回到我们的问题了。在图7中，我们展示了与图6一样的开弦退化情形，但现在我们放大了退化发生的区域且不关心区域外黎曼曲面Σ的样子。图中画的是开弦的退化情况，且忽略了自旋结构及其平凡化。在图8中，我们重复了图7（a）并增加了自旋结构平凡化的信息。

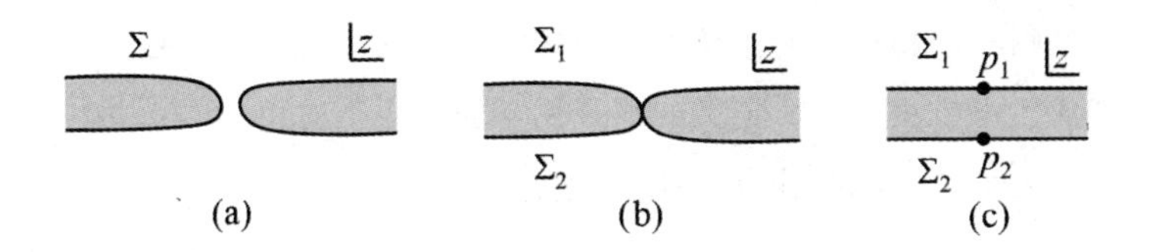

图 7　(a) 带边黎曼曲面 Σ 是复 z- 平面中阴影区域的补集。它由通过一个窄颈项连接的上下半平面组成。

(b) 在实余一维中，项圈坍缩从而 Σ 退化成一对在某个二重点处粘起来的分支 Σ_1 和 Σ_2。

(c) 图中两个分支已分离开。这里 Σ_1 和 Σ_2 分别是带有边界孔 p_1 和 p_2 的上半和下半平面。将 p_1 粘到或 p_2 就得到（b）中的奇异构形。

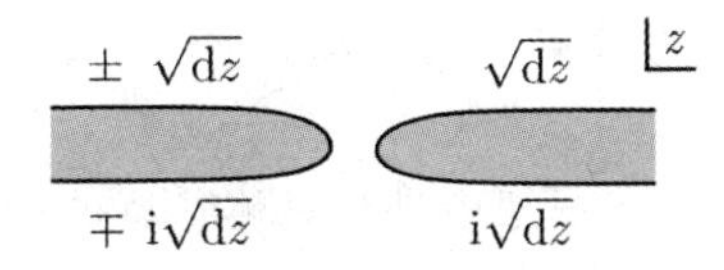

图 8　这里我们重复了图 7（a）并增加了 $\partial\Sigma$ 上自旋丛平凡化的信息。在图中左右两侧的上下部分，$\partial\Sigma$ 平行于实 z 轴，所以这个自旋结构可以通过选取 $\pm\sqrt{dz}$（上半区域）或 $\pm i\sqrt{dz}$（下半区域）来做平凡化。

由于图中没有边界孔[①]，所以 $\partial\Sigma$ 的实自旋丛应该是处处平凡的。容易看到在图中左右两侧的上下部分区域中是如何做平凡化的，那里 $\partial\Sigma$ 平行于实 z 轴。我们会用到在复 z- 平面的区域 Σ 中，复值 1-形式 dz 是处处有定义的；类似地可以整体地选取 $\psi=\sqrt{dz}$ 的符号，尽管这样的 ψ 在 $\partial\Sigma$ 上并不是处处实值的。故 $\sqrt{dz}$ 的整体符号在下面的讨论中并不重要。

在图的右上部分，$\mathcal{E}$ 由 $\psi=\sqrt{dz}$ 来平凡化。(开始选用 $-\sqrt{dz}$ 不会有本质的变化，因为 $\sqrt{dz}$ 的整体符号可以任意选择。) 在左上部分，我们要选取平凡化 $\pm\sqrt{dz}$。这个符号是有意义的，因为已经在右上部分用了 $+\sqrt{dz}$。然后继续穿过窄颈项到图的下半部分。$\partial\Sigma$ 的边界在图的右侧按逆时针方向弯曲了角度 π，在图的左侧则弯曲了角度 $-\pi$。因此，$\mathcal{E}\longrightarrow\partial\Sigma$ 的截

①德利涅-芒福德紧化定义时要求退化不发生在有孔的地方。所以图 7（a）表示 Σ 中发生开弦退化的部分，我们可以假设那里没有边界孔。

面必须得到一个相位才能保持是实值的。在右上方由 $\sqrt{dz}$ 定义 $\in$ 的平凡化会变成右下方由 $i\sqrt{dz}$ 定义的平凡化，而在左上方由 $\pm\sqrt{dz}$ 的平凡化会变成左下方由 $\mp i\sqrt{dz}$ 定义的平凡化。

可以看到一旦选择了图左侧中的符号，左上方和右上方的平凡化就能连上但是左下方与右下方的却连不上；改变符号的选取还是会出现问题。所以若 Σ 退化成两个分支 Σ_1 和 Σ_2 的并集，它们如图 7（c）那样通过 $p_1\in\Sigma_1$ 和 $p_2\in\Sigma_2$ 粘在一起，则边界上自旋结构的平凡化要么在跨过 p_1 时跳跃但在跨过 p_2 时不跳跃，要么在跨过 p_2 时跳跃但在跨过 p_1 时不跳跃。在［3－6］的构造中，p_1 和 p_2 中的一个不起作用从而被忽略掉。这就是$\overline{\mathcal{M}}$的边界表现得就像是实余二维的并且关联函数能合理定义的基本原因。下面我们马上说明更多的细节。

3.10 圆盘振幅的计算

［3—6］导出了在上述框架中进行具体计算的一些方法。这里我们仅介绍对圆盘振幅的最简单计算。

首先我们对圆盘振幅做适当的归一化。闭黎曼曲面上拓扑引力在通常归一化下的弦耦合常数记为g_{st}，而现在的理论的耦合常数记为$\tilde{g}_{st}$。

在标准的方法中，亏格 g 振幅的权重因子是g_{st}^{2g-2}。加入理论T后，这个因子变成$\tilde{g}_{st}^{2g-2}2^{g-1}$，其中$2^{g-1}$是理论$T$的配分函数［（3.5）式］。两个耦合常数间的关系是：

$$\tilde{g}_{st}=\frac{g_{st}}{\sqrt{2}} \qquad (3.36)$$

圆盘的欧拉示性数是 1，故圆盘振幅的权重因子是 $1/\tilde{g}_{st}=\sqrt{2}/g_{st}$。理论$T$的配分函数是$\frac{1}{2}$（圆盘只有一个自旋结构）。但是对任意给定的一组边界孔，边界上自旋丛按照跨过边界孔的变化有两种可能的分段平凡化。这两种选取对我们要做的计算有相同的贡献，所以在考虑它们的时候要加上因子 2。

把所有的因子组合起来得到 $2\cdot\frac{1}{2}\sqrt{2}/g_{st}=\sqrt{2}/g_{st}$。并且如［3］中所说，给每个边界孔配上因子 $1/\sqrt{2}$ 会带来方便。令 Σ 是有 m 个边界孔和 n

个内部孔 $d_1,\cdots,d_n$ 的圆盘；$\overline{\mathcal{M}}$是 Σ 上共形结构的紧化模空间。则由（3.1）式得到一般的圆盘振幅：

$$\langle \tau_{d_1} \tau_{d_2} \cdots \tau_{d_n} \sigma^m \rangle_D = \frac{2^{(1-m)/2}}{g_{st}} \int_{\overline{\mathcal{M}}} \psi_1^{d_1} \psi_2^{d_2} \cdots \psi_n^{d_n} \tag{3.37}$$

这个公式和［3］中的（18）式一致。这里引进了因子 g_{st} 是因为它有助于保证这个理论与无边黎曼曲面上的标准归一化相协调。但是在数学上 g_{st} 常常取为 1，下面我们也会这样做（这样并没有丢失任何拓扑信息因为关联函数只与给定欧拉示性数的曲面有关，其决定了 g_{st} 的幂）。

在（3.37）式中，边界孔是不等价并标记好的，我们对所有可能的循环顺序求和。比如我们来计算 $\langle\sigma\sigma\sigma\rangle$，这只需要考虑标记了 3 个边界孔 1，2，3 的圆盘。此时有两个循环顺序（即 123 和 132），对每个循环顺序，$\overline{\mathcal{M}}$ 是一个点，从而 $\int_{\overline{\mathcal{M}}} 1 = 1$。所以（3.37）式中取 $g_{st}=1, n=0, m=3$，然后对所有循环顺序求和，这相当于乘上因子 2。我们得到：

$$\langle \sigma^3 \rangle = 1 \tag{3.38}$$

这个式子是给每个边界孔配上因子 $1/\sqrt{2}$ 的动机。另一个简单的等式是：

$$\langle \tau_0 \sigma \rangle = 1 \tag{3.39}$$

这也是显然的因为模空间就是一个点。因为维数的原因，若只有边界孔则（3.38）式是仅有的非零振幅，类似地，若只有 σ 和 τ_0 则（3.39）式是仅有的非零圆盘振幅。

计算任意圆盘振幅的最简单方法是用［3］中定理 1.5 的递推关系，实际上这些关系里的第一个就足够了。首先回顾一下［17］中亏格 0 的递推关系。为了之后方便，先定义：

$$\langle\langle \tau_{d_1} \tau_{d_2} \cdots \tau_{d_s} \rangle\rangle = \left\langle \tau_{d_1} \tau_{d_2} \cdots \tau_{d_s} \exp\left(\sum_{n=0}^{\infty} t_n \tau_n\right) \right\rangle \tag{3.40}$$

可见 $\langle\langle \tau_{d_1} \tau_{d_2} \cdots \tau_{d_s} \rangle\rangle$ 就是由 t_n 的幂加权后得到的振幅。$\langle\langle \tau_{d_1} \tau_{d_2} \cdots \tau_{d_s} \rangle\rangle$

中亏格 0 的贡献记为 $\langle\langle\tau_{d_1}\ \tau_{d_2}\cdots\tau_{d_s}\rangle\rangle_0$。于是我们有亏格 0 递推关系：

$$\langle\langle\tau_{d_1}\tau_{d_2}\tau_{d_3}\rangle\rangle_0=\langle\langle\tau_{d_1-1}\tau_0\rangle\rangle_0\langle\langle\tau_0\tau_{d_2}\tau_{d_3}\rangle\rangle_0 \tag{3.41}$$

证明如下。我们取亏格 0 光滑曲面 Σ 为复 z- 平面加上无穷远点。设这些孔分别位于 z_1，z_2，z_3。考虑纤维是 Σ 在 z_1 处余切丛的线丛 $\mathcal{L}_1\longrightarrow\overline{\mathcal{M}}$，下面构造它的一个截面 λ。令 ρ 是下列 1-形式：

$$\rho=(z_2-z_3)\frac{\mathrm{d}z}{(z-z_2)(z-z_3)} \tag{3.42}$$

它在 $z=z_2$，z_3 处有极点，留数分别是 1 和 -1，在其余地方都是正则且非零的。这些性质唯一决定了 ρ，所以 ρ 不依赖于方程中坐标的选取。在 ρ 中令 $z=z_1$，则得到 $\mathcal{L}_1\longrightarrow\overline{\mathcal{M}}$ 的一个全纯截面 λ；这个截面零点的除子 D 表示了 $c_1(L_1)$。当 Σ 是光滑时，ρ 在有限 z- 平面或 $z=\infty$都没有零点，故 λ 是处处非零的。若 Σ 退化成分别包含 z_2 和 z_3 的两部分 [图 9 (a)]，λ 仍是处处非零的。但是如果 z_2 和 z_3 都在同一分支里 [图 9 (b)]，那么 λ 在另一分支上等于零。最后，如图所示仅当 z_1 在不包含 z_2 和 z_3 的分支里，ρ 等于零。而且这个点是单零点（因为 ρ 在 $z_2=z_3$ 处有单零点）。所以在 $\tau_{d_1}=c_1(\mathcal{L}_1)^{d_1}$ 中，一个因子 $c_1(\mathcal{L}_1)$ 可以替换成除子 D 在图 9 (b) 的限制。替换之后就剩下 τ_{d_1-1} 在一个分支，而 τ_{d_2} 和 τ_{d_3} 在另一个分支；并且在两个分支的相交处中出现了一个对应于 τ_0 的新孔。这些导出了 (3.41) 式的右边。不难看出这个递推关系唯一决定了所有亏格 0 振幅，出发点是只含 τ_0 的唯一非零振幅是 $\langle\tau_0^3\rangle_0=1$。

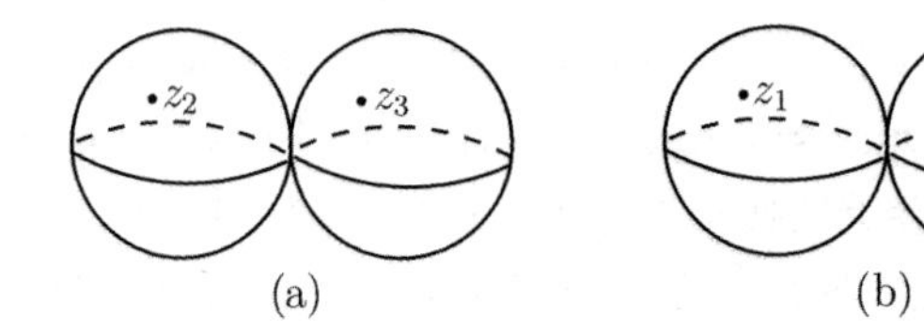

图 9　(a) 如果球面 Σ 退化成分别包含 z_2 和 z_3 的两部分，那么 1-形式 $\rho = dz/(z-z_2)(z-z_3)$ 在每一部分都有一个极点，从而在每部分都是非零的。(当 Σ 退化时，ρ 也在两部分相接的二重点处有极点，在两部分上分别有相同和相反的留数。) λ 也是非零的。

(b) 如果 z_2 和 z_3 都在同一分支上，那么 ρ 的全部极点也在这个分支上，在另一个分支上 $\rho=0$。由于 λ 是通过在 ρ 中令 $z=z_1$ 来定义的，所以当 z_1 在 ρ 恒等于零的分支时 λ 为零。

我们要描述的圆盘递推关系可以用几乎相同的方法证明。类似地，定义：

$$\langle\langle \tau_{d_1}\tau_{d_2}\cdots\tau_{d_s}\sigma^m\rangle\rangle = \left\langle \tau_{d_1}\tau_{d_2}\cdots\tau_{d_s}\sigma^m \exp\left(\sum_{n=0}^{\infty} t_n\tau_n + v\sigma\right)\right\rangle \tag{3.43}$$

并记圆盘的贡献为 $\langle\langle \tau_{d_1}\ \tau_{d_2}\cdots\ \tau_{d_s}\ \sigma^m\rangle\rangle_D$。要求的递推关系就是：

$$\langle\langle \tau_n\sigma\rangle\rangle_D = \langle\langle \tau_{n-1}\tau_0\rangle\rangle_0 \langle\langle \tau_0\sigma\rangle\rangle_D + \langle\langle \tau_{n-1}\rangle\rangle_D \langle\langle \sigma^2\rangle\rangle_D \tag{3.44}$$

由 (3.38) 和 (3.39) 以及对其余的 n,m，$\langle \tau_0^n\ \sigma^m\rangle_D$ 为零，我们不难用亏格 0 振幅从 (3.44) 式决定所有的圆盘振幅。亏格 0 振幅则可由 (3.41) 式来决定。

(3.44) 式的证明完全类似于亏格 0 递推关系 (3.41) 的证明。但是我们必须解释清楚忽略掉开弦退化中一个孔的意义。

粗略地说我们要对一个内部孔用 $\mathcal{L}_1$ 的截面 λ 的零点来计算 $c_1(\mathcal{L}_1)$。然而由于 $\overline{\mathcal{M}}$ 有边界，我们必须讨论 $c_1(\mathcal{L}_1)$ 与截面零点的关系。

在 3.9 小节中讨论过在 $\overline{\mathcal{M}}$ 的边界 $\partial\,\overline{\mathcal{M}}$ 上，我们有遗忘映射把出现在开弦退化中的一个额外边界孔忽略掉。令 $\overline{\mathcal{N}}$ 是忽略这个边界孔后的模空间，则遗忘映射是 $\pi\colon \partial\ \overline{\mathcal{M}} \longrightarrow \overline{\mathcal{N}}$。

稍微简化一下①，[3] 中的思路是把 $c_1(\mathcal{L}_1)$ 表示成 $\mathcal{L}_1$ 在边界上处处非零的截面 s 的零点，这个截面在边界 $\partial\ \overline{\mathcal{M}}$上的限制是从 $\overline{\mathcal{N}}$的拉回。或者我们也可以用 $\mathcal{L}_1$ 在边界上处处非零的任意截面 s 来计算 $c_1(\mathcal{L}_1)$，它在边界上的限制甚至可以不是拉回。但在这个情形中，$c_1(\mathcal{L}_1)$ 由两部分组成，一部分是通常的 s 的零点，另一部分刻画了 s 的限制不是拉回的程度。

令 $z=x+iy$，光滑圆盘 D 取为闭上半平面 $y\geqslant 0$ 加上无穷远点。(3.44) 的左边有一个特别的内部孔 $z_1=x_1+iy_1, y_1>0$，和一个特别的边界孔 x_0。此时，$\mathcal{L}_1$ 有一个在边界上处处非零的截面 λ，它在边界上的限制不是拉回。不同于之前，现取：

$$\rho=(\overline{z}_1-x_0)\frac{\mathrm{d}z}{(z-\overline{z}_1)(z-x_0)} \tag{3.45}$$

这个 1-形式是正则的并且除了边界点 x_0 外在 D 上非零。由 D 是光滑的可知，ρ 在 $z=z_1$ 处取值就得到 $\mathcal{L}_1$ 的正则非零截面 λ。

在闭弦退化的情形中，D 分成了一个球面和一个圆盘的并 [图 10 (a)]，λ 有一个单零点当且仅当 z_1 在球面上。这与递推关系 (3.44) 右边的第一项有关。在开弦退化的情形中，D 分成了两个圆盘的并 [图 10 (b)]，λ 是处处非零的。然而如果要忽略的边界孔和 z_1 在同一个分支，那么 λ 限制在 $\partial\ \overline{\mathcal{M}}$上不是 $\overline{\mathcal{N}}$的拉回。(3.44) 式右边的第二项修正了这个问题。关于 λ 在退化时行为的解释参见图 10。

①一般的方法有两个复杂之处。一是我们一般要用多截面而不仅是单截面。这一点很重要因为单截面难以满足对截面的要求。第二，一般的过程需要在没有定义单个 $c_1(\mathcal{L}_i)$ 的情况下，用 $E=\bigoplus_{i=1}^{n}\mathcal{L}_i^{\oplus d_i}$ 的一个多截面来定义 $\prod_{i=1}^{n}c_1(\mathcal{L}_i)^{d_i}$。这个多界面要满足下面说到的条件。

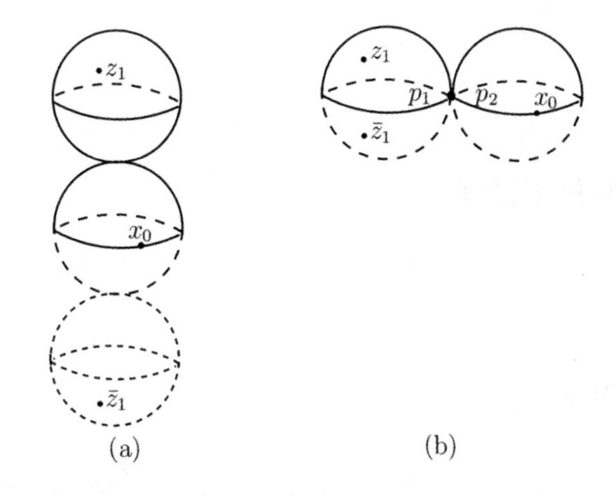

图 10　(a) 圆盘 D 分成一个圆盘和一个球面的并（图中的上半部分）。如果内部孔 z_1 在球面上，那么截面 λ 为零。这可以通过加入额外的分支（图中虚线表示的下半部分）构造闭的定向二重覆盖来证明。它是 3 个球面在二重点处粘起来的并集。微分形式 ρ 只在下面两个分支上有极点且在上面的分支上恒为零。取 $z=z_1$ 来定义 λ，可知当 z_1 落在上面的分支时，λ 等于零。

(b) 同样的圆盘 D 分成了两个圆盘的并，即图中的上半部分。有趣的情形是 z_1 和 x_0 如图所示分别在两边。定向二重覆盖（完整的图包括下半部分）是两个球面的并。ρ 在 x_0 和 $\bar{z}_1$ 有极点，从而在这两个分支上非零；因此在这个除子上 $\lambda\neq 0$。在含有 z_1 的分支上，ρ 在两个分支相接的 p_1 点处有另一个极点。因此 λ 依赖于 p_1。若 p_1 是被遗忘映射 π: $\partial\,\overline{\mathcal{M}}\longrightarrow\overline{\mathcal{N}}$ 忽略掉的边界孔，则在这个边界分支上 λ 不是拉回。

4. 矩阵模型诠释

4.1 圈方程

我们来回顾拓扑引力的随机矩阵模型表述。最简单的模型是下面的单矩阵模型：

$$Z=\frac{1}{\mathrm{vol}(U(N))}\int \mathrm{d}\Phi\cdot\exp\left(-\frac{1}{g_{st}}\mathrm{Tr}W(\Phi)\right) \tag{4.1}$$

这是按欧氏测度对 $N\times N$ 厄米矩阵 Φ 的矩阵元积分，$W(x)$ 是 $d+1$ 次复多项式，g_{st} 是弦耦合常数。这个积分除以“规范群”$U(N)$ 的体积后可类比成 0 维的规范理论——即对矩阵 Φ 积分并模掉下列规范变换：

$$\Phi\longrightarrow U\cdot\Phi\cdot U^{-1} \tag{4.2}$$

一般地，若 $\mathrm{Re}W$ 没有下界，我们则需要把矩阵 Φ 复化并在复矩阵空间中取适当的积分路径来合理定义这个积分。对按 g_{st} 幂次的形式展开或是下面说到的按 $1/N$ 幂次的形式展开，我们就不需要这么做而是把（4.1）看作是一个形式的展开式。

在 $W(\Phi)$ 的临界点附近做微扰展开时，费曼图变成了所谓“宽的”或由两条线来表示的条形图［如图 11（a）所示］[57]。这些图通常有 l 个圈，可以自然地画在某个亏格 g 的定向二维流形上。这样的图在矩阵积分中的贡献要配上权重因子：

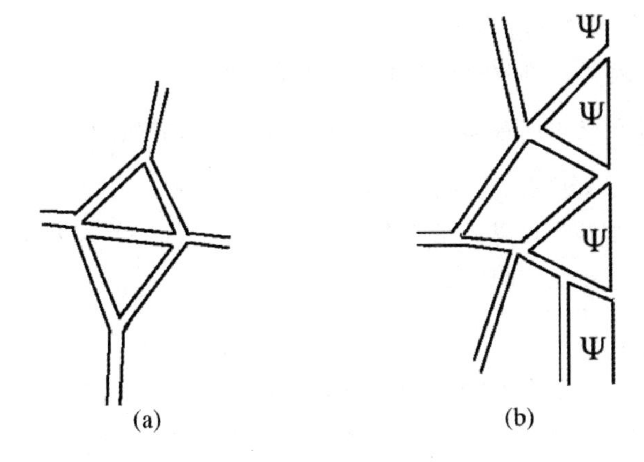

图 11　(a) 矩阵模型的费曼图是条形图。条形的两边表示 $N\times N$ 矩阵 M^i_j，i，$j=1,\cdots,N$ 两个指标的流。条形的边组成了闭圈。把圆盘贴到这些圈上，条形和圆盘的并集就是一个无边的二维流形 Σ，费曼图可以画在这个二维流形上。(条形图的边是定向的——此处未画出——因为两个指标是按 $U(N)$ 的不等价对偶表示来变换的。) 所以 Σ 有一个自然的定向。($O(N)$ 或 $Sp(N)$ 的类似模型则导出非定向的二维流形。)

(b) 按 $U(N)$ 的 N 维表示及其对偶表示来变换的新变量 Ψ，$\bar{\Psi}$ 加入矩阵模型。因为 Ψ^i 和 $\bar{\Psi}_j$，$i,j=1,\cdots,N$ 只带有一个指标——不像矩阵 M^i_j 有两个指标——它们的传播子自然地由单线表示而不是像矩阵传播子那样由双线表示。这些单线组成曲面 Σ 的边界，所以我们得到 Σ 上的条形图，而 Ψ 在 Σ 的边界上传播。对于文中描述的模型，Ψ 的传播子是 $1/z$ 从而给出因子 $1/z^L$，其中 L 是边界的长度。

$$(g_{st}N)^l g_{st}^{2g-2} \tag{4.3}$$

大 N 或透夫特 ('t Hooft) 极限是让矩阵的秩 N 趋于无穷同时耦合常数 g_{st} 趋于零，并保持它们的乘积 μ 不变。

$$\mu=g_{st}N \tag{4.4}$$

在这个极限下，所有同亏格但洞的数目不限的图对积分有同阶的贡献，于是这个矩阵积分有下列渐进展开式：

$$Z\sim\exp\Big(\sum_{g\geqslant 0} g_{st}^{2g-2}\,\mathcal{F}_g\Big) \tag{4.5}$$

其中 F_g 是亏格 g 条形图的贡献。一般地，矩阵积分依赖于势函数 W 的系数和做展开的临界点。在本节的最后我们会描述这些临界点。

矩阵积分是由向量场 $L_n \sim -\mathrm{Tr}\,\Phi^{n+1}\dfrac{\partial}{\partial\Phi}$ 的维拉宿约束来决定的。尽管这些约束可以直接从 L_n 的表示导出，但是对角化 $\Phi = U\Lambda U^{-1}$ 的方法能给我们更多的细节，这里 U 是酉矩阵，$\Lambda = \mathrm{diag}(\lambda_1, \lambda_2, \cdots, \lambda_N)$。对 U 的积分抵消了矩阵积分定义中的因子 $1/\mathrm{vol}(U(N))$，于是该积分变成：

$$Z = \int \mathrm{d}^N\lambda \prod_{I<J} (\lambda_I - \lambda_J)^2 \exp\Big(-\sum_I \frac{1}{\mathrm{g_{st}}} W(\lambda_I)\Big) \tag{4.6}$$

如果 $x_i, i = 1, \cdots, d$ 是多项式函数 $W(x)$ 的临界点，那么矩阵函数 $\mathrm{Tr}W(\Phi)$ 的临界点可以通过将 λ_i 取成某个 x_i 来求出。于是临界点可以用特征值 $\lambda_i = x_i$ 的数目 N_i 来标记。（注意特征值 λ_i 可以差一个置换。）大 N 极限要保持下面的"填充分数"是有限的。

$$\mu_i = \mathrm{g_{st}} N_i,\ i=1,\ \cdots,\ d \tag{4.7}$$

这些参数刻画了鞍点，并和多项式函数 $W(x)$ 的系数一起组成了矩阵模型的参数（这里我们没看到这些参数是因为它们只与谱曲线的一部分有关）。

我们可以从下式出发来推导矩阵积分的维拉宿约束。

$$0 = \int d^N\lambda \sum_K \frac{\partial}{\partial\lambda_K}\Big(\frac{1}{x-\lambda_K}\prod_{I<J}(\lambda_I - \lambda_J)^2 \exp\Big(-\sum_I \frac{1}{\mathrm{g_{st}}} W(\lambda_I)\Big)\Big) \tag{4.8}$$

它推出：

$$\Big\langle \Big(\sum_K \frac{1}{x-\lambda_K}\Big)^2 - \frac{1}{\mathrm{g_{st}}}\sum_K \frac{W'(\lambda_K)}{x-\lambda_K} \Big\rangle = 0 \tag{4.9}$$

这里符号 $\langle\cdots\rangle$ 的定义如下：

$$\langle A\rangle = \frac{1}{Z}\int \mathrm{d}^N\lambda A \prod_{I<J} (\lambda_I - \lambda_J)^2 \exp\Big(-\sum_I \frac{1}{\mathrm{g_{st}}} W(\lambda_I)\Big) \tag{4.10}$$

在（4.9）式中我们看到了矩阵预解式 $\mathrm{Tr}(x-\Phi)^{-1}=\sum_K(x-\lambda_K)^{-1}$，然而一个更方便的变量是：

$$J(x)=\frac{1}{2}W'(x)-g_{st}\mathrm{Tr}\frac{1}{x-\Phi}=\frac{1}{2}W'(x)-g_{st}\sum_K\frac{1}{x-\lambda_K} \tag{4.11}$$

于是等式（4.9）等价于：

$$\langle J(x)^2\rangle=\left\langle\frac{1}{4}W'(x)^2-g_{st}\sum_K\frac{W'(x)-W'(\lambda_K)}{x-\lambda_K}\right\rangle \tag{4.12}$$

若 W 是一个多项式，则：

$$f(x)=-g_{st}\left\langle\sum_K\frac{W'(x)-W'(\lambda_K)}{x-\lambda_K}\right\rangle \tag{4.13}$$

是 x 的多项式，这是因为下列 $P(x)$ 是多项式。

$$P(x)=\frac{1}{4}W'(x)^2+f(x) \tag{4.14}$$

如果 W 是在 $x=0$ 处正则的一般函数 $W=\sum_{n\geqslant 0}u_nx^n$，那么 $P(x)$ 仍在 $x=0$ 处正则但不再是多项式。

考虑一般的势函数：

$$W(x)=\sum_{n\geqslant 0}u_nx^n \tag{4.15}$$

此时 $J(x)$ 可写成下列形式并代入矩阵积分（4.6）：

$$J(x)=\frac{1}{2}\sum_{n\geqslant 0}\left\{(n+1)u_{n+1}x^n+2g_{st}^2\frac{\partial}{\partial u_n}x^{-n-1}\right\} \tag{4.16}$$

与共形场论中的标准公式比较之后，我们可以令：

$$J(x)=\frac{g_{st}}{\sqrt{2}}\partial\phi(x) \tag{4.17}$$

其中 $\phi(x)$ 是 $c=1$ 共形场论中的一个手性玻色子，其典则二点函数满足 $\partial\phi(x)\partial\phi(y)\sim 1/(x-y)^2$。所以：

$$\partial\phi(x)=\sqrt{2}\left(\frac{W'(x)}{2g_{st}}-\sum_K\frac{1}{x-\lambda_K}\right) \tag{4.18}$$

从而形式地有：

$$\phi(x)=\sqrt{2}\left(\frac{W(x)}{2g_{st}}-\sum_K\log(x-\lambda_K)\right)=\sqrt{2}\left(\frac{W(x)}{2g_{st}}-\log\det(x-\Phi)\right) \tag{4.19}$$

对应的能量-动量张量为：

$$T(x)=\frac{1}{2}(\partial\phi)^2=\frac{1}{g_{st}^2}J(x)^2 \tag{4.20}$$

做标准的模展开：

$$T(x)=\sum_{\kappa\in\mathbb{Z}}\frac{L_\kappa}{x^{\kappa+2}} \tag{4.21}$$

方程（4.12）变成了关于配分函数的一组微分方程：

$$\sum_{\kappa\in\mathbb{Z}}\frac{L_\kappa}{x^{\kappa+2}}Z=g_{st}^2P(x)Z \tag{4.22}$$

[①]由 $P(x)$ 在 $x=0$ 处正则可知它只与方程（4.22）中 $\kappa \leqslant -2$ 的项有关，这些项也可以决定 $P(x)$。然而对 $\kappa \geqslant -1$，$P(x)$ 对方程（4.22）没有贡献于是我们得到 Z 满足的微分方程：

$$L_n Z = 0, \quad n \geqslant -1 \tag{4.23}$$

对这个范围中的 n，L_n 是：

$$L_{-1} = \sum_{\kappa \geqslant 1} \kappa u_\kappa \frac{\partial}{\partial u_{\kappa-1}} \tag{4.24}$$

$$L_n = \sum_{\kappa} \kappa u_\kappa \frac{\partial}{\partial u_{\kappa+n}} + g_{st}^2 \sum_{i+j=n} \frac{\partial^2}{\partial u_i \partial u_j}, \; n \geqslant 0 \tag{4.25}$$

以上对任意 N 都成立；我们还没有取任何大 N 近似。对任意函数 h，当 N 很大时 $\langle g_{st} \mathrm{Tr} h(\Phi) \rangle$ 有极限。对两个任意函数 h_1，h_2，我们有大 N 分解：

$$\langle g_{st}^2 \mathrm{Tr}\, h_1(\Phi) \mathrm{Tr}\, h_2(\Phi) \rangle \xrightarrow{N \longrightarrow \infty} \langle g_{st} \mathrm{Tr}\, h_1(\Phi) \rangle \langle g_{st} \mathrm{Tr}\, h_2(\Phi) \rangle \tag{4.26}$$

这些性质可以通过对矩阵积分做一些初等的推导来证明。特别地 $\langle J \rangle$ 和 $f(x)$ 都有大 N 极限，并且在大 N 极限下：

$$\langle J(x)^2 \rangle = \langle J(x) \rangle^2 \tag{4.27}$$

定义：

$$y = \langle J(x) \rangle_0 \tag{4.28}$$

---

①如果 W 是一个次数为 $d+1$ 的多项式，那么 $P(x)$ 是次数为 $2d$ 的多项式。这个 W 的条件意味着当 $n > d+1$ 时 $u_n = 0$ 从而当 $n < -2d-2$ 时 $L_n = 0$。方程（4.22）中 $-2 \geqslant \kappa \geqslant -2d-2$ 的项决定了 P，而 $k < -2d-2$ 的项是恒等算子。如果 $W = \sum_{n \geqslant 0} u_n x^n$ 是在 $x=0$ 处正则的一般函数，那么 P 在 $x=0$ 附近有相似的幂级数展开，从而约束条件（4.22）中 $n \leqslant -2$ 的项决定了 P。

这里的下标表示大 N 极限。对充分大的 N，方程（4.12）变成 y 的超椭圆方程：

$$y^2 = P(x) = \frac{1}{4}W'(x)^2 + f(x) \tag{4.29}$$

并定义了所谓的谱曲线 C。在（4.29）中，y，W 和 f 都依赖于“耦合参数”u_i，尽管这并不是明显能看到。谱曲线能完全给出矩阵模型的解。也就是说，所有的微扰函数 $\mathcal{F}_g$ 都能用谱曲线的几何信息完全计算出来［58］。

假设 W 是一个次数为 $d+1$ 的多项式，它的 d 个临界点为 $p_1, \cdots, p_d$。具体来说，当我们对矩阵积分取大 N 极限时，第一步是取矩阵函数 $\mathrm{Tr}W(\Phi) = \sum_{K=1}^{N} W(\lambda_K)$ 的一个临界点作为级数展开处。只要把 p_j 代入到 λ_K 就能得到矩阵函数的临界点。在相差这些 λ 的置换的意义下，临界点可以由等于 p_j 的特征值数目 N_i 来分类。N_i 满足约束条件：

$$\sum_{i=1}^{d+1} N_i = N \tag{4.30}$$

一般地取大 N 极限时，令 $N \longrightarrow \infty$的同时要保持下面的量不变。

$$\mu_i = g_{st} N_i \tag{4.31}$$

在大 N 极限下，μ_i 表现得就像满足以下条件的连续变量。

$$\sum_i \mu_i = \mu \tag{4.32}$$

于是若 W 的次数为 $d+1$，那么在构造大 N 极限时就会出现 d 个“参数”μ_i。由方程（4.13）可知 $f(x)$ 是 x 的次数为 $d-1$ 的多项式从而有 d 个系数。这 d 个系数是矩阵模型参数 μ_i 的函数。所以除了 N_i 是正实数这个条件外，我们通过变动展开矩阵模型的临界点可以得到 f 的一个 $(d-1)$-参数组。

由上面的推导我们发现对有限的 N，矩阵模型是由算子值的共形场 $\partial\phi(x)$ 决定的。N 是有限时这个场依赖于矩阵模型的参数 u_i 和 N 以及 x。在

大 N 极限下矩阵积分可以通过某个鞍点处的展开式来定义，然后有新的参数。当不要计算预解式的期望值时，“最基本”的矩阵积分的额外参数是 μ_i。若要计算预解式的期望值则会出现另两个选择，这是因为 $\langle J(x)\rangle$ 是由一个有两个根的二次方程决定的。在大 N 极限和更精细的 $N \longrightarrow \infty$ 同时 $\mu = g_s N$ 不变的双标度极限下，用 $\partial\phi$ 来刻画的方法还是有效的，但此时这个场依赖于更多的参数—— μ_i 和 $\langle J(x)\rangle$ 的符号选取。

在我们的问题中，μ_i 并不是很重要，因为我们只考虑在特定分支点附近的局部行为。但重要的是在共形场方法中加入 $\langle J(x)\rangle$ 的符号选取。这就是说 $\partial\phi$ 应当被看作是谱曲线 $\mathcal{C}$ 上的共形场，这里曲线 $\mathcal{C}$ 是由超椭圆方程（4.29）定义的 x-曲面的二重覆盖。这个超椭圆曲线有一个将 $\langle J(x)\rangle$ 的符号交换的对合变换 $y \longrightarrow -y$。由于 $\partial\phi$ 定义为 $J(x)$ 的常数倍（4.17），所以 $\partial\phi$ 在这个超椭圆对合变换下是奇函数。

4.2　双标度极限与拓扑引力

带有质量项的拓扑引力和二维引力的其他模型是对一般矩阵模型取适当的双标度极限得到的。用相应的谱曲线能最好地理解这些标度极限。当所谓的 $(2,2p-1)$ 共形场论极小模型与引力耦合后，对应的谱曲线有以下形式：

$$y^2 \sim x^{2p-1} \tag{4.33}$$

这个极限下的曲线是从一般的 $y^2 = P(x)$ 出发，令其 $2p-1$ 分支点相重合而剩下的分支点趋于无穷得到的，这里的 P 是一个 $2p$ 次的多项式。对于拓扑引力，也就是 $p = 1$ 的情形，我们把这条曲线取为：

$$\frac{1}{2}y^2 = x \tag{4.34}$$

例如这条曲线可以从势函数为二次多项式 $W(x) = x^2$ 的高斯矩阵模型推出。在这个例子中，多项式 P 是 $P(x) = x^2 - c$，其中 c 是常数。它在 $x = \pm\sqrt{c}$ 处有两个分支点。通过将 x 平移一个常数并“聚焦”在一个分支点处，我们就得到了方程（4.34）。

在谱曲线 $\mathcal{C}$（4.34）对应的极限下，算子值共形场 $\partial\phi$ 具有一个简单的形式。因为它在超椭圆对合变换 $y \longrightarrow -y$ 下是奇函数，所以它关于 x 的幂次展开式只有半整数幂。将这个展开式参数化为：

$$\frac{1}{2}g_{st}\,\partial\phi(x)=x^{\frac{1}{2}}-\sum_{n\geqslant 0}\left(n+\frac{1}{2}\right)s_n\,x^{n-\frac{1}{2}}-\frac{1}{4}\,g_{st}^2\sum_{n\geqslant 0}\frac{\partial}{\partial s_n}x^{-n-\frac{1}{2}}\tag{4.35}$$

这里的ϕ通常被称为复 x- 平面上的扭手性玻色子，它在 $x=0$ 处有一个变形场（另一个在 $x=\infty$处）。s_n 是矩阵模型的参数 u_n 的函数；准确的关系完全取决于把谱曲线$\mathcal{C}$取极限约化成 $y^2=2x$ 之前的矩阵模型。这个关系对我们来说并不重要。

重要的是 s_n 与相应拓扑引力的参数 t_n 之间的关系——这些参数是在方程（3.3）中引入的。这个关系是：

$$t_n=\frac{(2n+1)!!}{2^n}s_n\tag{4.36}$$

正如［20］以及［2，21，22］中证明的，这是矩阵模型和 $M_{g,n}$ 上相交理论间关系的一部分。（注意因子 2^n 不是标准的，它是我们对谱曲线（4.34）取特殊归一化的结果）。

将这些式子代入圈方程则得到熟知的维拉宿约束：

$$L_nZ=0,\ n\geqslant -1\tag{4.37}$$

其中算子 L_n 是能量-动量张量 $T=\frac{1}{2}(\partial\phi)^2$ 的模，$\partial\phi$ 由（4.35）给出。于是我们有：

$$L_{-1}=-\frac{\partial}{\partial s_0}+\sum_{\kappa\geqslant 1}\left(\kappa+\frac{1}{2}\right)s_\kappa\frac{\partial}{\partial s_{\kappa-1}}+\frac{1}{2\,g_{st}^2}\,s_0^2\tag{4.38}$$

$$L_0=-\frac{\partial}{\partial s_1}+\sum_{\kappa\geqslant 0}\left(\kappa+\frac{1}{2}\right)s_\kappa\frac{\partial}{\partial s_\kappa}+\frac{1}{16}\tag{4.39}$$

$$L_n=-\frac{\partial}{\partial s_{n+1}}+\sum_{\kappa\geqslant 0}\left(\kappa+\frac{1}{2}\right)s_\kappa\frac{\partial}{\partial s_{\kappa+n}}+\frac{1}{8}\,g_{st}^2\sum_{i+j=n-1}\frac{\partial^2}{\partial s_i\,\partial s_j},\ n\geqslant 1\tag{4.40}$$

注意这些方程确定了配分函数的归一化。特别地对 $n>0$，令所有的变量 $s_n=0$，则 L_{-1} 约束给出了亏格 0 的贡献（$s_0=t_0$）：

$$\frac{\partial}{\partial t_0}F_0=\frac{1}{2}t_0^2 \tag{4.41}$$

这对应着球面上的 3 个闭弦孔：

$$\langle \tau_0^3 \rangle_0=1 \tag{4.42}$$

注意在此情形中，t_0 不等于零，谱曲线变成：

$$\frac{1}{2}y^2=x-t_0 \tag{4.43}$$

回到 2.4 小节的主题，现在我们也要写下计算曲线模空间体积所用模型对应的谱曲线。由（2.24）可知，耦合常数的值为：

$$t_n=\frac{(-1)^n\xi^{n-1}}{(n-1)!},\ n\geqslant 2 \tag{4.44}$$

它对应着：

$$s_n=\frac{n\ (-1)^n 2^{2n}\xi^{n-1}}{(2n+1)!},\ n\geqslant 2 \tag{4.45}$$

代入（4.35）后我们得到：

$$y=\frac{\sin(2\sqrt{\xi x})}{2\sqrt{2\xi}} \tag{4.46}$$

这在差归一化的意义下和已知的谱曲线一致［42］。

也许我们应当多谈一下方程（4.45）。因为 $\partial\phi(x)$ 的正比于 $x^{n-1/2}$，$n\geqslant 0$ 的模是两两可交换的，所以我们断言它们是两两可交换的变量 s_n 的倍数。在从势函数为 $W(x)=\sum u_n x^n$ 的矩阵模型出发的推导过程中，s 是 u

的复杂函数；准确的函数表达式完全依赖于如何在某个临界点的附近得到谱曲线 $y^2=2x$。一旦 $x^{n-1/2}, n\geqslant 0$ 的系数确定为 s_n，那么 $\partial\phi(x)$ 的其他项的系数由交换关系及 $\partial\phi(x)$ 的算子乘积展开来唯一决定。

4.3 膜与开弦

在考虑开弦和拓扑引力之前，我们先讨论一般随机矩阵模型中开弦的表示①。加入向量自由度之后开弦就自然地出现了。令 Ψ，$\bar{\Psi}$ 为共轭的 $U(N)$ 向量。它们可以是玻色或费米变量。它们和矩阵变量 Φ 有以下自然的相互作用。

$$\int d\Psi d\bar{\Psi}\cdot\exp\{-z\bar{\Psi}^T\Psi+\bar{\Psi}^T\cdot\Phi\cdot\Psi\} \tag{4.47}$$

加入这些额外变量的效果是可以把条形图画在带边二维流形 Σ 上［图11（b)］。向量变量的传播子有因子 $1/z$，进而会产生因子 $1/z^L$，这里 L 是 Σ 边界的长度。

对 Ψ 和 $\bar{\Psi}$ 的积分给出了下列行列式：

$$\det(z-\Phi)^{\pm 1} \tag{4.48}$$

(这里忽略了一个可以被测度的归一化吸收的无关常数)。其中指数上的符号是 -1 或 $+1$ 取决于 Ψ，$\bar{\Psi}$ 是玻色子或费米子。在费曼图展开中，这个符号意味着费米子会给 Σ 的每个边界分支加上因子 -1。

在模型中加入变量 Ψ，$\bar{\Psi}$ 等价于考虑被积函数中加入了因子 $\det(z-\Phi)^{\pm 1}$ 的矩阵模型。然而可以证明在这个因子前再加上因子 $e^{\mp W(z)/2g_s}$ 会更方便处理。这是一个“平凡”的改动因为这个因子不依赖于矩阵变量。于是改进后的矩阵模型是基于以下积分：

$$\frac{1}{\mathrm{vol}(U(N))}\int d\Phi\cdot\exp\left(-\frac{1}{g_{st}}\mathrm{Tr}W(\Phi)\right)\det(z-\Phi)^{\pm 1}e^{\mp W(z)/2g_{st}} \tag{4.49}$$

①早期参考文献包括［24—29］。

粗略地说：

$$V(z)=\det(z-\Phi)e^{-W(z)/2g_{st}}, \quad V^{*}(z)=\det(z-\Phi)^{-1}e^{W(z)/2g_{st}} \tag{4.50}$$

是产生带有“参数”z的膜或反膜的“算子”。下面会看到z可以用超椭圆谱曲线①$y^2=P(x)$的参数x来表示。一般地，我们可以加入许多向量自由度Ψ_a，$\bar{\Psi}_a$，$a=1,\cdots,r$，每个都有自己的参数z_a。先考虑只加入一个因子V的情形：

$$Z_V(z)=\frac{1}{\mathrm{vol}(U(N))}\int d\Phi\cdot\exp\left(-\frac{1}{g_{st}}\mathrm{Tr}W(\Phi)\right)\det(z-\Phi)e^{-W(z)/2g_{st}} \tag{4.51}$$

不难导出膜出现后的维拉宿方程。重复方程（4.9）的推导过程可得：

$$\left\langle\left(\sum_K\frac{1}{x-\lambda_K}\right)^2-\frac{1}{g_{st}}\sum_K\frac{W'(\lambda_K)}{x-\lambda_K}-\sum_K\frac{1}{(x-\lambda_K)(z-\lambda_K)}\right\rangle_{V(z)}=0 \tag{4.52}$$

这里类似于（4.10）式，$\langle A\rangle_{V(z)}$是A相对矩阵积分$Z_{V(z)}$的期望值。可以证明把V写出来会更方便，于是这个方程就是：

$$\left\langle\left(\left(\sum_K\frac{1}{x-\lambda_K}\right)^2-\frac{1}{g_{st}}\sum_K\frac{W'(\lambda_K)}{x-\lambda_K}-\sum_K\frac{1}{(x-\lambda_K)(z-\lambda_K)}\right)\cdot V(z)\right\rangle=0 \tag{4.53}$$

这里$\langle A\rangle$是对原本的矩阵积分Z按（4.10）式定义的。

我们把积分（4.51）写成：

$$Z_V=\frac{1}{\mathrm{vol}(U(N))}\int d\Phi\cdot\exp\left(-\frac{1}{g_{st}}Tr(W(\Phi)-g_{st}\log(z-\Phi))\right)e^{-W(z)/2g_{st}} \tag{4.54}$$

---

①于是z参数化了谱曲线上被超椭圆对合变换$y\longrightarrow -y$交换的两个点。这和3.8小节中讨论的内容类似，膜局部上有两个分支，它们在整体上被某种单值化变换交换。

从中可知在 $J(x)$ 的定义中，我们应当改写 $W(\Phi)\longrightarrow W(\Phi)-g_{st}\log(z-\Phi)$ 从而 $W'(x)\longrightarrow W'(x)+g_{st}/(z-x)$。定义：

$$J(x)=\frac{1}{2}W'(x)+\frac{g_{st}}{2(z-x)}-g_{st}\sum_{K}\frac{1}{x-\lambda_K} \tag{4.55}$$

和

$$T(x)=\frac{J(x)^2}{g_{st}^2} \tag{4.56}$$

因为配分函数乘上了表明系数 u_n 精确依赖关系的因子 $e^{-W(z)/2g_{st}}$，所以 $J(x)$ 作为一个微分算子的表达式仍由（4.16）式给出。于是我们得到等式：

$$\langle T(x)V(z)\rangle=\left(P(x)+\frac{1}{4}\frac{1}{(x-z)^2}+\frac{1}{x-z}\frac{\partial}{\partial z}\right)\langle V(z)\rangle \tag{4.57}$$

这里：

$$P(x)=\frac{1}{4}W'(x)^2+f(x)-\frac{1}{2}g_{st}\frac{W'(z)-W'(x)}{z-x} \tag{4.58}$$

并且 $f(x)$ 的定义变成：

$$f(x)=-g_{st}\frac{1}{\langle V(z)\rangle}\left\langle\sum_{K}\frac{W'(x)-W'(\lambda_K)}{x-\lambda_K}\cdot V(z)\right\rangle \tag{4.59}$$

$P(x)$ 具有和之前本质上相同的性质：当 $W(x)$ 是次数 $d+1$ 的多项式时，它是次数 $2d$ 的多项式，而当 $W(x)$ 是一般的级数展开 $\sum_{n\geqslant 0}u_n x^n$ 时，$P(x)$ 在 $x=0$ 处是正则的。而且 $P(x)$ 在 $x=z$ 处也是正则的。

（4.57）式有一个漂亮的解释。$V(z)$ 可以看作谱曲线（局部参数为 x）上共形维数为 $h=1/4$ 的元场。（4.57）式的右边出现了 $T(x)V(z)$ 算子乘积展开的奇异部分：

$$T(x)\cdot V(z)\sim\frac{h}{(x-z)^2}V(z)+\frac{1}{x-z}\partial_z V(z)+\cdots \tag{4.60}$$

和 $P(x)$ 中的正则项。事实上通过比较（4.19）式和定义（4.50），我们发现可以用共形场ϕ把 V 和 V^* 表示成：

$$V(z)=e^{-\phi(z)/\sqrt{2}}, \quad V^*(z)=e^{\phi(z)/\sqrt{2}} \tag{4.61}$$

这就是共形维数为 1/4 的元场的标准表达式。在大 N 极限下，标量ϕ和顶点算子 V 可以用谱曲线表示成：

$$\phi(z)\sim\frac{\sqrt{2}}{g_{st}}\left(\int^z y(x)\mathrm{d}x+\mathcal{O}(g_{st})\right) \tag{4.62}$$

由超椭圆谱曲线有两个根可知 $V(z)$ 的期望值是由两个鞍点决定的：

$$\langle V(z)\rangle\sim\{Ae^{-\frac{1}{g_{st}}\int^z y(x)\mathrm{d}x}+Be^{\frac{1}{g_{st}}\int^z y(x)\mathrm{d}x}\}(1+\mathcal{O}(g_{st})) \tag{4.63}$$

其中的系数 A，B 由单圈修正给出。这两部分的贡献只出现在弦微扰理论中，体现了 3.8 小节中讨论过的两个膜 $\mathcal{B}'$ 或 $\mathcal{B}''$。它们在改变 g_{st} 的符号时互换。

像之前那样，方程（4.57）中 x 负幂次的项给出了维拉宿约束：

$$L_n Z_V=0, \quad n\geqslant-1 \tag{4.64}$$

而非负幂次的项决定了 $P(x)$ 或者是平凡的等式。但这里在维拉宿生成元中多了一些项。我们把维拉宿生成元写成 $L_n=L_n^c+L_n^o$，其中上指标 c 和 o 分别表示“闭弦”和“开弦”的贡献。L_n^c 来自（4.57）左边的 $T(x)$ 并由与（4.24）相同的公式给出。对 L_n^o，我们把（4.57）的奇异项移到方程的左边并按 $1/x$ 的幂次展开：

$$-\frac{1}{x-z}\frac{\partial}{\partial z}-\frac{1}{4(x-z)^2}=-\sum_{\kappa=0}^{\infty}\frac{1}{x^{\kappa+1}}\left(z^\kappa\frac{\partial}{\partial z}+\frac{1}{4}\kappa z^{\kappa-1}\right) \tag{4.65}$$

因此，

$$L_\kappa^o=-z^{\kappa+1}\frac{\partial}{\partial z}-\frac{1}{4}(\kappa+1)z^\kappa \tag{4.66}$$

从而，

$$L_n = L_n^c + L_n^o$$
$$= \sum_{\kappa} \kappa\, u_\kappa \frac{\partial}{\partial u_{n+\kappa}} + g_{st}^2 \sum_{i+j=n} \frac{\partial^2}{\partial u_i\, \partial u_j} - z^{n+1} \frac{\partial}{\partial z} - \frac{1}{4}(n+1)z^n \tag{4.67}$$

在这些维拉宿约束上还应加上另一个有用的关系。回忆一下在引进膜参数 z 时，配分函数还依赖另一个变量，我们希望找到一个共同的关系来决定矩阵模型。这个关系可认为是类似于简并场的 BPZ 方程。它是当 x 趋于 z 时 $T(x)V(z)$ 的极限。这个方程可以通过观察下式导出［59］：

$$\frac{\partial^2}{\partial z^2} Z_V = \left\langle \left(\sum_K \frac{1}{(z-\lambda_K)} \right)^2 - \sum_K \frac{1}{(z-\lambda_K)^2} - \frac{1}{2\,g_{st}} W''(z) \right\rangle_{V(z)} \tag{4.68}$$

右边的一部分是圈方程（4.53）当 $x=z$ 时的情形。将两个方程组合起来就得到一个 z 的二阶微分方程：

$$\left(\frac{\partial^2}{\partial z^2} - Q(z) \right) Z_V = 0 \tag{4.69}$$

这里：

$$Q(z) = \lim_{x \to z} P(x) = \frac{1}{4} W'(z)^2 - \frac{1}{2} g_{st} W''(z) + g(z) \tag{4.70}$$

其中：

$$g(z) = \lim_{x \to z} f(x) = -\,g_{st} \frac{1}{\langle V(z) \rangle} \left\langle \sum_K \frac{W'(z) - W'(\lambda_K)}{z - \lambda_K} \cdot V(z) \right\rangle \tag{4.71}$$

注意 $g(z)$ 一般是 z 的复杂函数，而不必是多项式。维拉宿约束和方程（4.69）一起决定了开弦配分函数作为 t_n 和 z 的函数的行为。

考虑这些方程的双标度极限，对应的谱曲线取下列形式：

$$\frac{1}{2}y^2=x-t_0 \tag{4.72}$$

在没有任何形变的情况下——也就是除了内部孔 t_0 外没有任何别的闭弦——开弦配分函数 $Z_V(z)$ 是很容易计算的。这可以通过对高斯模型 $W(x)=ax^2$ 在一个分支点处取极限得到，此时：

$$Q(x)=a^2x^2-c,\ c=g_{st}(2N+1) \tag{4.73}$$

在这个极限下 $Q(z)$ 变成了 $Q=2(z-t_0)$，从而方程（4.69）变成了艾里（Airy）方程：

$$\left(\frac{1}{2}g_{st}^2\frac{\partial^2}{\partial z^2}-z+t_0\right)Z_V=0 \tag{4.74}$$

它的解是艾里（Airy）函数：

$$Z_V(z)=\int dve^{\frac{1}{g_{st}}(-vz+v^3/6+vt_0)} \tag{4.75}$$

这时我们也可以对高斯模型中 $Z_V(z)$ 的精确表达式直接取双标度极限，该表达式是由谐振子的第 N 个本征函数给出，参见［60］中的讨论。

我们断言双标度极限下矩阵模型的膜配分函数和拓扑引力配分函数是通过拉普拉斯变换相联系的：

$$Z_{top}(v)=\int dze^{\frac{1}{g_{st}}vz}Z_V(v) \tag{4.76}$$

在B模型中我们也会遇到类似的事情。比如［61，62］指出在一条谱曲线上引进膜的时候会有微妙而重要的事情。膜可以插入到固定值 $x=z$ 处或 $y=v$ 处。这两个膜可以通过拉普拉斯变换（或傅里叶变换①）来

①注意这里的所有这些函数变换都是作用在形式幂级数上。

互换。

我们需要把上述结果与拓扑引力中加入内部孔算子 τ_0 和边界孔算子 σ 的以下计算结果相比较：

$$Z_{\mathrm{top}}(v)=\exp\sum_{\chi=-n}g_{\mathrm{st}}^{n}\langle e^{t_0\tau_0+v\sigma}\rangle \tag{4.77}$$

这里的求和遍及欧拉数是 $-n$ 的所有曲面。正如 3.10 小节中讨论的那样，在没有别的算子时，只有两个非零的贡献：有 3 个 σ 的圆盘，或有 1 个 σ 和 1 个 τ_0 的圆盘：

$$\langle\sigma^3\rangle_D=1,\ \langle\tau_0\sigma\rangle_D=1 \tag{4.78}$$

所以正确的答案应当是：

$$Z_{\mathrm{top}}(v)=e^{\frac{1}{g_{\mathrm{st}}}(v^3/6+vt_0)} \tag{4.79}$$

这与矩阵模型的计算（4.75）是一致的。

我们可以加入任意的闭弦微扰并把上述方法用到完整的配分函数。考虑组合维拉宿约束后这就是显而易见的。此时上面的拉普拉斯变换有下列形式：

$$L_n^c Z_{\mathrm{top}}(v)=\int dz e^{\frac{1}{g_{\mathrm{st}}}vz}\left[\frac{1}{4}(n+1)z^n+z^{n+1}\frac{\partial}{\partial z}\right]Z_V(z) \tag{4.80}$$

$$=g_{\mathrm{st}}^{n}\left[-\frac{3}{4}(n+1)\left(\frac{\partial}{\partial v}\right)^n-v\left(\frac{\partial}{\partial v}\right)^{n+1}\right]Z_{\mathrm{top}}(v) \tag{4.81}$$

这就是［3］中给出的表达式，把双标度的矩阵模型和开-闭拓扑弦配分函数等同起来。

致谢

我们感谢弗里德（D. Freed），彭纳（R. Penner）和所罗门（J. Solomon）对文稿提出的意见。威滕的研究由 NFS 基金 PHY-1606531 支持。

参考文献

[1] MIRZAKHANI M. Simple geodesics and Weil-Petersson volumes of moduli spaces of bordered Riemann surfaces, Invent. Math. 167, 2007: 179－222.

[2] MIRZAKHANI M. Weil-Petersson volumes and intersection theory on the moduli space of curves, J. Am. Math. Soc. 20, 2007: 1－23.

[3] PANDHARIPANDE R, SOLOMON J, and TESSLER R. Intersection theory on moduli of disks, open Kdv, and Virasoro. 2014. arXiv:1409. 2191.

[4] TESSLER R. The combinatorial formula for open gravitational descendants. 2015. arXiv:1507. 04951.

[5] BURYAK A and TESSLER R. Matrix models and a proof of the open analog of Witten′s conjecture. 2015. arXiv:1501. 07888.

[6] Solomon J and Tessler R. to appear.

[7] WEINGARTEN D. Euclidean quantum gravity on a lattice, Nucl. Phys. B 210, 1982: 229－245.

[8] KAZAKOV V. Bilocal regularization of models of random surfaces, Phys. Lett. B 150, 1985: 282－284.

[9] DAVID F. Randomly triangulated surfaces in two dimensions, Nucl. Phys. B 159, 1985: 303－306.

[10] AMBJORN J, DURHUUS B, and Fröhlich J. Diseases of triangulated

random surface models, and possible cures, Nucl. Phys. B 257, 1985: 433—449.

[11] KAZAKOV V, KOSTOV I, and Migdal A. Critical properties of randomly triangulated planar random surfaces, Phys. Lett. B 157, 1985: 295—300.

[12] BREZIN E and KAZAKOV V. Exactly solvable field theories of closed strings, Phys. Lett. B 236, 1990: 144—150.

[13] DOUGLAS M and SHENKER S. Strings in less than one dimension, Nucl. Phys. B 335, 1990: 635—654.

[14] GROSS D and MIGDAL A. Nonperturbative two-dimensional quantum gravity, Phys. Rev. Lett. 64, 1990: 127—130.

[15] FRANCESCO P, GINSPARG P, and ZINN-JUSTIN J. 2-d gravity and random matrices, Phys. Rept. 254, 1995: 1—133.

[16] WITTEN E. On the structure of the topological phase of two-dimensional gravity, Nucl. Phys. B 340, 1990: 281—332.

[17] WITTEN E. Two-dimensional gravity and intersection theory on moduli space, Surveys Diff. Geom. 1, 1991: 243—310.

[18] DOUGLAS M. Strings in less than one dimension and the generalized KdV equations, Phys. Lett. B 238, 1990: 176—180.

[19] DIJKGRAAF R, VERLINDE H, and VERLINDE E. Loop equations and Virasoro constraints in nonperturbative 2-d quantum gravity, Nucl. Phys. B 348, 1991: 435—456.

[20] KONTSEVICH M. Intersection theory on the moduli space of curves and the matrix airy function, Commun. Math. Phys. 147, 1992: 1—23.

[21] OKOUNKOV A and PANDHARIPANDE R. Gromov-Witten theory, Hurwitz numbers, and matrix models, Proc. Symp. Pure Math. 80. 1, 2009: 325—489.

[22] KAZARIAN M and LANDO S. An algebro-geometric proof of Witten's conjecture, J. Am. Math. Soc. 20, 2007: 1079—1089.

[23] WITTEN E. On quantum gauge theories in two dimensions, Commun. Math. Phys. 141, 1991: 153—209.

[24] KOSTOV I. Exactly solvable field theory of D = 0 closed and open strings, Phys. Lett. B 238, 1990: 181—186.

[25] MINAHAN J. Matrix models with boundary terms and the generalized

Painlevé II equation, Phys. Lett. B 268, 1991: 29—34.

[26] DALLEY S, JOHNSON C, MORRIS T, and WATTERSTAM A. Mod. Phys. Lett. A 7, 1992: 2753—2762. peh-th/9206060.

[27] YANG Z. Dynamical loops in d = 1 random matrix models, Phys. Lett. B 257, 1991: 40—44.

[28] ITOH Y and TANII Y. Schwinger-Dyson equations of matrix models for open and closed strings, Phys. Lett. B 289, 1992: 335—341. hep-th/9202080.

[29] JOHNSON C. On integrable c < 1 open string theory, Nucl. Phys. B 414, 1994: 239—266. hep-th/9301112.

[30] BRÉZIN E and HIKAMI S. Random matrix, singularities, and open/closed intersection numbers, J. Phys. A: Math. Theor. 48, 2015: 475201.

[31] BRÉZIN E and HIKAMI S. Random Matrix Theory With An External Source: Springer Briefs in Mathematical Physics, Vol. 19. Singapore: Springer, 2016.

[32] ALEXANDROV A. Open intersection numbers and free fields. arXiv:1606.06712.

[33] OKOUNKOV A. Random trees and moduli of curves. arXiv: math/0309075.

[34] WOLPERT S. Chern forms and the Riemann tensor for the moduli space of curves, Invent. Math. 85, 1986: 119—145.

[35] WOLPERT S. On the homology of the moduli space of stable curves, Ann. Math. 118, 1983: 491—523.

[36] ZOGRAF P. On The large genus asymptotics of Weil-Petersson volumes. 2008. arXiv:0812. 0544.

[37] PENNER R. Weil-Petersson volumes, J. Diff. Geom. 35, 1992: 599—608.

[38] GOLDMAN W. The symplectic nature of fundamental groups of surfaces, Adv. Math. 54, 1984: 200—225.

[39] ATIYAH M. and BOTT R. The Yang-Mills equations over Riemann surfaces, Phil. Trans. Roy. Soc. London A 308, 1983: 523—615.

[40] WITTEN E. Two-dimensional gauge theory revisited, J. Geom. Phys. 9, 1992: 303—368.

[41] MCSHANE G. Simple geodesics and a series constant over Teichmuller space, Invent. Math. 132, 1998: 607—632.

[42] EYNARD B. Recursion between Mumford volumes of moduli spaces,

Ann. Henri Poincaré 12，2011：1431－1447.

[43] KAUFFMAN R，MANIN Y and ZAGIER D. Higher Weil-Petersson volumes of moduli spaces of stable n-pointed curves. 1996. arXiv：alg-geom/9604001.

[44] MANIN Y and ZOGRAF P. Invertible cohomological field theories and Weil-Petersson volumes. 1999. arXiv：math/9902051.

[45] ALEXANDROV A，BURYAK A，and TESSLER R. Refined open intersection numbers and the Kontsevich-Penner matrix model. 2017. arXiv：1702. 02319.

[46] ATIYAH M and SINGER I. The index of elliptic operators：V，Ann. Math. 93，1971：139－149.

[47] ATIYAH M. Riemann Surfaces and Spin Structures，Ann. Scientifique de l'E. N. S. 4，1971：47－62.

[48] WITTEN E. Fermion path integrals and topological phases，Rev. Mod. Phys. 88，2016 ：035001. arXiv：1508. 04715.

[49] WITTEN E. Algebraic geometry associated with matrix models of two dimensional gravity：Topological Methods in Modern Mathematics：A Symposium in Honor of John Milnor's Sixtieth Birthday. L. R. Goldberg and A. V. Phillips，eds.，Publish or Perish，Inc.，1993.

[50] KITAEV A. Unpaired majorana fermions in quantum wires，Usp. Fiz. Nauk.（Suppl.）171，2001：131－136. arXiv：cond-mat/0010440.

[51] KAPUSTIN A and SEIBERG N. Coupling a QFT to a TQFT and duality. 2014. arXiv：1401. 0740.

[52] WITTEN E. Topological sigma models，Commun. Math. Phys. 118，1988：411－449.

[53] GAIOTTO D，Moore G，and WITTEN E. Algebra of the infrared：string field theoretic structures in massive N＝(2，2) field theory in two dimensions. 2015. arXiv：1506. 04087.

[54] FREED D. Two index theorems in odd dimensions，Commun. Anal. Geom. 6，1998：317－329. dg-ga/9601005.

[55] SEIDEL P. Fukaya A_∞ Structures associated to Lefschetz fibrations，I，II. arXiv：0912. 3932，arXiv：1404. 1352.

[56] VAFA C. Brane/anti-Brane systems and U(N|M) supergroup. 2001. hep-th/0101218.

[57] 'T HOOFT G. A planar diagram theory for strong interactions, Nucl. Phys. B 72, 1974: 461—473.

[58] EYNARD B and ORANTIN N. Invariants of algebraic curves and topological expansion, Commun. Number Theory 1, 2007: 347—452.

[59] AGANAGIC M, CHENG M, DIJKGRAAF R, KREFL D and VAFA C. Quantum geometry of refined topological strings, J. High Energy Phys. 11, 2012: 019.

[60] MALDACENA J, MOORE G, SEIBERG N and SHIH D. Exact vs. Semiclassical target space of the minimal string, J. High Energy Phys. 10, 2004: 020.

[61] AGANAGIC M and VAFA C. Mirror symmetry, D-branes and counting holomorphic discs. 2000. arXiv:hep-th/0012041.

[62] AGANAGIC M, DIJKGRAAF R, KLEMM A, MARINO M and VAFA C. Topological strings and integrable hierarchies, Commun. Math. Phys. 261, 2006: 451—516.

第三章
马约拉纳费米子以及辫子群的表示[①]

MAJORANA FERMIONS AND REPRESENTATIONS OF THE BRAID GROUP

路易斯·H. **考夫曼** (Louis H. Kauffman)
数学、统计及计算机科学系，
851 南摩根街，伊利诺伊大学芝加哥分校，
芝加哥，伊利诺伊 60607-7045，美国
力学与数学系，
新西伯利亚国立大学，俄罗斯
kauffman@uic.edu

①本章也会出现在 International Journal of Modern Physics A，Vol. 33，No. 23（2018）1830023. DOI：10.1142/S0217751X18300235.

摘要：在本文中，我们研究与马约拉纳费米子相关的幺正辫子群表示。马约拉纳费米子由马约拉纳算子表示，而后者构成克利夫德代数。我们回顾并证明了与克利夫代数相关辫子群表示的普遍结论，并将其与伊万诺夫辫子操作进行比较。这篇文章将考夫曼-洛摩纳科（Kauffman-Lomonaco）和葛墨林的观点进行了推广，且表明可用特定组合的马约拉纳算子生成超特殊 2-群（extra special 2-groups）以及伊万诺夫型辫子群表示。

关键词：纽结，链结，辫子，辫子群，费米子，马约拉纳费米子，基塔耶夫链，超特殊 2-群，马约拉纳弦，杨-巴克斯特方程，量子过程，量子计算

目录

1. 引言

在这篇文章中，我们主要研究克利夫德（Clifford）代数（由平方为1的非交换元素生成）、相关的辫子群表示和马约拉纳（Majorana）费米子①之间的关系［10，29，33］。马约拉纳费米子不仅存在于具有集体行为的电子体系中，例如分数量子霍尔效应②［39］；也可存在于单电子体系的模型中，如实验上纳米线中的电子［2，32］；或从算子代数分解的角度：将一个费米子算子分解为两个满足克利夫德代数的马约拉纳算子。已经有系列前期文献［11，13，22—24，26—30，33，38］对马约拉纳费米子进行讨论，且当前的一部分文章也是非常依赖于前述文献。为了使本文自洽，我们特意从这些经典文章中摘录了说明、定义以及表达方式，并指出其对应参考文献。本文目的便是探讨这些辫子表示，以及它在联系物理、量子信息和拓扑这三者之间所扮演的重要角色。

我们首先研究克利夫德代数及其与辫子群表示（与马约拉纳算子相关）的关系。马约拉纳费米子算子 a 和 b 可由单个标准费米子的产生湮灭算子 $\psi^{\dagger},\psi$ 表示。我们熟知费米子算子满足如下代数关系式：

$$(\psi^{\dagger})^2=\psi^2=0 \tag{1.1}$$

$$\psi\psi^{\dagger}+\psi^{\dagger}\psi=1 \tag{1.2}$$

特别是 $\{\psi^{\dagger},\psi\}$ 可做如下变换：

$$\psi=(a+ib)/2 \tag{1.3}$$

①马约拉纳费米子（Majorana fermion）是一种费米子，它的反粒子为其本身，1937年，埃托雷·马约拉纳（Ettore Majorana）发表论文假想这种粒子存在，因此而命名。

②分数量子霍尔效应（英语：Fractional quantum Hall effect，简称 FQHE）是一种物理现象，指的是二维电子气体的霍尔传导率在 E^2 分数值时会出现准确量子化的平线区。它是一种集体态的特性，在这种集体态里，电子把磁通量线束缚在一起，形成新的准粒子、有着分数化基本电荷的新激发态，并且有可能出现分数统计。

$$\Psi^{\dagger} = (a - ib)/2 \tag{1.4}$$

其中马约拉纳算子 a ，b 满足：

$$a^{\dagger} = a, \qquad b^{\dagger} = b \tag{1.5}$$

$$a^2 = b^2 = 1, ab + ba = 0 \tag{1.6}$$

在特定条件下，人们猜测电子（在低温纳米线中）可以在物理上拆分成一对马约拉纳粒子，且在相关实验中［32，33］，此种猜测已被部分验证。因此，我们从数学上研究辫子群表示便有了实际的物理对应。

在前文中，我们提到 a 和 b 生成克利夫德代数。与此代数相对应的粒子称为马约拉纳粒子，因为它们为自身的反粒子，即 $a^{\dagger} = a$，$b^{\dagger} = b$。马约拉纳［35］研究了狄拉克方程［6，31］的实解，并推测了这种反粒子为其自身的粒子的存在性。目前人们推测中微子为马约拉纳粒子。直到最近一些年［10，33］，人们认为一个电子或许可以由一对马约拉纳费米子组合而成。通常而言，只要粒子的相互作用规则满足马约拉纳粒子，我们即称之为马约拉纳粒子。这些相互作用规则为：给定一个粒子 P，P 可与另外一个相同的 P 作用，从而生成一个 P 或产生一个湮灭。因此我们可以将过程标记为 $PP = P+1$，其中公式右边可理解为 P 和 1 两种可能性的叠加，而 1 代表量子态的湮灭，即 P 的消失。我们称此方程为“马约拉纳费米子的融合规则（fusion rule）①”。在研究分数量子霍尔效应的模型时［3，4，7，39］，通过对准粒子（集体激发）做辫子操作可得到阿丁辫子群的非平凡表示。这类粒子称为任意子。这类模型中的辫子操作与拓扑量子场论有关。

因此，对马约拉纳费米子由两组代数描述——融合规则，以及相应的克利夫德代数。有时对于单一的物理情形，可能既需要克利夫德代数，又需要融合规则。然而对于研究辫子群，事实证明，克利夫德代数导致辫子群，所谓的斐波那契模型中的融合代数也导致辫子群（尽管斐波那契模型与克利夫德代数并不直接相关）。因此我们可以讨论这两种形式的辫子群。在本文的附录中，我们证明了它们之间的数学共性。这两种形式的辫子群

①在数学和理论物理学中，融合规则（Fusion rule）是确定一组两个表示形式的张量积精确分解为不可约表示形式的直和的规则。

均可在单个物理体系中呈现出来。例如。在量子霍尔系统中，任意子[①]（电子的集体激发）的行为可以遵循斐波那契模型，而这些任意子的边界效应可由马约拉纳费米子的克利夫德代数辫子群来描述。

与马约拉纳算子相关的辫子算子可有如下描述。令 $c_1, c_2, \cdots, c_n$ 为一组马约拉纳算子，且满足 $c_\kappa^2 = 1(\kappa = 1, \cdots, n)$，和 $c_i c_j + c_j c_i = 0(i \neq j)$。将指标 $\{1, \cdots, n\}$ 设为模 n 的余数，即 $n+1=1$。定义算子：

$$\sigma_\kappa = (1 + c_{\kappa+1} c_\kappa)\sqrt{2} \tag{1.7}$$

其中 $\kappa = 1, \cdots, n$，由 $n+1=1$ 模 n 可得 $c_{n+1} = c_1$。由此我们可以验证：

$$\sigma_i \sigma_j = \sigma_j \sigma_i, |i-j| \geqslant 2 \tag{1.8}$$

和

$$\sigma_i \sigma_{i+1} \sigma_i = \sigma_{i+1} \sigma_i \sigma_{i+1} \tag{1.9}$$

对于所有 $i = 1, \cdots, n$ 均成立。因此：

$$\{\sigma_1, \cdots, \sigma_{n-1}\} \tag{1.10}$$

描述了 n 条线阿丁辫子群 B_n 的表示。我们将在第三节看到，这种表示具有非常有趣的性质，并且它导致辫子群的幺正表示，此类辫子群可用于部分量子计算。如果想在这种表示下做完整的量子计算，还欠缺一个能充分实现 $U(2)$ 变换的体系。这些必须与辫子操作一起提供。对于如何测量由电子组成的马约拉纳算子辫子操作，以及物理世界能否产生这种形式的部分拓扑量子计算，仍有待观察。

第二节回顾了阿丁辫子群的定义，并强调 n 条线的辫子群，B_n，为 n 阶对称群的自然推广。连同其拓扑学解释，这种与对称群的相似性解释了众多出现在物理和数学问题中的辫子群。第三节讨论了幺正辫子算子是如何用于量子计算的普适门（在局域幺正变换的意义下），以及为何杨-巴克斯

---

①任意子（anyon）是数学和物理学中的一个概念。它通常描述一类只在二维物理系统中出现的粒子。可看作是对费米子和玻色子概念的推广。

特（辫子）方程①的特定解，当存在纠缠时，为此种普适门。第四节讨论了如何利用马约拉纳费米算子的克利夫德代数得到辫子表示。我们回顾了参考文献［30］中的克利夫德辫子定理并展示超特殊 2-群是如何给出阿丁辫子群表示的。在第五节中我们展示如何利用马约拉纳费米子构造坦佩利-利布（Temperley-Lieb）代数并且分析了相应的辫子群表示，并表明它们等价于我们从克里夫德辫子定理中已经构造出来的表示。在第六节中我们展示了在马约拉纳费米子空间中辫子群的伊万诺夫［10］表示如何生成一个 4×4 的普适量子门（也是辫子算子）。这就证明了马约拉纳费米子如何作为（部分）拓扑量子计算的基础而存在。此处我们提到“部分”，是因为若实现这种类型的普适拓扑量子门，还需要无法由马约拉纳费米子生成的局域幺正变换。在第七节中我们考虑贝尔基变换矩阵 B_{II} 及其相应的辫子群表示。贝尔矩阵本身是杨-巴克斯特方程的一个解，因此其为部分量子计算的普适门［22］。葛墨林研究组观察到 $B_{II}=(I+M)\sqrt{2}$ 其中 $M^2=-I$。实际上，我们取：

$$M=\begin{bmatrix}0&0&0&1\\0&0&-1&0\\0&1&0&0\\-1&0&0&0\end{bmatrix}=\begin{bmatrix}1&0&0&0\\0&-1&0&0\\0&0&1&0\\0&0&0&-1\end{bmatrix}\begin{bmatrix}0&0&0&1\\0&0&1&0\\0&1&0&0\\1&0&0&0\end{bmatrix}\tag{1.11}$$

令

$$A=\begin{bmatrix}1&0&0&0\\0&-1&0&0\\0&0&1&0\\0&0&0&-1\end{bmatrix},\ B=\begin{bmatrix}0&0&0&1\\0&0&1&0\\0&1&0&0\\1&0&0&0\end{bmatrix}\tag{1.12}$$

因此有 $M=AB$ 和 $A^2=B^2=I$，$AB+BA=0$。因此我们可以将 A 和 B 选为马约拉纳费米子算子。这就是本文中我们的核心观测点。将矩阵 M 因式化为一组（克利夫德代数型）马约拉纳费米子乘积的这个事实，意味

①在物理学中，杨-巴克斯特方程（英文：Yang-Baxter equation）（或星三角关系）是一个一致性方程，最早是在统计力学领域引入的。它因 1968 年杨振宁和 1971 年 R. J. Baxter 的独立工作而命名。

着与M相关的超特殊2-群可以被视为一组马约拉纳算子序列的结果，其中我们定义此序列如下：满足如下条件的一系列马约拉纳算子对A_κ, B_κ，称为“马约拉纳算子序列”：

$$A_i^2 = B_i^2 = 1, \tag{1.13}$$

$$A_i B_i = -B_i A_i, \tag{1.14}$$

$$A_i B_{i+1} = -B_{i+1} A_i, \tag{1.15}$$

$$A_{i+1} B_i = B_i A_{i+1}, \tag{1.16}$$

$$A_i B_j = B_j A_i, \text{对于} |i-j| > 1, \tag{1.17}$$

$$A_i A_j = A_j A_i, \tag{1.18}$$

$$B_i B_j = B_j B_i, \text{对于任意} i \text{和} j. \tag{1.19}$$

令$M_i = A_i B_i$，我们得到一个超特殊2-群和一个生成元为$\sigma_i = (I + A_i B_i)/\sqrt{2}$的阿丁辫子群表示（根据第四节中的超特殊2-群辫子定理）。如果我们将马约拉纳费米子A_i和B_i理解为任意子，那么非常有趣的一件事便是构造相应的哈密顿量并仿效基塔耶夫链模型对其进行分析。系列结果将作为本文的后续篇章推出。

在本文中，我们继续描述了下述几者之间的关系，包括B_{II}矩阵的马约拉纳序列、葛墨林研究组［8］与超特殊2-群相关的工作以及基塔耶夫（Kitaev）链模型的拓扑序。我们相信关于马约拉纳序列的新构想揭示了这些关系的新亮点。

本文的最后一节是关于四元数的辫子群表示的一个附录。正如读者所见，本文中所研究的不同的辫子群表示，均可从对四元数辫子群表示进行分类的过程中得到。其本质原因在于给定三个互相反对易的马约拉纳算子A, B, C，且$A^2 = B^2 = C^2 = 1$，则克利夫德元素BA, CB, AC生成一组四元数。因此，我们的克利夫德辫子表示为特殊四元数辫子表示的推广。加入此附录意在说明四元数可以很好地联系这些辫子群表示，包括斐波那契模型［23，26］。

2. 辫子

一个辫子为一组线的嵌入，其中每条线的末端位于两行点中，若选择一个垂直方向看，这些线彼此重叠。这些线不会独自打结，并且彼此不相交。图 1 和图 2 为辫子的图例以及对辫子的移动。将一个辫子的底端与另一个辫子的顶端相连可代表辫子的乘法。在环境同痕（ambient isotopy）① 的意义下，固定端点，在这种乘法下辫子形成一个群。在图 1 中我们给出了辫子群基本生成元的具体形式，以及这些生成元之间关系的形式。图 2 给出了如何通过一组平行的弧线将辫子的首尾相连从而形成闭合的辫子。亚历山大（Alexander）一个重要定理指出，每个纽结（knot）或链结（link）均可用一个闭合的辫子来表示。因此，辫子理论在纽结和链结理论中起着重要作用。图 2 展示了著名的博罗米安（Borromean）环（由三个非纽结的圈组成的一个链结，其中任何两个圈之间不构成链结），此环可以理解为闭合的辫子。

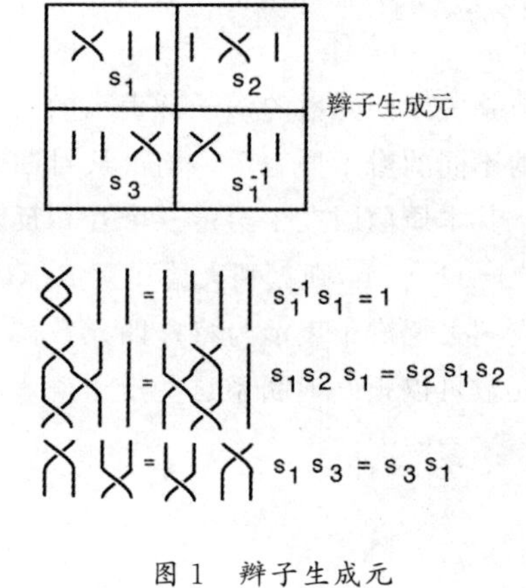

图 1　辫子生成元

①在拓扑学中，环境同痕（ambient isotopy）是一种环境空间的连续变形，例如流形，其可将一个子流形变为另一个子流形。

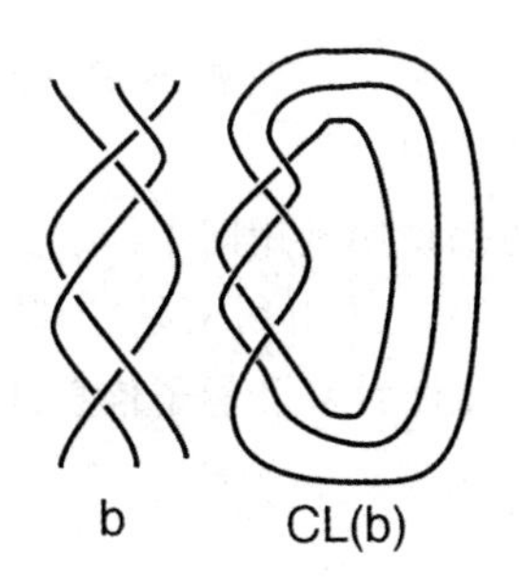

图 2 由闭合辫子形成的博罗米安（Borromean）环

令 B_n 代表 n 条线的阿丁辫子群。B_n 由满足如下关系的辫子生成元描述：

(1) $s_i s_j = s_j s_i$ 对于 $|i-j|>1$

(2) $s_i s_{i+1} s_i = s_{i+1} s_i s_{i+1}$ 对于 $i=1,\cdots,n-2$

图 1 描述了基本的辫子生成元及其代数关系。注意到辫子群可以有一个图形上的拓扑理解，即辫子可看成是一组互相缠绕的线，且这些线从一组 n 个端点连接到另外一组 n 个端点。辫子生成元 s_i 可以由图表示出来，即仅对第 i 条线和第 $(i+1)$ 条线做半圈缠绕，并令其他的线保持不变。如图 1 所示，辫子可以沿竖直方向画，群元素乘积依序自上而下排列。通过将一个辫子的顶部股线与另一个辫子的底部股线相连来完成两个辫子图的乘积。

在图 1 中我们局限于描述四条线辫子群 B_4。图中展示了 B_4 的三个辫子生成元，以及第一个生成元的逆元。由图可见单位元 $s_1 s_1^{-1}=1$（B_4 的单位元由四条竖直的线构成），$s_1 s_2 s_1 = s_2 s_1 s_2$，以及 $s_1 s_3 = s_3 s_1$。

辫子群在数学领域中是一类重要的结构。不仅仅是因为这类群具有鲜明的拓扑理解。从代数学的观点出发，辫子群 B_n 可认为是对称群 S_n 的一类重要推广。我们回顾一下，对称群 S_n 中 n 个独立的置换操作所对应的代数关系如下：

(1) $s_i^2=1$ 对于 $i=1,\cdots,n-1$.

(2) $s_i s_j = s_j s_i$ 对于 $|i-j|>1$,

(3) $s_i s_{i+1} s_i = s_{i+1} s_i s_{i+1}$ 对于 $i=1,\cdots,n-2$.

因此，只需令每个辫子生成元的平方为 1，即可由辫子群 B_n 得到对称群 S_n。我们有一个严格的群序列：

$$1 \longrightarrow P(n) \longrightarrow B_n \longrightarrow S_n \longrightarrow 1 \tag{2.1}$$

将对称群扩充为阿丁辫子群。其中核 $P(n)$ 为纯辫子群，由每条线均回到初始位置的辫子元素构成。

在下一节中，我们将要说明利用阿丁辫子群，足以实现幺正群的稠密变换（见参考文献［23］及其所引用文献），其与费米子和马约拉纳费米子相关。辫子群原则上对量子计算和量子信息理论非常重要。

3. 辫子算子和普适量子门

构造量子链结不变量的一个核心概念，便是将杨-巴克斯特算子 R 与链结图形中的每个基本交叉点相联系起来。算子 R 是一个线性映射：

$$R: V \otimes V \longrightarrow V \otimes V \tag{3.1}$$

其定义在一个矢量空间 V 的 2 重张量积上，为置换的推广形式（即，当 V 代表一个量子比特时，R 为交换门的推广）。从拓扑性质的角度讲这些变换不必具有幺正性。只有在用于做量子计算时，才需考虑这些变换是否具有幺正性。此类幺正型 R- 矩阵可用于构造阿丁辫子群的幺正表示。

与本节相关的更多信息请参考文献［12，22，23］。

杨-巴克斯特方程的一个解，正如上文所述的矩阵 R，可以理解为一个矢量空间的二重张量积 $V \otimes V$ 的自身映射，且满足如下方程：

$$(R \otimes I)(I \otimes R)(R \otimes I) = (I \otimes R)(R \otimes I)(I \otimes R) \tag{3.2}$$

从拓扑的角度而言，矩阵 R 表示辫子的一个基本元素，该辫子由一条线交叉穿过另一条线表示。在图 3 中我们给出了杨-巴克斯特方程中的辫子单位元 I。每个辫子图中的三条入线（底部）与三条出线（顶部）对应了矢量空间 V 的三重张量积空间的自身映射，由上述代数方程限制。图中交叉点的放置位置与 $R \otimes I$ 和 $I \otimes R$ 相对应。这种重要的拓扑移动可以利用 R-矩阵代数表示出来。我们需要研究杨-巴克斯特方程的幺正解。这样 R- 矩阵即可看成是一个辫子矩阵，也可看成一个量子计算机中的量子门。

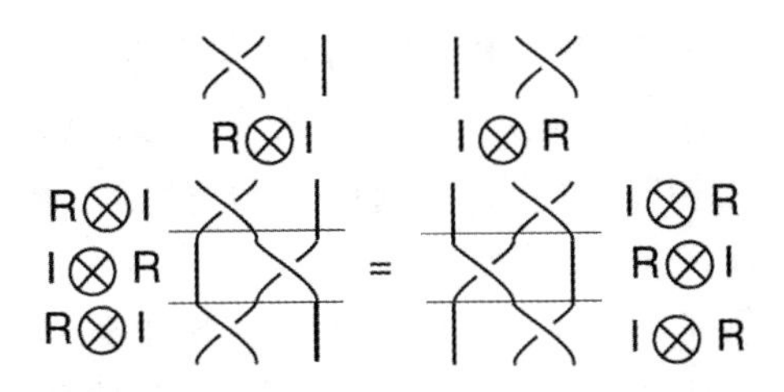

图 3　杨-巴克斯特方程

普适门

“2-量子比特门 G” 定义为一个线性映射 $G:V\otimes V\longrightarrow V\otimes V$，其中 V 代表一个二维复矢量空间。当 G 与局域幺正变换（从 V 到 V 的幺正变换）能够组合生成 2^n 维复矢量空间中所有的幺正变换时，我们称量子门 G 适用于普适量子计算（或简称普适）。我们熟知 $CNOT$ 门为普适门 [36]（在标准基下，当控制量子比特为 $|0\rangle$ 时，$CNOT$ 作用在目标量子比特上表现为单位门，当控制量子比特为 $|1\rangle$ 时，$CNOT$ 作用在目标量子比特上表现为翻转门）。

如上所述，满足如下性质的量子门被称为纠缠门：对于一个矢量：

$$|\alpha\beta\rangle=|\alpha\rangle\otimes|\beta\rangle\in V\otimes V \tag{3.3}$$

$G|\alpha\beta\rangle$ 无法分解为两个量子比特的张量积形式。在此种条件下，我们称 $G|\alpha\beta\rangle$ 为纠缠的。

在参考文献 [5] 中，布赖林斯基斯（Brylinskis）给出 G 为普适的一般判据。他们在文中证明：一个 2 量子比特门 G 是普适的，当且仅当它是纠缠的。

说明：一个 2 量子比特纯态：

$$|\phi\rangle=a|00\rangle+b|01\rangle+c|10\rangle+d|11\rangle \tag{3.4}$$

当满足条件 $(ad-bc)\neq 0$ 时，$|\phi\rangle$ 称为纠缠态。很容易便可用这个结论验证一个具体的矩阵是否为纠缠矩阵。

说明：在局域幺正变换意义下 [22]，除 $CNOT$ 量子门外，还有许多量子门可用于普适量子计算。其中某些门本身就具有拓扑性质（杨-巴克斯特方程的解，见［1，5］，并且生成阿丁辫子群的表示。用杨-巴克斯特方程的解代替 *CNOT* 门时，并不会将局域幺正变换作为辫子群相应表示的一部分。因此，这种替代仅能构成普适拓扑量子计算的一部分。在一个完整的解决方案中（例如在［23］中），所有幺正操作都可以直接从辫子群的表示构造出来，并且我们希望这些表示背后所对应物理中的拓扑，能够保护系统防止量子退相干①。部分拓扑量子计算的系统能否有这种保护仍有待确定。

4. 费米子、马约拉纳费米子和辫子

费米子代数。我们首先回顾一下费米子代数［9］。令费米子湮灭算子为ψ，其共轭的产生算子为 $\psi^{\dagger}$。则有 $\psi^2 = 0 = (\psi^{\dagger})^2$。基本的对易关系为：

$$\psi\psi^{\dagger} + \psi^{\dagger}\psi = 1 \tag{4.1}$$

对于两个标准费米算子，如 ψ 和 ϕ，二者反对易：

$$\psi\phi = -\phi\psi \tag{4.2}$$

马约拉纳费米子 c［10，35］满足 $c^{\dagger} = c$，因此其与自身互为反粒子。与标准费米子相比，马约拉纳费米子有不同的代数结构，如下文所述。读者也许感到好奇，为什么马约拉纳费米子具有克利夫德代数结构？下面我们将给出一个数学上的动机：通过证明利用这种克利夫德代数结构，一个标准的费米子可由两个马约拉纳费米子生成。一种途径便是通过定义 $c_1 = (\psi + \psi^{\dagger})/2$，$c_2 = (\psi - \psi^{\dagger})/(2i)$，使得两个算子满足 $c_i^{\dagger} = c_i$，$i = 1,2$。我们将看到 c_1 和 c_2 满足克利夫德代数等式。

①译者注：量子退相干（Quantum decoherence），是指在量子力学中，开放量子系统的量子相干性会因为与外界环境产生量子纠缠而随着时间逐渐丧失的效应。

马约拉纳费米算子可以用于定义准粒子模型，其与辫子和拓扑量子计算相关。一些研究者已经找到系列证据［2，32］，支持马约拉纳费米子作为准粒子存在于纳米线的边界效应中（一条由标准费米子组成的线模型可以在线的两个端点产生非局域的马约拉纳费米子）。我们之前讨论的斐波那契任意子模型［23，33］同样是基于马约拉纳粒子，其可能对应着电子的集体激发。如果 P 表示一个马约拉纳费米子粒子，则 P 与其自身相互作用，既可生成其自身又可互相湮灭。这就是这种粒子简单的“融合代数”。我们可将其写为 $P^2 = P + *$，用以标记粒子 P 自融合作用的两个可能性，如引言所述。这种 P 粒子的融合以及辫子构成了斐波那契任意子模型［23］。

马约拉纳粒子构造标准费米子．马约拉纳算子［35］与标准费米子有如下关系：我们首先选取两个马约拉纳算子 c_1 和 c_2。若 c_1 和 c_2 为不同的马约拉纳费米子且满足 $c_1^2 = 1$，$c_2^2 = 1$，则马约拉纳粒子的代数为 $c_1 = c_1^\dagger$，$c_2 = c_2^\dagger$ 和 $c_1 c_2 = -c_2 c_1$。因此，一组马约拉纳粒子构成的算子代数为克利夫德代数。我们可以通过两个马约拉纳算子构造出一个标准的费米算子：

$$\psi = (c_1 + i c_2)/2 \tag{4.3}$$

$$\psi^\dagger = (c_1 - i c_2)/2 \tag{4.4}$$

于是，

$$\psi^2 = (c_1 + i c_2)(c_1 + i c_2)/4 = c_1^2 - c_2^2 + i(c_1 c_2 + c_2 c_1) = 0 + i0 = 0 \tag{4.5}$$

类似地，通过：

$$c_1 = (\psi + \psi^\dagger)/2 \tag{4.6}$$

$$c_2 = (\psi - \psi^\dagger)/(2i) \tag{4.7}$$

我们可以在数学上从单个费米子构造出两个马约拉纳算子。

费米子的产生湮灭代数与潜在的克利夫德代数之间的这种简单关系，一直以来都是物理学界的一个猜测。直到最近实验（非直接）显示了马约拉纳费米子潜藏于电子之中［32］。

辫子　给定一组马约拉纳算子 $\{c_1, c_2, c_3, \cdots, c_n\}$，其满足对于任意 i，$c_i^2 = 1$，且 $c_i c_j = -c_j c_i (i \neq j)$。则存在自然的辫子算子作用在由 c_k 做基张

成的矢量空间中。辫子算子由如下元素描述：

$$\tau_\kappa = (1 + c_{\kappa+1} c_\kappa)/\sqrt{2} \tag{4.8}$$

$$\tau_\kappa^{-1} = (1 - c_{\kappa+1} c_\kappa)/\sqrt{2} \tag{4.9}$$

辫子操作为：

$$T_\kappa: \mathrm{Span}\{c_1, c_2, \cdots, c_n\} \longrightarrow \mathrm{Span}\{c_1, c_2, \cdots, c_n\} \tag{4.10}$$

通过：

$$T_\kappa(x) = \tau_\kappa x \tau_\kappa^{-1} \tag{4.11}$$

辫子变换形式很简单：

$$T_\kappa(c_\kappa) = c_{\kappa+1} \tag{4.12}$$

$$T_\kappa(c_{\kappa+1}) = - c_\kappa \tag{4.13}$$

对于其他的马约拉纳算子 $c_j(j \neq \kappa, \kappa+1)$，$T_\kappa$ 表现为恒等操作。这给出了阿丁辫子群一个非常好的幺正表示，值得我们进行深入研究。

下列结果表明该辫子表示还有更多性质值得讨论。

克利夫德辫子定理

令 C 为实数域上的克利夫德代数，由线性独立的元素 $\{c_1, c_2, \cdots, c_n\}$ 生成，对于所有 κ 满足 $c_\kappa^2 = 1$ 和 $c_\kappa c_l = - c_l c_\kappa (\kappa \neq l)$。则代数元素 $\tau_\kappa = (1 + c_{k+1} c_k)\sqrt{2}$，形成（环形）阿丁辫子群的一个表示。也就是说，我们有 $\{\tau_1, \tau_2, \cdots, \tau_{n-1}, \tau_n\}$，其中 $\tau_\kappa = (1 + c_{\kappa+1} c_\kappa)/\sqrt{2}$，$1 \leqslant \kappa \leqslant n$ 且 $\tau_n = (1 + c_1 c_n)/\sqrt{2}$，其对任意 κ 均满足 $\tau_\kappa \tau_{\kappa+1} \tau_\kappa = \tau_{\kappa+1} \tau_\kappa \tau_{\kappa+1}$ 及 $\tau_i \tau_j = \tau_j \tau_i(|i-j| > 2)$。注意每个辫子生成元的阶数为 8。

证明。令 $a_\kappa = c_{\kappa+1} c_\kappa$。验证如下计算：

$$\tau_\kappa \tau_{\kappa+1} \tau_\kappa = (\sqrt{2}/2)(1 + a_{\kappa+1})(1 + a_\kappa)(1 + a_{\kappa+1}) \tag{4.14}$$

$$= (\sqrt{2}/2)(1 + a_\kappa + a_{\kappa+1} + a_{\kappa+1} a_\kappa)(1 + a_{\kappa+1}) \tag{4.15}$$

$$= (\sqrt{2}/2)(1 + a_\kappa + a_{\kappa+1} + a_{\kappa+1} a_\kappa + a_{\kappa+1}$$

$$+a_\kappa a_{\kappa+1}+a_{\kappa+1}a_{\kappa+1}+a_{\kappa+1}a_\kappa a_{\kappa+1}) \tag{4.16}$$

$$=(\sqrt{2}/2)(1+a_\kappa+a_{\kappa+1}+c_{\kappa+2}c_\kappa+a_{\kappa+1}+c_\kappa c_{\kappa+2}-1-c_\kappa c_{\kappa+1}) \tag{4.17}$$

$$=(\sqrt{2}/2)(a_\kappa+a_{\kappa+1}+a_{\kappa+1}+c_{\kappa+1}c_\kappa) \tag{4.18}$$

$$=(\sqrt{2}/2)(2a_\kappa+2a_{\kappa+1}) \tag{4.19}$$

$$=(\sqrt{2}/2)(a_\kappa+a_{\kappa+1}) \tag{4.20}$$

由于最终结果在交换 κ 与 $\kappa+1$ 下具有对称性，我们可得：

$$\tau_\kappa \tau_{\kappa+1} \tau_\kappa = \tau_{\kappa+1} \tau_\kappa \tau_{\kappa+1} \tag{4.21}$$

注意到如果我们定义 $\tau_n=(1+c_1 c_n)/\sqrt{2}$，这个辫子关系具有环形结构。易证 $\tau_i \tau_j=\tau_j \tau_i(|i-j|>2)$。证明完毕。

（环形）阿丁辫子群的表示对于研究马约拉纳费米子相关的拓扑物理具有重要意义。这部分结构需要进一步的研究。在下一节中我们将讨论它与葛墨林研究组工作之间的关系。

说明：值得注意的是，利用三个马约拉纳费米子 x,y,z 可得到一个四元数群的表示。这正是我们熟知的泡利矩阵与四元数之间关系的推广。我们有 $x^2=y^2=z^2=1$，且不同算子之间互相反对易。令 $I=yx,J=zy,K=xz$。则由：

$$I^2=J^2=K^2=IJK=-1 \tag{4.22}$$

可得到四元数。相应算子：

$$X=\sigma_I=(1/\sqrt{2})(1+I) \tag{4.23}$$

$$Y=\sigma_J=(1/\sqrt{2})(1+J) \tag{4.24}$$

$$Z=\sigma_K=(1/\sqrt{2})(1+K) \tag{4.25}$$

互相满足辫子关系：

$$XYX=YXY,\ XZX=ZXZ,\ YZY=ZYZ \tag{4.26}$$

这是前文针对任意一组的马约拉纳费米子所构成辫子群表示的一个特例。这些辫子算子具有纠缠属性，因此可用于普适量子计算，但利用其自身只能实现部分拓扑量子计算，因为单量子比特的门无法由其生成。

说明：我们可以看到辫子群关系在克利夫德辫子定理中是如何产生的，如下所示。给定代数元素 A 和 B，令其满足：

$$A^2 = B^2 = -1 \tag{4.27}$$

且

$$AB = -BA \tag{4.28}$$

（例如我们可令 $A = c_{\kappa+1}\, c_\kappa$ 及 $B = c_{\kappa+2}\, c_{\kappa+1}$，如前文所述。）

我们立即发现 $ABA = -BAA = -B(-1) = B$ 及 $BAB = A$。令

$$\sigma_A = (1+A)/\sqrt{2} \tag{4.29}$$

和

$$\sigma_B = (1+B)/\sqrt{2} \tag{4.30}$$

则有：

$$\sigma_A \sigma_B \sigma_A = (1+A)(1+B)(1+A)/(2\sqrt{2}) \tag{4.31}$$

$$= (1+B+A+AB)(1+A)/(2\sqrt{2}) \tag{4.32}$$

$$= (1+B+A+AB+A+BA+A^2+ABA)/(2\sqrt{2}) \tag{4.33}$$

$$= (B+2A+ABA)/(2\sqrt{2}) \tag{4.34}$$

$$= 2(A+B)(2\sqrt{2}) \tag{4.35}$$

$$= (A+B)/\sqrt{2} \tag{4.36}$$

利用 A 和 B 的交换对称性可得 $\sigma_A \sigma_B \sigma_A = \sigma_B \sigma_A \sigma_B$。

结合 A 和 B 的平方等于 -1，代数关系 $ABA = B$ 和 $BAB = A$ 在其中

扮演重要角色。我们进一步指出，上述推导的结构与坦佩利-利布代数[23，29]元素非常类似，而坦佩利-利布代数可用于构造阿丁辫子群的表示。在坦佩利-利布代数中，我们有元素 R 和 S 满足 $RSR=R$，$SRS=S$，$R^2=R$，$S^2=S$。坦佩利-利布代数同样可以给出辫子群的表示，并且可以应用于斐波那契模型[29]。克利夫德代数与坦佩利-利布代数均与马约拉纳费米子相关。克利夫德代数与湮灭/产生代数相关，坦佩利-利布代数与融合代数相关（有关这两种代数与马约拉纳费米子关系的详细讨论，见参考文献 29）。在下一节中，我们会进一步探讨这些关系。

注意到如果我们有一组算子 M_κ 满足：

$$M_\kappa^2=-1 \tag{4.37}$$

$$M_\kappa M_{\kappa+1}=M_{\kappa+1}M_\kappa \tag{4.38}$$

及

$$M_iM_j=M_jM_i,\ |i-j|\geqslant 2 \tag{4.39}$$

则算子：

$$\sigma_i=(1+M_i)/\sqrt{2} \tag{4.40}$$

给出阿丁辫子群的一个表示。这是推广克利夫德辫子定理的一种途径，因为定义一组算子 $M_i=c_{i+1}c_i$ 可以直接满足上述条件，并且我们之前给出关于辫子的观察，可扩展至证明更具一般性的理论。算子 M_k 生成一个超特殊 2-群[37]。

超特殊 2-群辫子定理．令 $\{M_1,\cdots,M_n\}$ 生成上述超特殊 2-群。则算子 $\sigma_i=(1+M_i)/\sqrt{2}$（$i=1,\cdots,n-1$）给出阿丁辫子群的表示：$\sigma_i\sigma_j=\sigma_j\sigma_i(|i-j|\geqslant 2)$，$\sigma_i\sigma_{i+1}\sigma_i=\sigma_{i+1}\sigma_i\sigma_{i+1}$。

证明： 通过上述讨论可直接证明。

说明： 在下一节中我们将会看到由辫子定理得到的辫子群表示的示例，但是其与源于克利夫德辫子定理的辫子表示具有不同的性质。

克利夫德辫子定理中的辫子算子可被看成作用于复数域上的矢量空间，此矢量空间的基由马约拉纳费米子 $\{c_1,c_2,c_3,\cdots,c_n\}$ 表示。具体而言，我们从上述基中选取 $x=c_k$，$y=c_{k+1}$。令：

$$s=\frac{1+yx}{\sqrt{2}},T(p)=sps^{-1}=\left(\frac{1+yx}{\sqrt{2}}\right)p\left(\frac{1-yx}{\sqrt{2}}\right) \quad (4.41)$$

容易验证 $T(x)=y$ 和 $T(y)=-x$。在图 4 中，我们从拓扑的角度描述了两个费米子的辫子操作。拓扑意义下，两个费米子由一条柔软的带子相连。互相交换一次，等价于将带子扭 2π 的角度。拓扑意义下，一个 2π 的扭转对应相位改变 -1（有关对费米子做 2π 转动的拓扑理解，可参考文献[12]）。如果不做进一步选择，是无法明确该粒子对中的哪个粒子会出现相位改变。拓扑本身只能告诉我们两个粒子之间相对相位的变化。马约拉纳费米子的克利夫德代数在此作出了特定选择：借助于马约拉纳算子的线性排序 $\{c_1\cdots c_n\}$，并依次固定辫子群的表示。也就是说，我们只是指前文的计算形式，其中 x 的顺序在 y 之前，辫子操作会把负号相位赋予其中一个马约拉纳算子，且保持另一个算子的相位不变。

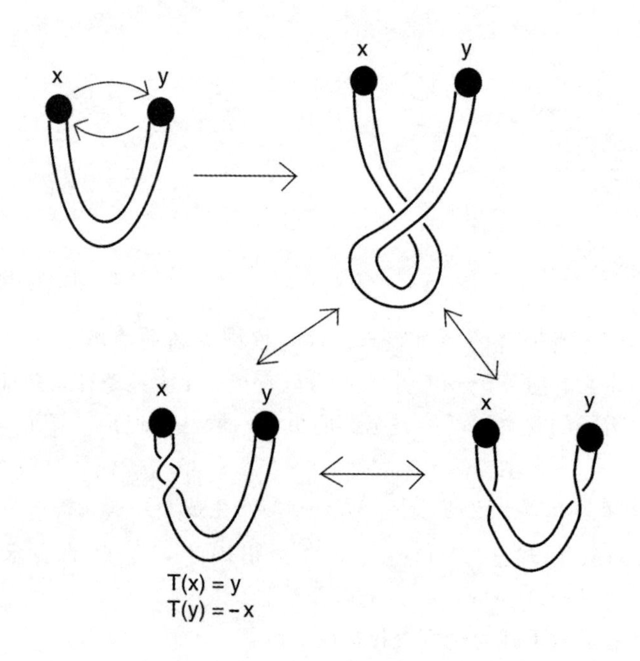

图 4　一对费米子上的辫子操作。

马约拉纳费米子所对应辫子表示的一个显著性质，便是任何 n 个马约拉纳费米子均可用于构造一个 n 条线辫子群 B_n 的表示。其并不局限于四元数代数。不过现在我们仍将探讨与四元数相关的辫子表示。这些表示极为丰富，可用于涉及自身互为反粒子（类似于电子中的马约拉纳费米子）的情况（例如斐波那契粒子）。在分数量子霍尔效应中，这种粒子可能存在于电子的集体激发。在这种情况下，理论上可以验证马约拉纳粒子的局域相互作用特性，然后与其中三个粒子（四元数情况）相关的辫子开始起到重要作用。对于纳米线中的电子，目前必须解决线末端之间的远程关联问题，并避免这种局域相互作用。尽管如此，本文的目的仍然是将与四元数相关的辫子表示的结论一一罗列出来，希望这有助于更深层次地理解与电子模型相关的马约拉纳费米子。

5. 关于马约拉纳算子相关的坦佩利-利布代数及辫子群的说明

令 $\{c_1, \cdots, c_n\}$ 为一组马约拉纳费米子，满足 $c_i^2 = 1$ 和 $c_i c_j = -c_j c_i (i \neq j)$。首先回顾［12］一下坦佩利-利布代数 TL_n，其生成元 $\{U_1, \cdots, U_{n-1}\}$ 满足代数关系（选取合适的标量 δ）$U_i^2 = \delta U_i$, $U_i U_{i\pm i} U_i = U_i$ 和 $U_i U_j = U_j U_i (|i-j| \geqslant 2)$。这里我们给出坦佩利-利布代数的马约拉纳费米子表示，这与我们在前面章节讨论过的伊万诺夫辫子群表示相关。

首先定义 $A = c_i c_{i+1}$, $B = c_{i-1} c_i$，满足 $A^2 = B^2 = -1$ 及 $AB = -BA$。注意到有如下代数关系：令 $U = (1 + iA)$, $V = (1 + iB)$，则有 $U^2 = 2U$, $V^2 = 2V$, $UVU = V$ 以及 $VUV = U$。

因此，坦佩利-利布代数的马约拉纳费米子表示为：

$$U_\kappa = \frac{1}{\sqrt{2}}(1 + i c_{\kappa+1} c_\kappa) \tag{5.1}$$

$$U_\kappa^2 = \sqrt{2} U_\kappa \tag{5.2}$$

$$U_\kappa U_{\kappa\pm1} U_\kappa = U_\kappa \tag{5.3}$$

$$U_\kappa U_j = U_j U_\kappa, \ |\kappa - j| \geqslant 2 \tag{5.4}$$

这样我们便得到了坦佩利-利布代数的一个表示，其相应圈值为 $\sqrt{2}$。

利用坦佩利-利布代数的这种表示，我们可以构造（通过辫子群与坦佩利-利布代数的琼斯表示）基于马约拉纳费米子的相关辫子群的表示。为了更明确地得到这个表示，注意到琼斯（Jones）表示有如下形式：

$$\sigma_\kappa = AU_\kappa + A^{-1}1 \tag{5.5}$$

$$\sigma_\kappa^{-1} = A^{-1}U_\kappa + A1 \tag{5.6}$$

其中：

$$-A^2 - A^{-2} = \delta \tag{5.7}$$

δ 为坦佩利-利布代数的圈值，使其满足 $U_\kappa^2 = \delta U_\kappa$。[12]

上文提到由马约拉纳费米子算子构造坦佩利-利布代数，我们令 A 满足：

$$-A^2 - A^{-2} = \sqrt{2} \tag{5.8}$$

及

$$\sigma_\kappa = AU_\kappa + A^{-1}1 \tag{5.9}$$

$$= A\frac{1}{\sqrt{2}}(1 + ic_{\kappa+1}c_\kappa) + A^{-1}1 \tag{5.10}$$

$$= \left(A\frac{1}{\sqrt{2}} + A^{-1}\right) + \left(iA\frac{1}{\sqrt{2}}\right)c_{\kappa+1}c_\kappa \tag{5.11}$$

注意到：

$$A^2 + A^{-2} = -\sqrt{2},\quad x = \left(A\frac{1}{\sqrt{2}} + A^{-1}\right) \tag{5.12}$$

及

$$y = \left(iA\frac{1}{\sqrt{2}}\right) \tag{5.13}$$

则有 $x^2=y^2$。实际上 $x^2=y^2$ 即为满足辫子关系的充分条件。

说明：注意到 $x^2-y^2=(x+y)(x-y)$，因此条件 $x^2=y^2$ 等价于 $x=+y$ 或 $x=-y$。这意味着对于马约拉纳费米子相关的辫子表示，通过坦佩利-利布代数构造与依据克利夫辫子定理构造这两种途径，并无区别。更准确地说，我们有以下定理。

定理：假设 $\alpha^2=\beta^2=-1$，$\alpha\beta=-\beta\alpha$。定义：

$$\sigma_\alpha=x+y\alpha \tag{5.14}$$

及

$$\sigma_\beta=x+y\beta \tag{5.15}$$

则 x^2+y^2 为下述辫子关系成立的充分条件：

$$\sigma_\alpha\sigma_\beta\sigma_\alpha=\sigma_\beta\sigma_\alpha\sigma_\beta \tag{5.16}$$

由于 $x=+y$ 或 $x=-y$ 均满足 $x^2=y^2$，我们有两种可能性：

$$\sigma_\alpha=x\sqrt{2}\left[(1+\alpha)/\sqrt{2}\right] \tag{5.17}$$

及

$$\sigma_\alpha=x\sqrt{2}\left[(1-\alpha)/\sqrt{2}\right] \tag{5.18}$$

换句话说，由上述途径得到的辫子表示等价于通过克利夫德辫子定理得到的伊万诺夫原始辫子表示。

证明：由上述定理的假设，注意到 $\alpha\beta\alpha=-\beta\alpha^2=\beta$。因此我们有：

$$\sigma_\alpha\sigma_\beta\sigma_\alpha=(x+y\alpha)(x+y\beta)(x+y\alpha) \tag{5.19}$$

$$=(x^2+xy\beta+xy\alpha+y^2\alpha\beta)(x+y\alpha) \tag{5.20}$$

$$=x^3+x^2y\beta+x^2y\alpha+xy^2\alpha\beta+x^2y\alpha+xy^2\beta\alpha+xy^2\alpha^2+y^3\alpha\beta\alpha \tag{5.21}$$

$$=x^3+x^2y\beta+x^2y\alpha+x^2y\alpha+xy^2(-1)+y^3\beta \tag{5.22}$$

$$= x^3 - xy^2 + (x^2y + y^3)\beta + 2x^2y\alpha \tag{5.23}$$

在满足条件 $x^2y + y^3 = 2x^2y$[或 $y(-x^2 + y^2) = 0$] 下，上述表达式关于 α 和 β 对称。因此当 $x^2 = y^2$ 时，上述表达式是对称的。由于辫子关系即代表这种表达式的对称性，定理证毕。

6. 马约拉纳费米子生成普适辫子门

在第三节中，我们展示了如何构造辫子群的表示。令 $T_k: V_n \longrightarrow V_n$ 有如下定义：

$$T_\kappa(v) = \tau_\kappa v \tau_\kappa^{-1} \tag{6.1}$$

参见第 3 节。注意到 $\tau_\kappa^{-1} = \frac{1}{\sqrt{2}}(1 - c_{\kappa+1} c_\kappa)$。容易验证：

$$T_\kappa(c_\kappa) = c_{\kappa+1}, \ T_\kappa(c_{\kappa+1}) = - c_\kappa \tag{6.2}$$

且 T_k 对于其他马约拉纳费米子表现为恒等操作。

为了实现普适性，选取 $n = 4$，可认为 T_k 作用于张量空间 $V \otimes V$，其中 V 代表单量子比特空间。此时辫子算子 T_2 满足杨-巴克斯特方程，且为纠缠算子。因此，我们从马约拉纳费米子模型得到了普适门（在单量子比特幺正算子辅助下）。如果实验工作证明马约拉纳费米子可被探测到并且可以被控制，那么基于这些拓扑幺正表示的量子计算机是有可能被实现的。注意到 T_2 的 R 矩阵形式为：

$$R = \begin{pmatrix} 1 & 0 & 0 & 0 \\ 0 & 0 & -1 & 0 \\ 0 & 1 & 0 & 0 \\ 0 & 0 & 0 & 1 \end{pmatrix} \tag{6.3}$$

此处我们在 2-量子比特空间 $V \otimes V$ 中选择基 $\{|00\rangle, |01\rangle, |10\rangle, |11\rangle\}$，有：

$$R|00\rangle = |00\rangle, \quad R|01\rangle = |10\rangle \tag{6.4}$$

$$R|10\rangle = -|01\rangle, \quad R|11\rangle = |11\rangle \tag{6.5}$$

不难验证 R 满足杨-巴克斯特方程。欲证明 R 为纠缠门，我们选取量子态 $|\phi\rangle = a|0\rangle + b|1\rangle$，将 R 作用于如下态上：

$$|\phi\rangle \otimes |\phi\rangle = a^2|00\rangle + ab|01\rangle + ab|10\rangle + b^2|11\rangle \tag{6.6}$$

得到：

$$R(|\phi\rangle \otimes |\phi\rangle) = a^2|00\rangle + ab|10\rangle - ab|01\rangle + b^2|11\rangle \tag{6.7}$$

这个态的行列式为 $a^2b^2 + (ab)(ab) = 2a^2b^2$。于是当 a 和 b 都非零时，$R(|\phi\rangle \otimes |\phi\rangle)$ 是纠缠的。这证明了 R 如我们所说的那样是一个纠缠算子。这个计算证明了马约拉纳算子辫子操作的一部分可以被用来构建普适量子门。如果这在物理上实现了，那么就可以实现部分拓扑量子计算。

7. 贝尔基矩阵和马约拉纳费米子

我们还可以进一步讨论辫子算子 $\tau_\kappa = \frac{1}{\sqrt{2}}(1 + c_{\kappa+1}c_\kappa)$，因为这些算子具有自然的矩阵表示。特别地，考虑如下贝尔基矩阵：

$$B_{II} = \frac{1}{\sqrt{2}}\begin{bmatrix} 1 & 0 & 0 & 1 \\ 0 & 1 & -1 & 0 \\ 0 & 1 & 1 & 0 \\ -1 & 0 & 0 & 1 \end{bmatrix} = \frac{1}{\sqrt{2}}(I+M) \quad (M^2 = -1) \tag{7.1}$$

其中：

$$M=\begin{bmatrix}0&0&0&1\\0&0&-1&0\\0&1&0&0\\-1&0&0&0\end{bmatrix}\tag{7.2}$$

我们定义

$$M_i=I\otimes I\otimes\cdots I\otimes M\otimes I\otimes I\otimes\cdots\otimes I\tag{7.3}$$

其中共有 n 个张量因子，M 占据在第 i 和 $i+1$ 个位置。可以验证这些矩阵满足“超特殊 2-群”的代数关系［8，37］。关系如下：

$$M_i M_{i\pm1}=-M_{i\pm1}M_i,\quad M^2=-I,\tag{7.4}$$

$$M_i M_j=M_jM_i,\quad |i-j|\geqslant2.\tag{7.5}$$

实际上我们可以进一步从这些代数关系中，发现一组马约拉纳费米子算子。注意到：

$$M=\begin{bmatrix}0&0&0&1\\0&0&-1&0\\0&1&0&0\\-1&0&0&0\end{bmatrix}=\begin{bmatrix}1&0&0&0\\0&-1&0&0\\0&0&1&0\\0&0&0&-1\end{bmatrix}\begin{bmatrix}0&0&0&1\\0&0&1&0\\0&1&0&0\\1&0&0&0\end{bmatrix}\tag{7.6}$$

令

$$A=\begin{bmatrix}1&0&0&0\\0&-1&0&0\\0&0&1&0\\0&0&0&-1\end{bmatrix},\quad B=\begin{bmatrix}0&0&0&1\\0&0&1&0\\0&1&0&0\\1&0&0&0\end{bmatrix}\tag{7.7}$$

这样我们有 $M=AB$，$A^2=B^2=I$，$AB+BA=0$。因此我们可以将 A 和 B 理解为马约拉纳费米子算子。类似地，我们有：

$$M_i = I \otimes I \otimes \cdots I \otimes AB \otimes I \otimes I \otimes \cdots \otimes I \tag{7.8}$$

若定义：

$$A_i = I \otimes I \otimes \cdots I \otimes A \otimes I \otimes I \otimes \cdots \otimes I \tag{7.9}$$

及

$$B_i = I \otimes I \otimes \cdots I \otimes B \otimes I \otimes I \otimes \cdots \otimes I \tag{7.10}$$

则有：

$$M_i = A_i B_i \tag{7.11}$$

直接计算（此处略去细节）可得如下代数关系：

$$A_i^2 = B_i^2 = 1 \tag{7.12}$$
$$A_i B_i = -B_i A_i \tag{7.13}$$
$$A_i B_{i+1} = -B_{i+1} A_i \tag{7.14}$$
$$A_{i+1} B_i = B_i A_{i+1} \tag{7.15}$$
$$A_i B_j = B_j A_i \quad |i-j|>1 \tag{7.16}$$
$$A_i A_j = A_j A_i \tag{7.17}$$
$$B_i B_j = B_j B_i \quad \forall i, j \tag{7.18}$$

定义：将满足上述代数关系的一系列马约拉纳算子对称为马约拉纳算子的一条弦或者马约拉纳弦。

定理：令 $A_i, B_i (i = 1, \cdots, n)$ 为一条马约拉纳弦。则乘积算子 $M_i = A_i B_i (i = 1, \cdots, n)$ 构成超特殊 2-群，因此算子：

$$\sigma_i = (1 + M_i)/\sqrt{2} \ (i = 1, \cdots, n-1) \tag{7.19}$$

可以给出阿丁辫子群的表示。

证明：我们需要验证 $M_i = A_i B_i$ 满足超特殊 2-群的代数关系。为此，注意到 $M_i^2 = A_i B_i A_i B_i = -A_i A_i B_i B_i = -1$ 以及（利用上述马约拉纳弦

的代数关系）：

$$M_i M_{i+1} = A_i B_i A_{i+1} B_{i+1} = A_i A_{i+1} B_i B_{i+1} \tag{7.20}$$

$$M_{i+1} M_i = A_{i+1} B_{i+1} A_i B_i = - A_{i+1} A_i B_{i+1} B_i \tag{7.21}$$

因此有 $M_i M_{i+1} = - M_{i+1} M_i$。对于 $M_i M_j = M_j M_i$，$|i-j| \geqslant 2$ 的验证，我们留给读者作为练习。关于 M_i 构成外特殊 2-群的证明完成。相应的辫子表示遵循外特殊 2-群辫子定理。

说明：值得注意的是，利用这些可以表示马约拉纳费米子算子的矩阵，可以很容易地给出辫子群的表示，按照类似的模式推广，可以由任何一组马约拉纳弦得到此类辫子群表示。考夫曼和洛摩纳科 [22] 观察到 B_{II} 满足杨-巴克斯特方程并且是一个纠缠量子门。因此就本文而言，$B_{II} = \frac{1}{\sqrt{2}}(I+M)(M^2 = -1)$ 为一个普适量子门。研究拓扑纠缠（链结与纽结）与量子纠缠之间可能存在的关系是非常有趣的。关于这个问题的一些观点，参考文献 [22]。

说明：此处算子 M_i 代替了伊万诺夫辫子群表示 $\tau_i = (1/\sqrt{2})(1+c_{i+1}c_i)$ 中的马约拉纳费米子乘积 $c_{i+1}c_i$。该观察结果对这些辫子算子给出了具体的解释，并将其联系到一个具体物理系统的哈密度量 [8]。葛墨林的研究组将伊万诺夫 [10] 的辫子表示 $\tau_\kappa = (1/\sqrt{2})(1+c_{\kappa+1}c_\kappa) = \exp(c_{\kappa+1}c_\kappa \pi/4)$ 推广为：

$$\breve{R}_\kappa(\theta) = e^{\theta c_{\kappa+1} c_\kappa} \tag{7.22}$$

则 $\breve{R}_i(\theta)$ 满足杨-巴克斯特方程，其中参数 θ 代表快度。也就是说，我们有如下方程：

$$\breve{R}_i(\theta_1)\breve{R}_{i+1}(\theta_2)\breve{R}_i(\theta_3) = \breve{R}_{i+1}(\theta_3)\breve{R}_i(\theta_2)\breve{R}_{i+1}(\theta_1) \tag{7.23}$$

这很清楚地表明 $\breve{R}_i(\theta)$ 具有物理意义，并且可将其理解为体系随时间的幺正演化算子。

实际上依据参考文献 [8]，基于杨-巴克斯特方程的解 $\breve{R}_i(\theta)$，我们可以构造一条基塔耶夫链模型 [33，34]。令 $\breve{R}_\kappa(\theta)$ 描述幺正演化。当幺正算子 $\breve{R}_\kappa(\theta)$ 中的 θ 显含时间时，我们定义演化态为 $|\psi(t)\rangle$ 为 $|\psi(t)\rangle =$

$\breve{R}_\kappa \mid \psi(0)\rangle$。利用薛定谔方程 $i\hbar \frac{\partial}{\partial t} \mid \psi(t)\rangle = \hat{H}(t) \mid \psi(t)\rangle$ 可得：

$$i\hbar \frac{\partial}{\partial t}[\breve{R}_k \mid \psi(0)\rangle] = \hat{H}(t)\breve{R}_\kappa \mid \psi(0)\rangle \tag{7.24}$$

则哈密顿量 $\hat{H}_\kappa(t)$ 与幺正算子 $\breve{R}_\kappa(\theta)$ 有如下关系式：

$$\hat{H}_i(t) = i\hbar \frac{\partial \breve{R}_\kappa}{\partial t}\breve{R}_\kappa^{-1} \tag{7.25}$$

将 $\breve{R}_\kappa(\theta) = \exp(\theta c_{\kappa+1} c_\kappa)$ 代入公式（7.25），可得：

$$\hat{H}_\kappa(t) = i\hbar \dot{\theta} c_{\kappa+1} c_\kappa \tag{7.26}$$

这个哈密顿量描述了第 κ 和 $\kappa+1$ 个格点的相互作用，相互作用参数为 $\dot{\theta}$。当 $\theta = n \times \frac{\pi}{4}$，幺正演化对应于体系中两个最近邻马约拉纳费米子的辫子过程，正如我们上文所述。此处 n 为整数，代表辫子操作的次数。我们注意到在此哈密顿量的时间演化过程中，研究拓扑相出现的这种周期性很有意思（参考文献［38］中的讨论）。应用方面，可以考虑如下过程：令哈密顿量的系统演化至其中一个拓扑点上，然后截断哈密顿量。这超出了伊万诺夫之前的工作：他通过对算子做共轭操作得到了马约拉纳算子的辫子表示。伊万诺夫的表示阶数为 2，而这种表示的阶数为 8。

葛墨林的研究组指出，如果我们只考虑最近邻马约拉纳费米子的互作用，并将公式（5.50）扩展至非各向同性的链模型（$2N$ 个马约拉纳格点），可得到如下模型：

$$\hat{H} = i\hbar \sum_{\kappa=1}^{N} (\dot{\theta}_1 c_{2\kappa} c_{2\kappa-1} + \dot{\theta}_2 c_{2\kappa+1} c_{2\kappa}) \tag{7.27}$$

其中 $\dot{\theta}_1$ 和 $\dot{\theta}_2$ 分别代表奇-偶数和偶-奇数马约拉纳格点的相互作用。

已知 $\breve{R}_i(\theta(t))$ 与最近邻马约拉纳费米子格点的辫子操作相关，由 $\breve{R}_i(\theta(t))$ 导出的哈密顿量与基塔耶夫得到的一维链模型完全一致［33］，而且 $\dot{\theta}_1 = \dot{\theta}_2$ 对应于“超导”链模型中的相变点。通过选取不同的含时参

数 θ_1 和 θ_2，可发现哈密顿量处于不同的相。葛墨林研究组通过这些观察，将伊万诺夫［10］发现的马约拉纳费米辫子算子赋予了物理实质和意义：通过简单的杨-巴克斯特参数化 $\breve{R}_i(\theta) = e^{\theta c_{i+1} c_i}$，将其纳入到一个具有鲁棒性的哈密顿量演化过程中。

在参考文献［22］中，考夫曼和洛摩纳科观察到贝尔基变换矩阵 B_{II} 为杨-巴克斯特方程的解。这个解可看做是算子 $\breve{R}_i(\theta)$ 的 4×4 辫子表示。我们可以发问拓扑序、量子纠缠以及辫子这三者是否有关系。基塔耶夫链就是这种情况，其中非局域的马约拉纳模被纠缠并具有辫子结构。

正如我们上文指出，葛墨林研究组做出了进一步观察，即贝尔基矩阵 B_{II} 可用于构造超特殊 2-群，以及构造与伊万诺夫辫子具有同样性质的辫子表示，其与基塔耶夫链模型相关。我们指出这个超特殊 2-群源于一条马约拉纳矩阵算子的弦（如前文所述）。后续文章将会进一步研究其物理解释。

附录 阿丁辫子群的 $SU(2)$ 表示

在本附录中，我们得到了所有与特殊幺正群 $SU(2)$ 以及幺正群 $U(2)$ 相对应的三条线辫子群 B_3 的表示。可以认为 $SU(2)$ 或 $U(2)$ 群作用于单量子比特上，因此通常将 $U(2)$ 群看成是量子信息里的局域幺正变换群。如果想通过辫子的途径寻找一种相干方式来表示所有的幺正变换，那么可以从 $U(2)$ 开始。此处我们将会给出一个三条线辫子群的表示作为示例，其可生成 $SU(2)$ 的稠密变换（斐波那契模型［23，33］）。因此局域幺正变换可以很多方式“由辫子生成”。在这些四元数表示下，与马约拉纳费米子相关的辫子群表示同样具有根，我们将在附录末尾介绍。

我们从 $SU(2)$ 的结构开始谈起。$SU(2)$ 中的矩阵有如下形式：

$$M = \begin{pmatrix} z & w \\ -\overline{w} & \overline{z} \end{pmatrix} \tag{1}$$

其中 z 和 w 是复数，$\overline{z}$ 代表 z 的复共轭。$SU(2)$ 群的条件限制 $\mathrm{Det}(M) = 1$ 以及 $M^{\dagger} = M^{-1}$，其中 Det 代表行列式，$M^{\dagger}$ 代表 M 的转置共轭。

因此如果 $z = a + bi$ 及 $w = c + di$，其中 a,b,c,d 为实数，$I^2 = -1$，则有：

$$M = \begin{pmatrix} a+bi & c+di \\ -c+di & a-bi \end{pmatrix} \tag{2}$$

且 $a^2 + b^2 + c^2 + d^2 = 1$。很容易写出：

$$M = a\begin{pmatrix} 1 & 0 \\ 0 & 1 \end{pmatrix} + b\begin{pmatrix} i & 0 \\ 0 & -i \end{pmatrix} + c\begin{pmatrix} 0 & 1 \\ -1 & 0 \end{pmatrix} + d\begin{pmatrix} 0 & i \\ i & 0 \end{pmatrix} \tag{3}$$

将其简写为：

$$M = a + bI + cJ + dK \tag{4}$$

其中：

$$1 \equiv \begin{pmatrix} 1 & 0 \\ 0 & 1 \end{pmatrix}, \quad I \equiv \begin{pmatrix} i & 0 \\ 0 & -i \end{pmatrix} \tag{5}$$

$$J \equiv \begin{pmatrix} 0 & 1 \\ -1 & 0 \end{pmatrix}, \quad K \equiv \begin{pmatrix} 0 & i \\ i & 0 \end{pmatrix} \tag{6}$$

因此有：

$$I^2 = J^2 = K^2 = IJK = -1 \tag{7}$$

及

$$IJ = K, \quad JK = I, \quad KI = J \tag{8}$$

$$JI = -K, \quad KJ = -I, \quad IK = -J \tag{9}$$

威廉·罗恩·汉密尔顿（William Rowan Hamilton）先于矩阵代数发现了上述代数关系，$1,I,J,K$ 的代数称为四元数。因此可以用 $SU(2)$ 标识四元数。我们将会用到这种标记，以及四元数的一些性质来寻找辫子群的 $SU(2)$ 表示。首先我们回顾一些关于四元数的性质。关于四元数基础的详细描述，见参考文献［12］。

（1）注意到如果 $q = a + bI + cJ + dK$（如上所述），则有 $q^\dagger = a - bI - cJ - dK$，满足 $qq^\dagger = a^2 + b^2 + c^2 + d^2 = 1$。

（2）如果 $q = a + bI + cJ + dK$ 为一般的四元数，则其值 $qq^\dagger = a^2 + b^2 + c^2 + d^2$ 不固定为1。q 的 长度 定义为 $\sqrt{qq^\dagger}$。

（3）如此形式的四元数：$rI + sJ + tK$（r,s,t 为实数），称为纯四元数。我们可将纯四元数用三维实数矢量空间（r,s,t）标记。

（4）因此一个一般的四元数形式为 $q = a + bu$，其中 u 为具有单位长度的纯四元数，a 和 b 为任意实数。一个单位四元数（$SU(2)$ 群的元素）具有额外性质 $a^2 + b^2 = 1$。

（5）如果 u 是一个单位长度的纯四元数，则 $u^2 = -1$。注意到单位纯四元数的集合形成 R^3 中的二维球面 $S^2 = \{(r,s,t) \mid r^2 + s^2 + t^2 = 1\}$。

（6）如果 u,v 为纯四元数，则有：

$$uv = -u \cdot v + u \times v \tag{10}$$

其中 $u \cdot v$ 为矢量 u 和 v 的点乘，$u \times v$ 为矢量 u 和 v 的叉乘。实际上，我们可以将四元数的乘积定义为：

$$(a + bu)(c + dv) = ac + bc(u) + ad(v) + bd(-u \cdot v + u \times v) \tag{11}$$

前述所有性质均为此定义的结果。注意四元数相乘满足结合律。

（7）令 $g = a + bu$ 为单位长度四元数，$u^2 = -1$，给定角度 θ，令 $a = \cos(\theta/2)$，$b = \sin(\theta/2)$。定义 $\phi_g: R^3 \longrightarrow R^3$ 满足 $\phi_g(P) = gPg^\dagger$，P 为 R^3 中的任何一点，可被看成是纯四元数。则 ϕ_g 为 R^3 中的定向旋转［因此其为旋转群 $SO(3)$ 的一个元素］。具体而言，ϕ_g 为对于 u 轴做角度为 θ 的旋转。映射：

$$\phi: SU(2) \longrightarrow SO(3) \tag{12}$$

为从特殊幺正群到旋转群的二对一映射。在四元数形式下，这个结果由汉密尔顿和罗德里格斯在十九世纪中叶证明。$\phi_g(P)$ 的具体形式如下：

$$\phi_g(P) = gPg^{-1} = (a^2 - b^2)P + 2ab(P \times u) + 2(P \cdot u)b^2 u \tag{13}$$

我们需要在 $SU(2)$ 群中找到三条线辫子群的表示。这意味着我们需要一个同态映射 $\rho: B_3 \longrightarrow SU(2)$，因此我们需要 $SU(2)$ 群元素 $g = \rho(s_1)$ 和 $h = \rho(s_2)$ 来表示辫子群生成元 s_1 和 s_2。由于 $s_1 s_2 s_1 = s_2 s_1 s_2$ 为 B_3 的生成条件，因此 g 和 h 唯一需要满足的条件就是 $ghg = hgh$。我们将这个关系改写为：$h^{-1}gh = gh g^{-1}$ 并分析其在单位四元数中的含义。

设 $g = a + bu$，$h = c + dv$，其中 u 和 v 为单位纯四元数，即 $a^2 + b^2 = 1$，$c^2 + d^2 = 1$。则有 $ghg^{-1} = c + d\phi_g(v)$ 和 $h^{-1}gh = a + b\phi_{h^{-1}}(u)$。若满足辫子关系，则有 $a = c$，$b = \pm d$，$\phi_g(v) = \pm \phi_{h^{-1}}(u)$。对于存在负号的情况，我们有 $g = a + bu$，$h = a - bv = a + b(-v)$。因此，我们可证明如下定理。

定理：令 u 和 v 为单位纯四元数，$g = a + bu$，$h = c + dv$ 具有单位长度。则有（不失一般性），当且仅当 $h = a + bv$ 及 $\phi_g(v) = \phi_{h^{-1}}(u)$ 时，辫子关系 $ghg = hgh$ 才会成立。进一步，给定 $g = a + bu$ 和 $h = a + bv$，则当且仅当 $u \cdot v = \dfrac{a^2 - b^2}{2b^2}$ $(u \neq v)$ 时才能满足条件 $\phi_g(v) = \phi_{h^{-1}}(u)$。当 $u = v$ 时，$g = h$，此时的辫子关系为平凡的。

证明：定理中的第一个结论我们已经在之前的讨论中给出证明。因此假设 $g = a + bu$，$h = a + bv$ 以及 $\phi_g(v) = \phi_{h^{-1}}(u)$。之前在对四元数的讨论中我们已经给出了 $\phi_g(v)$ 的形式：

$$\phi_g(v) = gvg^{-1} = (a^2 - b^2)v + 2ab(v \times u) + 2(v \cdot u)b^2 u \tag{14}$$

类似地，我们有：

$$\begin{aligned}\phi_{h^{-1}}(u) = h^{-1}uh &= (a^2 - b^2)u + 2ab(u \times -v) + 2(u \cdot (-v))b^2(-v) \\ &= (a^2 - b^2)u + 2ab(v \times u) + 2(v \cdot u)b^2(v)\end{aligned} \tag{15}$$

因此，我们需要：

$$(a^2 - b^2)v + 2(v \cdot u)b^2 u = (a^2 - b^2)u + 2(v \cdot u)b^2(v) \tag{16}$$

这个方程等价于：

$$2(u \cdot v)b^2(u - v) = (a^2 - b^2)(u - v) \tag{17}$$

若 $u \neq v$，则有：

$$u \cdot v = \frac{a^2 - b^2}{2b^2} \tag{18}$$

定理证毕。

马约拉纳费米子的例子。 考虑定理的一种情况：

$$g = a + bu, \quad h = a + bv \tag{19}$$

假设 $u \cdot v = 0$。定理告诉我们需要满足 $a^2 - b^2 = 0$；由于 $a^2 + b^2 = 1$，我们得到 $a = b = 1/\sqrt{2}$。确切地说，我们有三个辫子生成元（由于 I, J, K 互相正交）：

$$A = \frac{1}{\sqrt{2}}(1 + I), B = \frac{1}{\sqrt{2}}(1 + J), C = \frac{1}{\sqrt{2}}(1 + K) \tag{20}$$

其中每一对均满足辫子关系，$ABA = BAB, BCB = CBC, ACA = CAC$。在第三节构造马约拉纳费米子对应辫子算子的过程中，我们已经遇见过上述辫子三元组。这再次证明汉密尔顿的四元数与拓扑之间的密切联系，以及辫子在费米子物理结构中的基础性作用。

斐波那契的例子。 令：

$$g = e^{I\theta} = a + bI \tag{21}$$

其中 $a = \cos(\theta), b = \sin(\theta)$。令：

$$h = a + b[(c^2 - s^2)I + 2csK] \tag{22}$$

其中 $c^2 + s^2 = 1, c^2 - s^2 = \dfrac{a^2 - b^2}{2b^2}$。我们可将 g 和 h 分别重新写为矩阵形式 G 和 H。我们不直接写出 H 的具体形式，而是将其写为 $H = FGF^{\dagger}$，其中 F 为 $SU(2)$ 群的元素，如下所示：

$$G = \begin{pmatrix} e^{i\theta} & 0 \\ 0 & e^{-i\theta} \end{pmatrix}, \quad F = \begin{pmatrix} ic & is \\ is & -ic \end{pmatrix} \tag{23}$$

这个辫子表示中，其中一个生成元 G 只是一个简单的相位矩阵，另外一个生成元 $H = FGF^{\dagger}$ 为 G 的幺正变换。这个表示有可能被推广到 $SU(N)$ 或 $U(N)(N>2)$ 的辫子群表示（大于三条线）。实际上，我们可以从拓扑量子场论的角度去理解这种表示［23］。最简单的例子为：

$$g = e^{7\pi I/10}, \quad f = I\tau + K\sqrt{\tau}, \quad h = fg\,f^{-1} \tag{24}$$

其中 $\tau^2 + \tau = 1$。则有 g 和 h 满足 $ghg = hgh$ 生成三条线辫子群，且在 $SU(2)$ 群中是稠密的。我们称其为 $SU(2)$ 群相关的 B_3 的 斐波那契 表示。

此时我们可以用这样一个推测来结束全文：即可以在纳米线中电子的背景下实现 诸如斐波那契型的辫子群表示。其形式与我们基本的马约拉纳表示是一样的。其辫子算子有如下形式：

$$\exp(\theta yx) \tag{25}$$

其中 x 和 y 为马约拉纳算子，角度 θ 不等于马约拉纳表示所要求的 π。对于马约拉纳算子中的三个算子，任何一个四元数的表示均可用。注意这将如何影响共轭表示：令 $T = r + syx$，其中 r 和 s 为实数，满足 $r^2 + s^2 = 1$（θ 的余弦和正弦），使其满足三元组条件（四元数的层次），从而形成辫子群的表示。则有 $T^{-1} = r - syx$，读者可以验证：

$$TxT^{-1} = (r^2 - s^2)x + 2rsy, \quad TyT^{-1} = (r^2 - s^2)y - 2rsx \tag{26}$$

这样我们看到，当 $r = s$ 时，会发生费米子交换，然后 $-2rs$ 对应的符号即为在交换费米子过程中产生的符号变化。此处我们将其推广至两个粒子/算子间更为复杂的线性组合。

致谢

本文的主要部分均基于我们之前合作的文章［13－23，25，26］。我们结合最近以及之前关于逻辑门和马约拉纳费米子相关的工作，将其整理为这篇文章。本工作受到拓扑和动力学实验室，新西伯利亚国立大学（与俄罗斯联邦教育和科学部签订的第 14. Y26. 31. 0025 号合同）的资助。

参考文献

［1］BAXTER R J. Exactly Solved Models in Statistical Mechanics，Academic Press，1982.

［2］BEENAKKER C W J. Search for Majorana Fermions in superconductors，arXiv：1112. 1950，2011.

［3］BONESTEEL N E，HORMOZI L，ZIKOS G，SIMON S H. Braid topologies for quantum computation，Phys. Rev. Lett. 95，2005：140503.

［4］SIMON S H，BONESTEEL N E，FREEDMAN M H，PETROVIC N，HORMOZI L. Topological quantum computing with only one mobile quasiparticle，Phys. Rev. Lett. 96，2006：070503.

［5］BRYLINSKI J L，BRYLINSKI R. Universal quantum gates，in Mathematics of Quantum Computation，eds. R. Brylinski and G. Chen，Chapman & Hall/CRC Press，Boca Raton，Florida，2002.

［6］DIRAC P A M. Principles of Quantum Mechanics，Oxford University Press，1958.

［7］FRADKIN E，FENDLEY P. Realizing non-Abelian statistics in time-reversal invariant systems，Theory Seminar，Physics Department，UIUC，

2005.
[8] YU L-W, GE M-L. More about the doubling degeneracy operators associated with Majorana fermions and Yang-Baxter equation, Sci. Rep. 5, 2015: 8102.
[9] HATFIELD B. Quantum Field Theory of Point Particles and Strings, Perseus Books, Cambridge, Massachusetts, 1991.
[10] IVANOV D A. Non-Abelian statistics of half-quantum vortices in p-wave superconductors, Phys. Rev. Lett. 86, 2001: 268.
[11] KAUFFMAN L H. Temperley-Lieb Recoupling Theory and Invariants of Three-Manifolds, Annals Studies, Vol. 114, Princeton University Press, 1994.
[12] KAUFFMAN L H. Knots and Physics, World Scientific, Singapore, 1991.
[13] KAUFFMAN L H. Knot logic and topological quantum computing with Majorana Fermions, in Logic and Algebraic Structures in Quantum Computing, eds. J. Chubb, A. Eskadarian and V. Harizanov, Cambridge University Press, 2016: 223—335.
[14] KAUFFMAN L H, LOMONACO S J JR. Quantum entanglement and topological entanglement, New J. Phys. 4, 2002: 73.
[15] KAUFFMAN L H. Teleportation topology: Proceedings of the 2004 Byelorus Conference on quantum optics, Opt. Spectrosc. 9, 2005: 227.
[16] KAUFFMAN L H, LOMONACO S J JR. Entanglement criteria-Quantum and topological, in Quantum Information and Computation, Orlando, FL, 21—22 April 2003, Proc. SPIE, Vol. 5105, eds. E. Donkor, A. R. Pinch and H. E. Brandt, SPIE, 2003: 51—58.
[17] KAUFFMAN L H, LOMONACO S J JR. Quantum knots, in Quantum Information and Computation II, 12—14 April 2004, Proc. SPIE, Vol. 5436, eds. E. Donkor, A. R. Pinch and H. E. Brandt, SPIE, 2004: 268—284.
[18] KAUFFMAN L H, LOMONACO S J. Quantum knots and mosaics, J. Quantum Inf. Process. 7, 2008: 85.
[19] KAUFFMAN L H, LOMONACO S J. Quantum knots and lattices, or a blueprint for quantum systems that do rope tricks, in Quantum Information Science and its Contributions to Mathematics, Proc. Symp. Appl. Math., Vol. 68, American Mathematical Society, Providence, RI, 2010: 209—276.
[20] LOMONACO S J, KAUFFMAN L H. Quantizing braids and other

mathematical structures: The general quantization procedure, in Quantum Information and Computation IX, April 2014, Proc. SPIE, Vol. 8057, eds. E. Donkor, A. R. Pinch and H. E. Brandt, SPIE, 2003: 1—14.

[21] KAUFFMAN L H, LOMONACO S J. Quantizing knots groups and graphs, in Quantum Information and Computation IX, April 2011, Proc. SPIE, Vol. 8057, eds. E. Donkor, A. R. Pinch and H. E. Brandt, SPIE, 2001: 1—15.

[22] KAUFFMAN L H, LOMONACO S J. Braiding operators are universal quantum gates, New J. Phys. 6, 2004: 134.

[23] KAUFFMAN L H, LOMONACO S J JR. q-deformed spin networks, knot polynomials and anyonic topological quantum computation, J. Knot Theory Ramifications 16, 2007: 267.

[24] KAUFFMAN L H, LOMONACO S J JR. Spin networks and quantum computation, in Lie Theory and Its Applications in Physics VII, eds. H. D. Doebner and V. K. Dobrev, Heron Press, Sofia, 2008: 225—239.

[25] KAUFFMAN L H. Quantum computing and the Jones polynomial, in Quantum Computation and Information, Contemporary Mathematics, Vol. 305, ed. S. Lomonaco Jr. , AMS, 2002: 101—137.

[26] KAUFFMAN L H, LOMONACO S J. The Fibonacci model and the Temperley-Lieb algebra, Int. J. Mod. Phys. B 22, 2008: 5065.

[27] KAUFFMAN L H. Iterants, fermions and Majorana operators, in Unified Field Mechanics-Natural Science Beyond the Veil of Spacetime, eds. R. Amoroso, L. H. Kauffman and P. Rowlands, World Scientific, 2015: 1—32.

[28] KAUFFMAN L H. Iterant algebra, Entropy 19, 2017: 347.

[29] KAUFFMAN L H. Knot logic and topological quantum computing with Majorana fermions, in Logic and Algebraic Structures in Quantum Computing and Information, Lecture Notes in Logic, eds. J. Chubb, J. Chubb, A. Eskandarian and V. Harizanov, Cambridge University Press, 2016.

[30] KAUFFMAN L H. Braiding and Majorana fermions, J. Knot Theory Ramifications 26, 2017: 1743001.

[31] KAUFFMAN L H, NOYES P. Discrete physics and the Dirac equation, Phys. Lett. A 218, 1996: 139.

[32] MOURIK V, ZUO K, FROLOV S M, PLISSARD S R, BAKKERS E P A M, KOUWENHUVEN L P. Signatures of Majorana fermions in hybrid superconductor-semiconductor devices, arXiv: 1204.2792.

[33] KITAEV A. Anyons in an exactly solved model and beyond, Ann. Phys. 321, 2006: 2.

[34] KITAEV A. Fault-tolerant quantum computation by anyons, Ann. Phys. 303, 2003: 2.

[35] MAJORANA E. A symmetric theory of electrons and positrons, Il Nuovo Cimento 14, 1937: 171.

[36] NIELSEN M A, CHUANG I L. Quantum Computation and Quantum Information, Cambridge University Press, Cambridge, 2000.

[37] FRANKO J, ROWELL E C, WANG Z. Extraspecial 2-groups and images of braid group representations, J. Knot Theory Ramifications 15, 2006: 413.

[38] UL HAQ R, KAUFFMAN L H. Z/2Z topological order and Majorana doubling in Kitaev Chain, to appear, arXiv: 1704.00252v1 [cond-mat.strel] .

[39] WILCZEK F. Fractional Statistics and Anyon Superconductivity, World Scientific, 1990.

第四章
算术规范场论：简要介绍①

ARITHMETIC GAUGE THEORY: A BRIEF INTRODUCTION

金明迥（Minhyong Kim）
牛津大学数学研究所，
伍德斯托克路，牛津 OX2 6GG，英国
韩国高等研究院，
东大门 85 号，首尔市 02455，韩国
Minhyong. kim@maths. ox. ac. uk

①这一章也发表在 Modern Physics Letters A，Vol. 33，No. 29（2018）1830012. DOI：10. 1142/S0217732318300124.

算术几何的大部分研究与主丛有关。它们常常出现在椭圆曲线的算术和最近对高亏格曲线丢番图（Diophantine）几何的研究中。特别是对亏格不小于2的曲线上有理点有限性的法尔廷斯（Faltings）定理，主丛模空间的几何在导出这个定理的一个有效版本时发挥了关键作用。主丛的算术理论还包括对伽罗华表示的研究。按照朗兰兹纲领（Langlands program），这是连接动机理论（motives）和自守形式的结构。在本文中，我们将简要介绍主丛的算术几何，侧重于算术模空间和量子场论构造之间的相似性。

关键词：规范场，主丛，算术概形，代数数域，伽罗华群，类域论

PACS 序号：02.10.De，01.40.Re

目录

1. 费马原理

费马原理是说一束光的轨迹是某个优化问题的解。也就是说在所有可能的路径中，光总是选择所需时间最短的路径来传播。这是现在称为最小作用量原理的第一个例子。为了找到自然界所偏好的轨迹或时空构型，我们应当分析系统的物理性质从而给每个构型赋予一个数，称为该构型的作用量。真实的轨迹则是使作用量取极值的那一条。这个作用量决定了称为欧拉-拉格朗日（E-L）方程的约束方程，它的解给出可能的轨迹。一般形式的作用量原理是经典场论、粒子物理、弦论和引力的基础。费马从光的运动中发现这个原理是一项不朽的成就，更是17世纪欧洲科学革命的中心思想。

然而费马更为大家所知的可能是作为第一个现代数论学家。在大思想家云集的时代，费马几乎是唯一一位专注于素数，丢番图方程以及多项式方程的整数解和有理数解。在他对这个方向的诸多研究中，著名的“最后定理”吸引了一代又一代最好的数学家在数百年里前仆后继，最终由安德鲁·怀尔斯（Andrew Wiles）在1995年证明［48］。作用量原理和费马最后定理都是现代科学诞生之初原创思想的延续。那两者之间是否有所关联？事实上求解光的轨迹和求丢番图方程的有理解是同一问题的两面，前者属于几何规范场论而后者属于算术规范场论。光子由 $U(1)$ 规范场描述是广为人知的事实。本文的目标是为具有几何与拓扑背景的物理学家介绍第二种理论及其与丢番图方程理论的关系。

对阿贝尔问题，比如椭圆曲线的算术，这里的很多内容是经典的。但是对非阿贝尔规范群，规范理论的视角是非常有用的并且能导出具体的结果。我们希望数论学家也能从这个奇异的观点中受益。

2. 丢番图几何与规范理论

我们将使用丢番图几何的语言，此时方程组就是一个有理数域 $\mathbb{Q}$上的代数簇：

$$V$$

下面一直假设 V 是连通的。它的有理解（在几何的语言中称为点）记为 $V(\mathbb{Q})$，p-adic 点和阿代尔点则分别记为 $V(\mathbb{Q}_p)$和 $V(\mathbb{A}_{\mathbb{Q}})$。参考文献[24－27]中的理论把 V 的 p-adic 点或阿代尔点①与算术规范场相联系。为叙述简单起见，我们主要讲述 p-adic 理论。在第 5 节中我们会有下列论断，即存在一个自然的映射：

$$A: V(\mathbb{Q}_p) \longrightarrow p\text{-adic 算术规范场} \tag{2.1}$$

这种规范场是由 V 的算术几何所决定的。p-adic 或阿代尔规范场中的问题是寻找有理规范场。有理规范场需要满足的条件完全由整体的对称性表达，并在多数情况下是 p-adic 规范场上可计算的约束条件。这些约束条件可以看作是“算术 E-L 方程”。在数论中它们也被称为互反律。关键之处是若解 $x \in V(\mathbb{Q}_p)$ 落在子集 $V(\mathbb{Q})$ 里则对应的规范场 $A(x)$ 是有理的。也就是说我们有下列交换图：

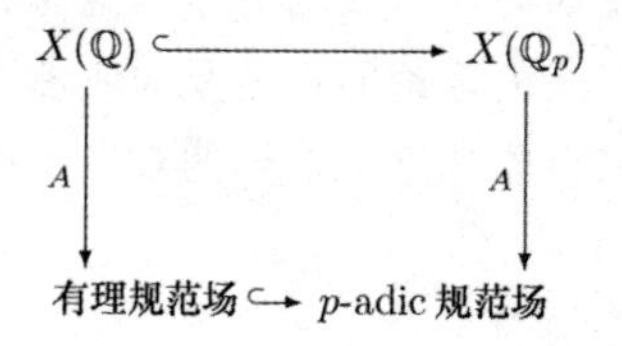

①1 对素数 p，p-adic 数域是 $\mathbb{Q}$的非阿基米德完备化。它们给了一种将有理数几何化并放进某个分形化空间的方式，这样做的好处是它们有比实数域更易处理的绝对伽罗华群。阿代尔本质上是 $\mathbb{R}$与所有素数 p 对应的 $\mathbb{Q}_p$ 的有些许限制条件的乘积环。参见文献［39］。

$A(x)$ 的 E-L 方程可以通过 p-adic 霍奇理论转化成点 x 满足的解析方程。当 V 是一条曲线并且所得方程是非平凡的时候，可推知有理点的有限性定理。即我们常常可以证明：

$$A^{-1}\text{（有理规范场）}$$

是有限集。从而我们能对许多丢番图方程有理解的有限性给出新的证明，这些方程包括了广义的费马方程[12]，对 $n \geqslant 4$。

$$ax^n + by^n = c \tag{2.2}$$

这个有限性首先作为莫代尔（Mordell）猜想的一部分在 1983 年被格尔德·法尔廷斯运用算术几何的想法和构造所证明（见第 3 节）。而文献 12 中的证明还有许多理论和实践上的好处。一方面，规范理论的观点在包括当代数论中心问题在内的许多问题上有广泛的应用前景［28］。另一方面，不同于法尔廷斯的证明在许多计算上并不有效，规范理论证明能导出求有理解的计算方法，这也是现在活跃的研究课题［7，8，14，15］。

需要指出的是当代数簇 V 是椭圆曲线，阿贝尔簇或一般交换代数群时，给点赋予规范场的映射 A 在 50 年代就为大家熟知。一般的方程，比如亏格 $\geqslant 2$ 的曲线，要求规范群是非阿贝尔群。这样看来与物理做类比就显得更重要。尽管如此现在得到的算术 E-L 方程还不是完全典则的。大概的情况是我们得到了 E-L 方程但没有作用量。另外如果我们考虑带有恒常规范群的规范理论（下面会讨论）那么自然地存在像三维流形上陈-西蒙斯作用量的类比，从而对应的规范理论可以像拓扑学中那样平行地建立起来。特别地一些路径积分量子化的做法可以用来把 n 次剩余符号解释成算术链结数［28，10，11］。

3. 主丛与数论：韦伊构造

在几何的语言中，规范场是有联络的主丛。我们将讨论这个定义在算术中的类比。先回顾一下40多年来在几何与拓扑中用空间 X 上的场论来研究这个空间这一富有成效的强有力方法。该空间可以是场的源空间或靶空间。这两种情况都能给出适当的（有联络的）主丛模空间：

$$M(X,G)$$

它可视为 X 的不变量。这里 G 可以是紧李群或代数群，而模空间可以由平坦联络组成或是微分方程的解空间，例如（自对偶）杨-米尔斯（Yang-Mills）方程。当然对阿贝尔群这个想法至少和霍奇（Hodge）理论一样古老，并且得益于阿提亚（Atiyah），博特（Bott），德里费尔德（Drinfeld），希钦（Hitchin），马宁（Manin），唐纳森（Donaldson），辛普森（Simpson）和威腾（Witten）的工作［3，5，4，18，43，49］，非阿贝尔群的情况和物理有越来越多深刻的联系。

但是我的印象是多数数学家并不知道主丛的研究从一开始就和数论紧密相关。也许第一个主丛的模空间是黎曼曲面的雅可比簇（Jacobi variety），这是下列阿贝尔-雅可比映射的复环面像：

$$x \mapsto \left(\int_b^x \omega_1, \int_b^x \omega_2, \cdots, \int_b^x \omega_g\right) \bmod H_1(X,\mathbb{Z}) \tag{3.1}$$

现在这被解释成霍奇实现。在20世纪初，安德烈·韦伊（Andre Weil）对代数数域 F 上亏格不小于2的光滑射影代数曲线 C，给出了其雅可比簇 J_C 的第一个代数构造。他的主要动机是莫代尔猜想，也就是 F 有理点的集合 $C(F)$ 是有限的。该构造的代数性质使得 J_C 本身也是 F 上的代数簇并且有嵌入映射：

$$C(F) \hookrightarrow J_C(F), \tag{3.2}$$
$$x \mapsto \mathcal{O}(x) \otimes \mathcal{O}(-b) \tag{3.3}$$

韦伊证明了 $J_C(F)$ 是一个有限生成阿贝尔群，但是没有用这一重要的性质来证明 $C(F)$ 的有限性。大约过了十年他意识到 J_C 的阿贝尔性使其不能提供关于 $C(F)$ 的有用信息，从此他**定义**：

$$M(C,GL_n)(F) = \left[\prod_{x\in C} GL_n(\mathcal{O}_{C,x})\right] \backslash GL_n(\mathbb{A}_{F(C)}) / GL_n(F(C)) \tag{3.4}$$

这是 C 上秩 n 向量丛的同构类组成的集合。韦伊把它看作雅可比簇的非阿贝尔推广，认为它可用于研究 C 的非阿贝尔算术。尽管莫代尔猜想在接下来的 45 年里都没有证明，韦伊的构造仍源源不断地激发了几何不变量理论和非阿贝尔霍奇理论中许多想法，这其中大多和杨-米尔斯理论有关[4，38，18，43]。

对数论的进一步应用至关重要的是考虑 F 自身上或 F 中各种整数环上主丛的模空间，而不是仅仅考虑 F 上其他代数几何对象上主丛的模空间。这就是上面提到的算术规范场。

4. 算术规范场

在本文的大部分地方我们都会尽量避免抽象化而用具体的方式来介绍这个理论。以下讨论的基础是数域，局部域和整数环的谱的拓扑，但是绝大部分结论仍可以用场和群的语言来阐述。粗略地说，当提到环$\mathcal{O}$上的一个对象时，我们要想到$\mathcal{O}$的谱[①]Spec($\mathcal{O}$) 的几何。

给定特征 0 的域 K，记：

$$G_K = \mathrm{Gal}(\bar{K}/K) \tag{4.1}$$

为 K 的代数闭包 $\bar{K}$ 的伽罗华群。它的元素是在 K 上为恒等的 $\bar{K}$ 的自同构。对包含在 $\bar{K}$ 中的 K 的有限扩张 L，它的代数闭包 $\bar{L}$ 也是 $\bar{K}$，并且：

$$G_L = \{g \in G_K \mid g|L = I\} \tag{4.2}$$

当 L/K 是伽罗华扩张时，G_L 是下列投影映射的核：

$$G_K \longrightarrow \mathrm{Gal}(L/K) \tag{4.3}$$

①直到最后一节的末尾，读者都不需要知道谱或概形的语言。

事实上我们可以把伽罗华群写成一个逆极限①：

$$G_K = \lim_{\overleftarrow{L}} \mathrm{Gal}(L/K) \tag{4.4}$$

这里 L 取遍 $\bar{K}$ 中所有 K 的有限扩张。这样 G_K 就成了一个完全不连通的紧豪斯多夫（Hausdorff）空间，其拓扑基由 G_L 的陪集给出。特别地它同胚于一个康托集。取这个逆极限一开始会使人不适应，但却构成了算术拓扑的核心部分。

K 上的规范群是有连续 G_K 作用的拓扑群 U。K 上的 U-规范场或主 U-丛是一个拓扑空间 P，它上面有相容的简单传递的连续右 U-作用和连续左 G_K-作用。这意味着对所有的 $g \in G_K$，$u \in U$ 和 $p \in P$，

$$g(pu) = g(p)g(u) \tag{4.5}$$

注意这里定义的主 G-丛只对应于几何里的平坦联络。下面我们会进一步解释这个相似性。在代数几何中更多地用 U-扭元（torsor）来替代微分几何的术语。这里两者都会用到。在本文中，算术规范群（或场）是指代数数域或代数数域完备化上的规范群（或场）。

K 上的 U-扭元的同构有非常直接的定义，它们的分类也是大家熟知的：给定 P 和 $p \in P$，那么对任意 $g \in G_K$，存在唯一的 $c(g) \in G_K$ 使得 $g(p) = pc(g)$。容易验证 $g \mapsto c(g)$ 定义了一个连续函数：

$$c: G_K \longrightarrow U \tag{4.6}$$

使得：

$$c(gg') = c(g)gc(g') \tag{4.7}$$

这样函数的集合记为 $Z^1(G_K, U)$，称为 G_K 的取值在 U 的连续 1-上循环的集合。U 在 $Z^1(G_K, U)$ 上有下列右作用：

$$(uc)(g) = g(u^{-1})c(g)u \tag{4.8}$$

①逆极限中的元素是一组相容的群元素 $(g_L)_L$ 满足若 $L \supset L' \supset K$，则 $g_L \mid L' = g_{L'}$。

并定义：

$$H^1(G_K,U):=Z^1(G_K,U)/U \tag{4.9}$$

引理 1. 上述过程定义了下列一一对应：

$$U\text{-扭元的同构类}\simeq H^1(G_K,U) \tag{4.10}$$

$H^1(G_K,U)$ 也写成 $H^1(K,U)$ 以强调它依赖于 Spec(K) 的拓扑。一个相当经典的情形是 $U=R(\bar{K})$，这是 K 上代数群 R 的 $\bar{K}$ - 点集，其拓扑是离散拓扑。当没有发生混淆时 $R(\bar{K})$ 常简写为 R。一个平凡但重要的例子是乘法群 $R=\mathbb{G}_m$，此时 $\mathbb{G}_m(\bar{K})=\bar{K}^{\times}$。希尔伯特定理 90［40］说的是：

$$H^1(K,\mathbb{G}_m)=0 \tag{4.11}$$

另一类重要的例子是阿贝尔簇，比如椭圆曲线。此时 $H^1(K,R)$ 常称为 R 的韦伊-沙特莱（Weil-Chatelet）群［42］。

下面是扭元的一些有用的运算：

(1) 推出：若 $f:U\longrightarrow U'$ 是 K 上的连续群同态，则存在推出函子 f_* 把 U - 扭元映成主 U' - 扭元。其公式为：

$$f_*(P)=[P\times U']/U \tag{4.12}$$

其中 U 在乘积上的右作用是 $(p,u)v=(pv,f(v^{-1})u)$。最后的商集上仍有 U' - 作用：$[(p,u)]u'=[(p\cdot uu'')]$。

(2) 乘积：若 P 是 U - 扭元和 P' 是 U' - 扭元，则 $P\times P'$ 是 $U\times U'$ - 扭元。

注意如果 U 是阿贝尔群，那么群运算：

$$m:U\times U\longrightarrow U \tag{4.13}$$

是同态。由此可知：

$$(P,P')\mapsto m_*(P\times P') \tag{4.14}$$

定义了 U 主丛和 $H^1(K,U)$ 上阿贝尔群运算之间的双函子。但是，当 U 是非阿贝尔群时，H^1 上没有群结构从而使问题变得微妙而有趣。

当 U 是阿贝尔群时，我们可以定义所有次数的上同调群：

$$H^i(K,U):=\mathrm{Ker}[d:C^i(G_K,U)\longrightarrow C^{i+1}(G_K,U)]/\mathrm{Im}[d:C^{i-1}(G_K,U)\longrightarrow C^i(G_K,U)] \tag{4.15}$$

其中 $C^i(G,U)$ 是从 G^i 到 U 的连续映射的集合，微分 d 是通过某种自然的组合方式定义的[40]。可以验证 $H^0(K,U)=U^{G_K}$ 是作用的不变量集合，并且上同调群满足一个长正合列。也就是说，若：

$$1\longrightarrow U''\longrightarrow U\longrightarrow U'\longrightarrow 1 \tag{4.16}$$

是正合的，则有：

$$\begin{aligned}0\longrightarrow (U'')^{G_K}&\longrightarrow U^{G_K}\longrightarrow (U')^{G_K}\\ &\longrightarrow H^1(K,U'')\longrightarrow H^1(K,U)\longrightarrow H^1(K,U')\\ &\longrightarrow H^2(K,U'')\longrightarrow H^2(K,U)\longrightarrow H^2(K,U')\longrightarrow\cdots\end{aligned} \tag{4.17}$$

这个列直到 H^1 项都是正合的，只是对于非阿贝尔群，它的意义需要小心地定义。

一个重要的情形是 $U=R(\bar{K})$，R 是连通的阿贝尔代数群。此时，乘以 n 的运算诱导了一个正合列：

$$0\longrightarrow R[n]\longrightarrow R\xrightarrow{n}R\longrightarrow 0 \tag{4.18}$$

这里 $A[n]$ 是阿贝尔群 A 的 n-扭子群。因此我们有长正合列：

$$\begin{aligned}0\longrightarrow (R[n])^{G_K}\longrightarrow R^{G_K}\longrightarrow R^{G_K}\longrightarrow H^1(K,R[n])\longrightarrow\\ H^1(K,R)\longrightarrow H^1(K,R)\longrightarrow\end{aligned} \tag{4.19}$$

注意这里的 $R^{G_K}=R(K)$ 是 R 的 K 有理点。于是我们得到一个单射：

$$R(K)/nR(K)\hookrightarrow H^1(K,R[n]) \tag{4.20}$$

表明 $R[n]$ 的主丛包含了多少关于有理点群的信息。当 R 是椭圆曲线时，这就是计算莫代尔-韦伊（Mordell-Weil）群的递降算法的基础。后面我们还会进一步解释。

①一些拓扑群 U 是通过取逆极限得到的。比如我们看 n 次单位根所成的群 $\mu_n \subset \mathbb{G}_m$。它们通过一系列幂映射相互联系：

$$\mu_{ab} \xrightarrow{(\cdot)^a} \mu_b \tag{4.21}$$

从而取逆极限后我们得到：

$$\hat{\mathbb{Z}}(1) := \varprojlim_n \mu_n \tag{4.22}$$

这个拓扑群同构于 $\mathbb{Z}$的射影有限（profinite）完备化 $\hat{\mathbb{Z}}$，但有非平凡的 G_K 作用。通常我们关注素数 p 的幂，**定义**：

$$\mathbb{Z}_p(1) := \varprojlim \mu_{p^n} \tag{4.23}$$

作为拓扑群 $\mathbb{Z}_p(1) \simeq \mathbb{Z}_p$，这是 p-adic 整数群②。它是紧 p-adic 李群的一个简单例子。上面的主丛由 $H^1(K, \mathbb{Z}_p(1))$ 来分类。

事实上我们有同构：

$$H^1(K, \hat{\mathbb{Z}}(1)) \simeq \varprojlim H^1(K, \mu_n) \tag{4.24}$$

于是 $\hat{\mathbb{Z}}(1)$-扭元可以认为是一列相容的 μ_n-扭元。正合列：

$$1 \longrightarrow \mu_n \longrightarrow \mathbb{G}_m \xrightarrow{n} \mathbb{G}_m \longrightarrow 1 \tag{4.25}$$

给出了长正合列：

---

① 任意群 A，它的射影有限完备化 $\hat{A}$ 定义为 $\hat{A} = \varprojlim_N A/N$，其中 N 是有限指数的正规子群。

② p-adic 整数可以表示成幂级数 $\sum_{i=0}^{\infty} a_i p^i$ 其中 $0 \leqslant a_i \leqslant p-1$。另一种表示法是 $\mathbb{Z}_p = \varprojlim \mathbb{Z}/p^n$。

$$1 \longrightarrow \mu_n(K) \longrightarrow K^{\times} \xrightarrow{n} K^{\times} \longrightarrow H^1(K,\mu_n) \longrightarrow 0 \qquad (4.26)$$

从而我们得到同构：

$$K^{\times}/(K^{\times})^n \simeq H^1(K,\mu_n) \qquad (4.27)$$

具体地说 $a \in K$ 对应的扭元就是 a 在 $\bar{K}$ 中的 n 次根 $a^{1/n}$ 的集合。这里显然有 μ_n 的作用。也就是说群 μ_n 可以认为是集合 $a^{1/n}$ 的“内禀对称性（internal symmetry)”。这个扭元只依赖于 n 次幂的模 a 剩余类，它是平凡的当且仅当 a 在 K 中有 n 次根。关键之处是 $\bar{K}$ 中 n 次根的选取决定了到 μ_n 的双射，但这仅当 n 次根在 K 中时是在 G_K 作用下共变的。G_K 作用可以看作物理中外部（时空）对称性的类比。在讨论域上的扭元时，同时考虑 U-作用的内禀对称性和 G_K 作用的外部对称性是重要的方法。

5. 同伦与规范场

我们来推广上一节讨论的内禀和外部对称性。设 V 是 K 上的代数簇，$b \in V(K)$ 是它的 K-有理点①。由此我们得到一个规范群以及 V 的有理点对应的 K 上的扭元。把 V 看作 $\bar{K}$ 上的代数簇 $\bar{V}$ ②，这个规范群是：

$$U = \pi_1(\bar{V}, b) \qquad (5.1)$$

也就是 $\bar{V}$ 的基本群③。这是基本群的众多版本中的一个，我们不必仔细区分各种基本群的不同记号，因为这可以从上下文中判断出来（认为它

①现在的大多数工作都用到基点 b。发展一套不需要选取基点的理论是可能的。但是这样我们就要处理束（gerbe）而不是扭元的模空间。

②一般的原理是代数闭域上的簇虽然是在通常几何学的范围内，但也总有非闭域几何中的算术对应。即使是考虑到一些微妙之处，我们也一直使用代数闭包上的几何。

③我们将不用纤维函子给出精确的定义，萨穆埃利（Szamuely）的书[44]是一个好的参考文献。而下面我们用到的代数群实现在文献［16］中有详细的讨论。

们本质上相同也是有益的)。当 K 嵌入到 $\mathbb{C}$时，它就是 $V(\mathbb{C})$ 的拓扑基本群在射影有限或代数意义下的完备化。尽管如此，关键之处在于它上面有 G_K 的作用从而具有 K 上规范群的结构。这个 G_K - 作用通常是高度非平凡的，也是与几何规范理论的主要区别所在，那里的规范群往往在时空中是处处相同的。对另一点 $x\in V(K)$，我们有从 b 到 x 的道路的同伦类：

$$P(x):=\pi_1(\bar{V};b,x) \tag{5.2}$$

它上面有相容的 G_K - 作用和 $\pi_1(\bar{V},b)$- 作用。也就是说：以 b 为基点的环路作为内禀对称作用在起点为 b 的道路上，而 G_K 则是相容的外部对称①。

为了对 G_K - 作用有直观的认识，我们用射影有限平展（étale）基本群 $\pi_1(\bar{V},b)$ 来给一个相当具体的描述。再次强调这是 $V(\mathbb{C})$ 的拓扑基本群的射影有限完备化，其中 $V(\mathbb{C})$ 是当 K 嵌入到 $\mathbb{C}$时所得到的复流形。一个不寻常的基本事实是“隐藏的”伽罗华对称的存在性。描述它的一个方法是用覆盖空间构造基本群和道路空间。

回顾一下对流形 M，若：

$$f:\widetilde{M}\longrightarrow M \tag{5.3}$$

是一个万有覆盖空间，则基点 $x\in M$ 的选取和提升 $\widetilde{m}\in\widetilde{M}_m:=f^{-1}(m)$ 决定了一个典范的双射：

$$\pi_1(M,m)\simeq\widetilde{M}_m \tag{5.4}$$

它把 e 映到 $\widetilde{m}$。这个双射是由道路的同伦提升诱导的。类似地，

$$\pi_1(M;m,m')\simeq\widetilde{M}_{m'} \tag{5.5}$$

如果把 M 换成代数簇 $\bar{V}$，那么我们仍有一个代数的万有覆盖：

---

①我们认为非常值得强调这个很基本的想法。

$$\tilde{\bar{V}} \longrightarrow \bar{V} \tag{5.6}$$

只是它实际上是一个有限代数覆盖的逆系统：

$$(\bar{V}_i \longrightarrow \bar{V})_{i \in I} \tag{5.7}$$

①其中的每一个都是非分歧的，也就是在切空间上是满射。万有性意味着任意连通有限非分歧覆盖是由 $\bar{V}_i$ 中的一个决定。一个简单的例子是 n 次幂映射的相容系统：

$$\left(\bar{\mathbb{G}}_m \xrightarrow{(\cdot)^n} \bar{\mathbb{G}}_m\right)_n \tag{5.8}$$

它们一起给出了代数的万有覆盖 $\tilde{\bar{\mathbb{G}}}_m \longrightarrow \bar{\mathbb{G}}_m$。

若选取了基点 $b \in V(K)$ 和提升 $\tilde{b} \in \tilde{\bar{V}}$，则存在 $\tilde{\bar{V}}$ 的唯一 K-模型：

$$\tilde{V} \longrightarrow V \tag{5.9}$$

也就是在 K 上定义的系统：

$$(V_i \longrightarrow V)_i \tag{5.10}$$

给出了 $\bar{K}$ 的万有覆盖，使得 $\tilde{b}$ 包含了系统中的 K-有理点②。

尽管我们还没有给出射影有限平展基本群的正式定义，但是以下典范双射，

①这里是说将基点的相容系统 b_i 提升到有限覆盖 $\bar{V}_i \longrightarrow \bar{V}$。相容性是指覆盖映射 $\bar{V}_i \longrightarrow \bar{V}_j$ 将 b_i 映成 b_j。

②保持基点的覆盖 $(\tilde{\bar{V}}, \tilde{b})(\bar{V}, b)$ 是万有的。任何其他保持基点的覆盖唯一地由 $\bar{V}$ 出发的一个映射决定。把这个应用到 $(\tilde{\bar{V}}, \tilde{b})$ 的伽罗华共轭，我们得到给出这个系统的 K-模型递降序列。这个方法通常称为“韦伊递降法”。更多细节参见文献［36］。

$$\pi_1(\bar{V},b)\simeq \widetilde{V}_b \tag{5.11}$$

和

$$\pi_1(\bar{V};b,x)\simeq \widetilde{V}_x \tag{5.12}$$

的存在性还是有用的。也就是基本群和道路同伦类是可以等同于万有覆盖的纤维。从这种表示方法也许不容易看到扭元结构。但这样却能使 G_K 的作用变得清晰。描述这个作用的问题可以认为是给 $\widetilde{V}$ 一个容易处理的构造。一般来说这个问题是很困难的，通常我们研究的是基本群的商群，对应于一些比如阿贝尔覆盖或可解覆盖等特殊覆盖。另一个方法是下面要讨论的基本群的线性化。

总之我们会得到以下映射：

$$V(K)\longrightarrow H^1(G_K,\pi_1(\bar{V},b)) \tag{5.13}$$

$$x\mapsto \pi_1(\bar{V};b,x) \tag{5.14}$$

将 V 的点映成扭元。$H^1(G_K,\pi_1(\bar{V},b))$ 通常比 $V(K)$ 大得多。也就是说有很多扭元①不是形如 $P(x)$ 的形式，其中 x 是某个点。但是重要的是扭元的空间常常带有自然的几何结构，这和几何规范理论中经典解的几何非常相似。这个附加的几何结构在整合 $V(K)$ 松散的结构时十分有用。

6. 局部-整体问题，互反律，与欧拉-拉格朗日方程

在本文的余下部分，对给定的素数 p，我们假设 U 是一个 p-adic 李

①尽管如此，我们猜测在很多重要的情况下它是个双射。这就是格罗滕迪克（Grothendieck）的截面猜想[21]。

群①或离散群。(根据不同的约定，后者可以认为属于前者。)为了避免过多的代数数论细节，我们在大多数时候只关注 $K=\mathbb{Q}$或 $K=\mathbb{Q}_v$，这里 v 可能是素数 p 或 ∞符号。任意这样的 v 称为 $\mathbb{Q}$的一个位，它对应了绝对值的等价类。域 $\mathbb{Q}_v$ 是通过对 v 的绝对值做完备化得到的。于是我们有 p-adic 数域 $\mathbb{Q}_p$ 而 $\mathbb{Q}_\infty$ 表示实数域 $\mathbb{R}$。

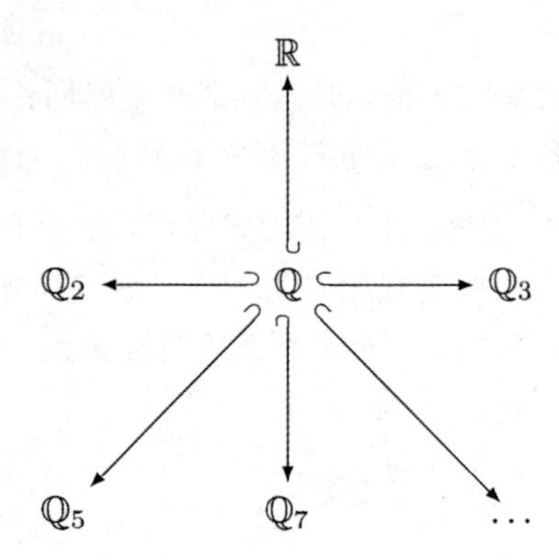

代数数域记为 $\bar{\mathbb{Q}}$，伽罗华群为：

$$G := G_{\mathbb{Q}} = \mathrm{Gal}(\bar{\mathbb{Q}}/\mathbb{Q}). \tag{6.1}$$

$\mathbb{Q}_v$ 的代数闭包记为 $\bar{\mathbb{Q}}_v$，对应的伽罗华群为：

$$G_v = G_{\mathbb{Q}_v} = \mathrm{Gal}(\bar{\mathbb{Q}}_v/\mathbb{Q}_v). \tag{6.2}$$

我们对每个 v 选取一个嵌入 $\bar{\mathbb{Q}} \hookrightarrow \bar{\mathbb{Q}}_v$，并且 G_v 的作用限制到 $\bar{\mathbb{Q}}$ 上决定了嵌入②。

$$G_v \hookrightarrow G \tag{6.3}$$

①我们在这里不定义这个概念，但是会用到许多例子，例如 $\mathbb{Z}_p$，$GL_n(\mathbb{Z}_p)$，一般约化代数群的 p-adic 点，有限群，以及这些群的扩张。系统的介绍参见文献 [41]。

②这是嵌入的事实并不是完全显然的。这与代数数在 $\bar{\mathbb{Q}}_v$ 中的稠密性有关。读者应注意 G_v 是 G 中非常小的子群。它在拓扑上是有限生成的并且有清晰地描述[40]。而 G 的结构仍是十分神秘。

对素数 p，下面我们会用到一个关于 G_p 结构的略微技术化的事实[39]。p-adic 整数组成域 $\mathbb{Q}_p$ 的一个整子环 $\mathbb{Z}_p$。$\mathbb{Z}_p$ 在 $\bar{\mathbb{Q}}_p$ 中的整闭包①是一个在 G_p-作用下稳定的子环。

$$\mathcal{O}_{\bar{\mathbb{Q}}_p} \subset \bar{\mathbb{Q}}_p \tag{6.4}$$

环 $O_{\bar{\mathbb{Q}}_p}$ 有唯一的极大理想 m_p 使得：

$$\mathcal{O}_{\bar{\mathbb{Q}}_p} / m_p \simeq \bar{\mathbb{F}}_p \tag{6.5}$$

是 $\mathbb{F}_p$ 的代数闭包。于是在这个商环上的作用决定了满同态②：

$$G_p \longrightarrow G_p^u = \mathrm{Aut}(\mathcal{O}_{\bar{\mathbb{Q}}_p} / m_p) \simeq \mathrm{Gal}(\bar{\mathbb{F}}_p / \mathbb{F}_p) \tag{6.6}$$

最后出现的伽罗华群是由一个元素 Fr'_p 生成的，它的作用是 $x \mapsto x^{\frac{1}{p}}$（这是对 p 次幂映射做群的逆运算③）。Fr'_p 到 $G_p \subset G$ 的任意提升 Fr_p 称为一个 p 处的弗罗贝尼乌斯（Frobenius）元素。同态 $G_p \longrightarrow G_p^u$ 的核称为 p 处的惯性群，记为 I_P。

能在算术中产生应用的关键之处是 $H^1(\mathbb{Q},U)$ 和各个 $H^1(\mathbb{Q}_v,U)$ 间的关系。由于 G_v 是嵌入到 G 中的，所以对每个 v 存在限制映射：

$$H^1(\mathbb{Q},U) \longrightarrow H^1(\mathbb{Q}_v,U) \tag{6.7}$$

我们把这些放在一起就得到：

$$\mathrm{loc}: H^1(\mathbb{Q},U) \longrightarrow \prod_v H^1(\mathbb{Q}_v,U) \tag{6.8}$$

于是算术规范场论的主要问题是：

---

①这是由域扩张中非平凡 $\mathbb{Z}_p$ 系数首一多项式的根组成的。当我们考虑 $\mathbb{Z}$ 在 $\mathbb{Q}$ 的 d 维有限扩张 F 中的整闭包时这个概念是最为自然的。此时，整闭包是 F 中作为群同构于 $\mathbb{Z}^d$ 的极大子环。

②上标代表了"非分歧"，意味着 G_p^u 是 $\bar{\mathbb{Q}}_p$ 中在 $\mathbb{Q}_p$ 上非分歧的极大扩张的伽罗华群。

③这里用逆而不是 p 次幂映射与作用在平展上同调上的几何弗罗贝尼乌斯映射有关。这个约定非常容易引起混淆，我们建议读者不要过多纠结于此。

对 $\mathbb{Q}$上的规范群 U，描述 loc 的像。

这个问题的任何解答在数论中称为局部-整体原则。

现在我们来做更贴近几何规范场论的类比。上面已提到，带对称群 U（这里指实李群）的几何规范场论处理的是时空流形 X 上主 U- 联络的空间 A。通常的约定是 A 为 C^∞ - 联络的空间。作用量泛函：

$$S:\mathcal{A}\longrightarrow \mathbb{R} \tag{6.9}$$

在规范变换$\mathcal{U}$（保持联络的主丛自同构）的作用下是不变的。经典解的空间是：

$$M(X,U)=\mathcal{A}^{EL}/\mathcal{U} \tag{6.10}$$

其中 $A^{EL}\subset A$ 是满足泛函 S 的 E-L 方程的联络集合。经典的问题是描述空间 $M(X,U)$ 或寻找 $M(X,U)$ 中满足特定边界条件的点。量子的问题是计算形如：

$$\int_{\mathcal{A}/\mathcal{U}} O_1(A)O_2(A)\cdots O_k(A)\exp(-S(A))dA \tag{6.11}$$

的路径积分，其中 O_i 是 A 的局部函数。

从经典物理的角度，$M(X,U)$ 是我们实际观测到的场，而嵌入：

$$M(X,U)\subset \mathcal{A}/\mathcal{U} \tag{6.12}$$

对应着在经典解附近“量子扰动”的模型。然而将 $A/\mathcal{U}$ 解释成量子扰动的空间或场的“离壳态（off-shell)”的理由并不清晰。它依赖于构造经典解的初始数学模型。一些人认为 $M(X,U)$ 是很难描述的除非一开始就了解 A/U。从物理来看这是不对的，因为 $M(X,U)$ 应当是经典状态的模型并且不管外部的空间是什么都有内在的意义①。另一个异议来自像三维陈-西蒙斯理论或二维杨-米尔斯理论，不难看到那里的 $M(X,U)$ 是平坦联络的空间。此时它可以拓扑地描述成 X 的基本群表示的空间。$M(X,U)$ 的量

①当然这样不全对。经典状态应当是某种源自量子理论的统计状态，从而依赖于量子态。但是我们还是按标准的路径积分量子化来处理。

子扰动可能只是 X 上奇异局部系统的集合，就像在费曼最初关于路径积分的表述中出现的那些锯齿状或奇异的道路[50]。所以允许 X 的模型中有复杂的局部拓扑是非常合理的。

以此看来对 $\mathbb{Q}$的所有位 v，一组 $\mathbb{Q}_v$ 主丛（P_v）$_v$ 可以看作是 $\mathbb{Q}$上的量子算术规范场。确定哪些主丛组是来自有理规范场（即 $\mathbb{Q}$上的主 U- 丛）的问题就是如何描述局部化映射的像的问题。这也是推导和求解 E-L 方程的算术类比。

7. 泰特-沙法列维奇群与阿贝尔规范群

需要指出的是局部化映射的核通常也是重要的，它也称为局部平凡扭元①。最为人所知的情形是椭圆曲线 E。此时局部化的核称为 E 的泰特-沙法列维奇群②，记为：

$$Ш(\mathbb{Q},\ \mathrm{E})$$

一个简单的例子是由以下（非-魏尔斯特拉斯）方程给出的 E：

$$x^3 + y^3 + 60 z^3 = 0 \tag{7.1}$$

由

$$3 x^3 + 4 y^3 + 5 z^3 = 0 \tag{7.2}$$

给出的曲线 C 是 $Ш(\mathbb{Q},E)$ 的一个元素③。群 $H^1(\mathbb{Q},E)$ 是一个无限的

①算术规范场的一个复杂之处是，与几何的情况不同，很多扭元不是局部平凡的。

②Ш 为俄文字母，读作“Sha”。

③这并不是很容易看出。根据 E 是 C 的雅可比簇这一事实可知存在 E 在 C 上的作用[2]。

扭群①。大家猜测 $Ш(\mathbb{Q},E)$ 是有限群。

局部化映射和 $Ш$ 的关系是所谓"递降算法"的关键部分，这个算法是用来计算椭圆曲线上的点。$E(\mathbb{Q})$ 是有限生成阿贝尔群，即：

$$E(\mathbb{Q})\simeq \mathbb{Z}^r \times \text{有限阿贝尔群} \tag{7.3}$$

而且它的扭元群是容易计算的[42]。但是它的秩仍是一个难以计算的量，贝赫（Birch）和斯维纳通-戴尔（Swinnerton-Dyer）的（BSD）猜想就是主要关于 r 的计算。现在标准的方法是对某个素数 p，通常 $p=2$，考虑：

$$E(\mathbb{Q})/pE(\mathbb{Q}) \tag{7.4}$$

如果我们知道了这个群的结构，那么根据基本的群论就能算出 $E(\mathbb{Q})$ 的秩，从而也能得到它的扭元群。由：

$$0\longrightarrow E[p]\longrightarrow E\xrightarrow{p} E\longrightarrow 0 \tag{7.5}$$

可以导出长正合列：

$$0\longrightarrow E(\mathbb{Q})/pE(\mathbb{Q})\hookrightarrow H^1(\mathbb{Q},E[p])\xrightarrow{i} H^1(\mathbb{Q},E)[p]\longrightarrow 0 \tag{7.6}$$

于是我们有：

$$Ш(\mathbb{Q},E)[p]\subset H^1(\mathbb{Q},E)[p] \tag{7.7}$$

p-塞尔玛（Selmer）群 $\mathrm{Sel}(\mathbb{Q},E[p])$ 定义为 $Ш(\mathbb{Q},E)$ 在映射 i 下

①为了说明这一点，我们注意到 $H^1(\mathbb{Q},E)$ 的所有元素能表示成代数曲线 C 的 $\bar{\mathbb{Q}}$ 点并且这个作用在 $\mathbb{Q}$上是代数的[42]。当 C 有有理点时扭元是平凡的。现在 C 在 $\mathbb{Q}$的某个有限扩张 K 中有一个有理点。也就是说 C 的类在限制映射 $H^1(\mathbb{Q},E)\longrightarrow H^1(K,E)$ 下是平凡的。而对扭元的伽罗华共轭类求和给出了"迹"映射 $H^1(K,E)\longrightarrow H^1(\mathbb{Q},E)$，并且复合映射 $H^1(\mathbb{Q},E)\longrightarrow H^1(K,E)\longrightarrow H^1(\mathbb{Q},E)$ 正是乘以 $[K:\mathbb{Q}]$。所以元素 $[C]\in H^1(\mathbb{Q},E)$ 乘以这个次数后等于零。

的原像，从而它满足以下正合列：

$$0 \longrightarrow E(\mathbb{Q})/pE(\mathbb{Q}) \longrightarrow \mathrm{Sel}(\mathbb{Q},E[p]) \longrightarrow Ш(\mathbb{Q},E)[p] \longrightarrow 0 \tag{7.8}$$

所以 $Sel(\mathbb{Q},E[p])$ 是由能推出成局部平凡 E - 扭元的 $E[p]$ - 扭元组成的。

关键的是塞尔玛群可以有效地计算出来，从而给出 E 的莫代尔-韦伊群的上界。随着 n 的增大，这可以用下列交换图加强。

$$\begin{array}{ccccccccc} 0 & \longrightarrow & E(\mathbb{Q})/p^nE(\mathbb{Q}) & \rightarrow & \mathrm{Sel}(\mathbb{Q},E[p^n]) & \rightarrow & Ш(\mathbb{Q},E)[p^n] & \longrightarrow & 0 \\ & & \downarrow & & \downarrow & & \downarrow & & \\ 0 & \longrightarrow & E(\mathbb{Q})/pE(\mathbb{Q}) & \rightarrow & \mathrm{Sel}(\mathbb{Q},E[p]) & \rightarrow & Ш(\mathbb{Q},E)[p] & \longrightarrow & 0 \end{array}$$

如果 $Ш$ 是有限的，那么 $E(\mathbb{Q})/pE(\mathbb{Q})$ 在 $\mathrm{Sel}(\mathbb{Q},E[p])$ 中的像恰是由对所有 n 都能提升到 $\mathrm{Sel}(\mathbb{Q},E[p^n])$ 的元素组成。于是我们得到群 $E(\mathbb{Q})/pE(\mathbb{Q})$ 的一个上同调表达，可以用来准确地计算它的结构。想法是对每个 n 计算：

$$\mathrm{Im}(\mathrm{Sel}(\mathbb{Q},E[p^n]))\subset \mathrm{Sel}(\mathbb{Q},E[p]) \tag{7.9}$$

和 $E[\mathbb{Q}]_{\leqslant n}$ 在 $\mathrm{Sel}(\mathbb{Q},E[p])$ 中的像。这里 $E[\mathbb{Q}]_{\leqslant n}$ 包含了 $E(\mathbb{Q})$ 中高度[①] $\leqslant n$ 的点。这是个可以有效计算的有限集：只需要看高度 $\leqslant n$ 的点 (x,y) 组成的有限集中哪些点满足 E 的方程。因此我们有以下包含关系：

$$\mathrm{Im}(E[\mathbb{Q}]_{\leqslant n})\subset \mathrm{Im}(\mathrm{Sel}(\mathbb{Q},E[p^n]))\subset \mathrm{Sel}(\mathbb{Q},E[p]). \tag{7.10}$$

假设 $Ш$ 是有限的，可知对充分大的 n，

---

①点 $(x,y)\in E(\mathbb{Q})$ 的高度 $h(x,y)$ 定义如下。设 $(x,y)=(s/r,t/r)$，其中 s,t,r 是互素整数。则 $h(x,y):=\log\sup\{|s|,|t|,|r|\}$。原点的高度定义为零。显然对任意 n 只有有限多个高度 $\leqslant n$ 的有理数组 (x,y)。

$$\mathrm{Im}(E[\mathbb{Q}]_{\leqslant n})=\mathrm{Im}(\mathrm{Sel}(\mathbb{Q},E[p^n])) \tag{7.11}$$

从而我们得到：

$$E(\mathbb{Q})/pE(\mathbb{Q})=\mathrm{Im}(\mathrm{Sel}(\mathbb{Q},E[p^n])) \tag{7.12}$$

这是计算秩的一个有条件①的算法，现在被所有程序包使用。经过更细致的分析，它还能给出群 $E(\mathbb{Q})$ 的一组生成元。在这个意义下，我们确实得到了一个“完全决定” $E(\mathbb{Q})$ 的条件算法。BSD 猜想的一个重要部分（有人认为是最重要的部分）就是要去掉这个“条件”。

8. 非阿贝尔规范场与丢番图几何

我们继续使用之前的约定，假定 U 是 $\mathbb{Q}$上的 p-adic 李群。现在我们要做进一步的假设：存在包含 p 和 ∞的有限集 S，使得对所有 $v\notin S$，G_v 在 U 上的作用能通过商群 $G_v^u\simeq \mathrm{Gal}(\bar{\mathbb{F}}_v/\mathbb{F}_v)$ 分解。这个假设的另一种说法是惰性群 i_v 的作用是平凡的。我们称这样的 U 是在 v 处非分歧的。从几何上看，这对应着 $\mathrm{Spec}(\mathbb{Z}_S)$ 上的一族群，其中 $\mathbb{Z}_S\subset\mathbb{Q}$是 S-整数环②，即分母只能被 S 中的素数整除的有理数。我们还假设扭元 P 也满足相同的条件。从 $\mathrm{Spec}(\mathbb{Z})$来看，这些可以认为是只在 S 的素数处有奇点③的联络，称为 S-整 U-扭元。S-整 U-扭元的同构类记为：

$$H^1(\mathbb{Z}_S,U)$$

引入这个概念的原因是自然出现的 U 和 P 都对某个 S 来说是 S-整的。

---

①这个算法只在 Ш，或更精确地说其 p-主部 $Ш[p^\infty]$ 是有限的条件下才能终止。

②根据概形理论，$\mathrm{Spec}(\mathbb{Z}_S)$ 的基集合是 $\mathrm{Spec}(\mathbb{Z})$ 的去掉 S 中素数的开子集。

③概形的几何是通过把 $\mathbb{Z}$看作 $\mathrm{Spec}(\mathbb{Z})$ 上的函数环来构建的。容易想象 $\mathbb{Z}_S$ 就变成了有特定极点的函数环。

非分歧的条件显然对只在 $\mathbb{Q}_v$ 上的扭元 P 也是有意义的。$\mathbb{Q}_v$ 上非分歧的 U 扭元的同构类记为 $H_u^1(\mathbb{Q}_v,U)$。

U 和它的扭元需要满足的另一个条件是在 p 处晶体的。我们不会细说这个技术条件①。

有一个称为 p-adic 周期环的大拓扑 $\mathbb{Q}_p$ 一代数 B_{cr}，扭元需要在 B_{cr} 上是平凡的。这个条件是从几何来的，并和 p-adic 霍奇理论有关，说的是因为 U 是 p-adic 李群，所以它的作用实际上很少是在 p 处非分歧的。然而晶体条件刻画了光滑行为。$\mathbb{Q}_p$ 上晶体的扭元集合记为 $H_f^1(G_p,U)$。

在这些假设下，对 $\mathbb{Q}_v$ 上的 U - 扭元 P_v，

$$\prod{}' H^1(\mathbb{Q}_v,U)$$

是满足限制条件的主丛组 $(P_v)_v$ 的同构类，这些条件是除有限个 P_v 外都是非分歧的并且 P_p 是晶体的。整体的版本是 $H_f^1(\mathbb{Z}_S,U)$，它由 $\mathbb{Q}$上的在 S 外非分歧并在 p 处晶体的 U - 扭元组成。于是我们得到映射：

$$\mathrm{loc}: H_f^1(\mathbb{Z}_S,U) \longrightarrow \prod{}' H^1(\mathbb{Q}_v,U) \tag{8.1}$$

它的像就是我们要计算的。

主要的例子是：

(1) 常值群 $U = GL_n(\mathbb{Z}_p)$ 或其他有平凡 G - 作用的 p-adic 李群。

在这个情形中，通过上循环的描述容易看到 U - 扭元就是一个表示：

$$\rho: G \longrightarrow U \tag{8.2}$$

根据我们的假设，这个表示在 S 外非分歧并在 p 处是晶体的。在下一节中我们还会回到这个重要的例子。

(2) $\mathbb{Q}$上光滑射影簇 V 的带有理基点 $b \in V(\mathbb{Q})$ 的 $\mathbb{Q}_p$ 一射影幂幺基本群 [16，25]：

①这是在伽罗华表示的研究中十分常见的专题。在教科书中容易找到“晶体表示”这样的关键词。非阿贝尔的情形参见文献 [24]。

$$U = \pi_1(\bar{V}, b)_{\mathbb{Q}_p} \tag{8.3}$$

我们假设 V 能扩张成 $\mathbb{Z}_{S\setminus p}$ 上的光滑射影族。U 的抽象定义来自射影有限平展基本群 $\pi_1(\bar{V}, b)$：$\pi_1(\bar{V}, b)_{\mathbb{Q}_p}$ 是 $\mathbb{Q}_p$ 上有下列连续同态的万有射影幂幺群①：

$$\pi_1(\bar{V}, b) \longrightarrow \pi_1(\bar{V}, b)_{\mathbb{Q}_p} \tag{8.4}$$

这是群的众多“代数包络”中的一种，它在算术和代数几何中都很重要[1]。尽管它的定义不简单，但是相比“纯粹的”基本群或其射影有限完备化，它还是非常容易处理的。

一个简单但重要的事实是 $H_f^1(\mathbb{Z}_S, U)$ 具有 $\mathbb{Q}_p$ 上射影代数概形的结构[24]。从上面的讨论可知，这最接近物理和几何中的规范场论模空间。对另一个有理点 x，定义从 b 到 x 的射影幂幺道路的 U-扭元为：

$$P(x) = \pi_1(\bar{V}; b, x)_{\mathbb{Q}_p} := [\pi_1(\bar{V}; b, x) \times U] / \pi_1(\bar{V}, b) \tag{8.5}$$

这个构造给出了一个映射：

$$V(\mathbb{Q}) \longrightarrow H_f^1(\mathbb{Z}_S, U) \tag{8.6}$$

$$x \mapsto P(x) \tag{8.7}$$

满足交换图：

$$\begin{array}{ccc} V(\mathbb{Q}) & \longrightarrow & V(\mathbb{Q}_p) \\ \downarrow A & & \downarrow A_p \\ H_f^1(\mathbb{Z}_S, U) & \xrightarrow{\mathrm{loc}_p} & H_f^1(\mathbb{Q}_p, U) \end{array}$$

尽管局部化映射原则上需要整体地来研究，但由于 U 是 p-adic 李群，通常 p 处的分支包含了最多信息，所以现在我们主要关注于此（下面我们

①一个代数群是幂幺的（unipotent）如果它能表示成对角线全是 1 的上三角矩阵所成的群。射影幂幺群则是幂幺代数群的逆极限。

会解释 p-adic 点的作用)。

假设 V 是亏格 $\geqslant 2$ 的光滑射影曲线[6]。则：

$$A_p^{-1}(Im(loc_p)) = V(\mathbb{Q}) \tag{8.8}$$

这个假设本质上是说有理点能从 p-adic 点与 S- 整 p-adic 扭元空间的交集还原出来。还有另一些交换图与此有关。

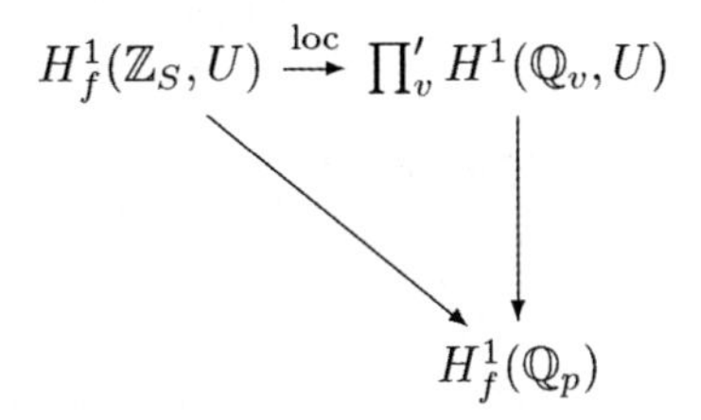

右边垂直的箭头是到 p 处的分支的投影映射。水平箭头的像可以通过互反律计算[29，30]。这是 E-L 方程的算术类比，说明哪些局部扭元能粘成整体的扭元。

交换图：

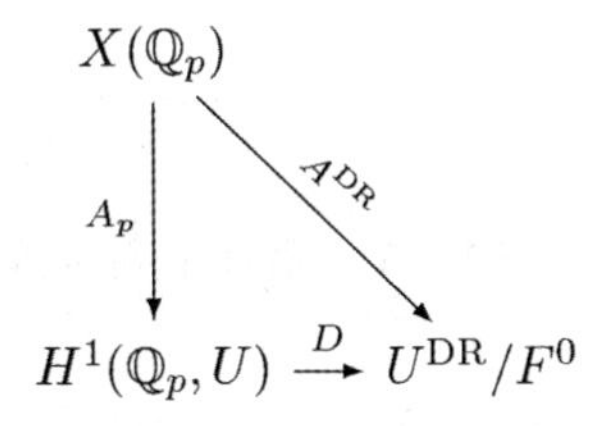

被用来弄清局部模空间 $H_f^1(\mathbb{Q}_p, U)$ 的结构以及把 E-L 方程翻译成 p-adic 点满足的方程。最后的那个 U^{DR} 是德拉姆（de Rham）基本群[16]，它的霍奇滤子 F^i 和映射 A^{DR} 都能用 p-adic 累次积分精确计算。由此可见，计算 E-L 方程是寻找 $V(\mathbb{Q})$ 点的主要工具［26，27，7，8］。

我们具体来看下面的下中心列：

$$U = U^1 \supset U^2 \supset U^3 \supset \cdots \tag{8.9}$$

其中 $U^n = [U, U^{n-1}]$。对应的商是有限维代数群，记为 $U_n = U/U^{n+1}$。上面所有的交换图都有缩短的版本，比如：

$$\begin{array}{ccc} V(\mathbb{Q}) & \longrightarrow & V(\mathbb{Q}_p) \\ \downarrow A_n & & \downarrow A_{n,p} \\ H_f^1(\mathbb{Z}_S, U_n) & \xrightarrow{\mathrm{loc}_p} & H_f^1(\mathbb{Q}_p, U_n) \end{array}$$

反复应用这些交换图就得到 $V(\mathbb{Q})$ 的方程，它依赖 $H_f^1(\mathbb{Z}_S, U_n)$ 在 $\prod' H^1(\mathbb{Q}_v, U_n)$ 中像集的互反律。

我们用一个例子来解释这个过程[14，15]。这里我们考虑仿射的情形因为这比射影的情形容易处理。令 $V = \mathbb{P}^1 \setminus \{0, 1, \infty\}$。当 $n = 2$，$S = \{\infty, 2, p\}$ 时，$H_f^1(\mathbb{Z}_S, U_2)$ 在：

$$H_f^1(\mathbb{Q}_p, U_2) \simeq \mathbb{A}^3 = \{(x, y, z)\} \tag{8.10}$$

中的像由以下方程①描述：

$$z - (1/2)xy = 0 \tag{8.11}$$

回到点，这推出 2-整点 $V(\mathbb{Z}_2)$ 落在下列函数的零点集中：

$$D_2(z) = l_2(z) + (1/2)\log(z)\log(1 - z) \tag{8.12}$$

其中 $\log(z)$ 是 p-adic 对数。它是先用通常的幂级数定义在 1 的邻域中，然后通过加法和条件 $\log(p) = 0$ 延拓到所有 $\mathbb{Q} \setminus \{0\}$。在 0 的邻域内对 $k \geqslant 2$，p-adic$k$- 对数定义为：

$$\ell_k(z) = \sum_{n=1}^{\infty} z^n / n^k \tag{8.13}$$

①局部模空间和仿射 3-空间之间的同构也是 p-adic 霍奇理论的结果[25]。

并用科尔曼（Coleman）积分解析延拓到$V(\mathbb{Q}_p)$［24］。

通过$H^1_f(\mathbb{Z}_S, U_4)$的E-L方程，我们发现$V(\mathbb{Z}_2)$还满足另一个方程：

$$\zeta_p(3)\ell_4(z)+(8/7)[\log^3 2/24+\ell_4(1/2)/\log 2]\log(z)\ell_3(z)$$
$$+[(4/21)(\log^3 2/24+\ell_4(1/2)/\log 2)+\zeta_p(3)/24]\log^3(z)\log(1-z)=0 \tag{8.14}$$

这里$\zeta_p(s)$是库波塔-利奥波尔特（Kubota-Leopold）p-adicζ函数。

值得注意的是这个寻找有理点的方法是以下三者出人意料的结合。

（1）沙博蒂（Chabauty）方法，处理的是阿贝尔规范群。我们对曲线的雅可比簇使用了p-adic算法而完全不考虑上同调。

（2）寻找椭圆曲线有理点的递降法［42］。这也是阿贝尔情形的另一个版本，此时我们使用了伽罗华上同调和塞尔玛群。前面说到这个方法是贝赫和斯维纳通-戴尔的猜想的核心。

（3）算术规范场的几何学。

9. 伽罗华表示，L-函数，与陈-西蒙斯作用量

最后我们考虑伽罗华表示的模空间①：

$$H^1_f(\mathbb{Z}_S, GL_n(\mathbb{Z}_p)) \tag{9.1}$$

我们希望把互反律当成某种算术作用量原理，从而通过某个互反律由L-函数来刻画局部化映射的像。对一组局部主丛$(P_v)_v$，满足$P_p\in H^1_f(\mathbb{Q}_p, GL_n(\mathbb{Z}_p))$是晶体的和若$v\notin S$则$P_v\in H^1_u(\mathbb{Q}_v, GL_n(\mathbb{Z}_p))$，考虑下面的复值乘积［31］：

---

①这里我们会比较宽松地使用“空间”这个词。有很多方式来几何化这个集合，有时是形式化的[35]，有时是解析的[9]。可能最自然的方式是把它看作一个叠（stack）而不必太担心可表性。

$$L((P_v)_v,s):=\prod_{v\neq\infty}\frac{1}{\det(I-v^{-s}Fr_v\mid P_v^{I_v})}\tag{9.2}$$

它形式地把关于所有位 v 和自然数 n 以及所有“局部”函数：

$$(P_v)_v\mapsto\mathrm{Tr}(Fr_v^n\mid P_v^{I_v})\tag{9.3}$$

的信息整合起来。

假设动机理论中许多标准猜想是成立的，那么 $(P_v)_v$ 落在不可约表示 P 的局部化映射的像里需要满足以下一些必要条件。

(1) 对 $v\notin S$, $\det(I-v^{-s}Fr_v\mid P_v^{I_v})$ 应当是 v^{-s} 的整系数多项式；对任意 v, 系数应当是代数数。

(2) 对 $v\notin S$, 存在整数 w 使得 Fr_v 的特征值的绝对值是 $v^{w/2}$。这推出乘积在 $Re(s)>w/2+1$ 的区域内绝对收敛。

(3) $L((P_v)_v,s)$ 能解析延拓到整个 $\mathbb{C}$, 并满足函数方程

$$L((P_v)_v,s)=ab^sL((P_v)_v,w+1-s)\tag{9.4}$$

其中 a,b 是有理数。这个函数应当没有极点除非 s 是偶数，P_v 是 1 维的，除了有限个 v 外 Fr_v 的作用就是乘以 $v^{w/2}$。

粗略地说，这些条件不可避免地出现在方丹-马祖尔（Fontaine-Mazur）猜想和哈赛-韦伊（Hasse-Weil）猜想中[31]。尽管这个猜想并没有在文献中明确出现过，但是大家都相信这些条件应当可以刻画所有 $(P_v)_v$ 是否落在局部映射的像里（参见文献 [45]）。

在某种意义上 $L((P_v)_v,s)$ 应当与作用量有关。复数 s 本身参数化了属于 F 的理想类群的一般表示。对每个 F 的位 v, 存在适当归一化的绝对值 $\|\cdot\|_v$, 它们一起组成了范数特征：

$$\mathbb{A}_F^{\times}\longrightarrow\mathbb{C}^{\times}\tag{9.5}$$

$$(a_v)_v\mapsto N((a_v)_v):=\prod_v\|a_v\|_v\tag{9.6}$$

这个特征和它的复幂次 $N(\cdot)^{-s}$ 通过理想类群 $\mathbb{A}_F^{\times}/F^{\times}$ 分解，并且 L 的值是 $(P_v)_v$ 对应的复模长经过 $N(\cdot)^{-s}$ 的作用得到。无穷乘积展开只对某个区域内的 s 成立，所以猜想中的解析延拓应当涉及从“可分解参数区域”

到“不可分解参数区域”的移动。做解析延拓时，自然的方式是把它看成行列式线丛的截面，而这些截面只在特定的区域中是函数[20，23]。这和拓扑量子场论中的波函数是类似的。

找到主丛空间上自然的作用量泛函不只对理论的完整性是重要的，我们还希望通过它来导出算术 E-L 方程的更有效方法。尽管 $\pi_1(\bar{V},b)_{\mathbb{Q}_p}$ 扭元上的作用量似乎难以定义，但是我们有办法定义伽罗华表示的陈-西蒙斯作用量。为此，我们先用多一点几何的语言，基于文献[17]来回顾文献[28]和[10]中的讨论。

令 $X=\mathrm{Spec}(\mathcal{O}_F)$ 是数域 F 中整数环的谱。假设 F 是完全虚的。将坐标环整体截面中单位的平展层记为 $\mathbb{G}_m$。作用量泛函在拓扑上是基于下列典范同构参考文献［33（538 页）］：

$$\mathrm{inv}: H^3(X, \mathbb{G}_m) \simeq \mathbb{Q}/\mathbb{Z} \tag{9.7}$$

这个映射是由局部类域论中的“不变”映射诱导的[40]。下面我们对有相同本质的一类同构都使用同样的记号，例如：

$$\mathrm{inv}: H^3(X, \mathbb{Z}_p(1)) \simeq \mathbb{Z}_p \tag{9.8}$$

其中 $\mathbb{Z}_p(1)=\varprojlim_i \mu_{p^i}$，$\mu_n\subset\mathbb{G}_m$ 是 n 次单位根的层。射影层 $\mathbb{Z}_p(1)$ 是平展上同调中常见的系数系统，(9.8) 式让人想起可定向紧三维流形奇异上同调中的基本类。马祖尔在大约 50 年前就注意到这个相似之处，之后森下正典（Masanori Morishita）等数学家继续系统地研究[37]。纽结和素数间的相似性也围绕着这个思想。从素理想的剩余域出发的映射：

$$\mathrm{Spec}(\mathcal{O}_F/\mathfrak{P}_v) \rightarrowtail X \tag{9.9}$$

应当类比于纽结的嵌入。设 F_v 是 F 在 v 处的完备化，$\mathcal{O}_{F_v}$ 是它的赋值环。如果我们仔细地考虑这个相似性，那么映射：

$$\mathrm{Spec}(\mathcal{O}_{F_v}) \longrightarrow X \tag{9.10}$$

应当类似于围绕纽结的环柄的嵌入，而：

$$\mathrm{Spec}(F_v)\longrightarrow X \tag{9.11}$$

则像是边界环面的嵌入①。给定有限的素数集合 S，考虑概形：

$$X_S:=\mathrm{Spec}(\mathcal{O}_F[1/S])=X\setminus\{\mathfrak{P}_v\}_{v\in S}. \tag{9.12}$$

由纽结的补集同伦于管状邻域的补集，可知 X_S 应类比于某个带边流形，其边界由一组环面组成，每个环面对应着 S 中一个“纽结”。当然这些都是三维拓扑量子场论的基本态射[3]。从这个观点看，第一个同构中的系数系统 $\mathbb{G}_m$ 似乎提醒我们 S^1 系数在陈-西蒙斯理论中的重要[49，17]。$\mathbb{G}_m$ 的一个更直接的类比是复代数簇 M 上可逆解析函数层 $\mathcal{O}_M^\times$。然而对紧凯勒(Kähler) 流形，比较同构：

$$H^1(M,S^1)\simeq H^1(M,\mathcal{O}_M^\times)_0 \tag{9.13}$$

是霍奇理论的结果，其中下标是指具有平凡拓扑陈类的线丛。这说明在没有自然常值 S^1 层的平展设定下，$\mathbb{G}_m$ 有自然的拓扑属性，可以作为 S^1 的替代②。但一个问题是直接计算 $\mathbb{G}_m$-系数会给出可除扭上同调，就像动机基本群的扭元理论[12，24－27]那样，我们需要考虑诸如 $\mathbb{Z}_p(1)$ 的系数从而得到具有解析特性的几何对象的函数。

现在来看算术陈-西蒙斯作用量的定义。我们只考虑有限非分歧伽罗华表示的简单情形，令：

$$\pi:=\pi_1(X,\mathfrak{b}) \tag{9.14}$$

为 X 的射影有限平展基本群，其中：

$$\mathfrak{b}:Spec(\bar{F})\longrightarrow X \tag{9.15}$$

是 F 的代数闭包中的几何点。假设 n 次单位根群 $\mu_n(\bar{F})$ 在 F 中，固定

①我们还不清楚边界的拓扑是否真的是个环面。这是合理的如果我们把外部空间看作一个三维流形。另外，也许纽结在一个同调三维流形内有奇怪的管状邻域？不管怎样，卡普拉诺夫（Kapranov）已指出更好的类比是克莱因瓶。

②在陈-西蒙斯理论中重要的一点是这个同构的一边是纯拓扑的而另一边有解析的结构。

一个平凡化 $\zeta_n:\mathbb{Z}/n\mathbb{Z}\simeq\mu_n$。则它诱导了同构：

$$\mathrm{inv}:H^3(X,\mathbb{Z}/n\mathbb{Z})\simeq H^3(X,\mu_n)\simeq\frac{1}{n}\mathbb{Z}/\mathbb{Z} \tag{9.16}$$

设 A 是一个有平凡 G_F 作用的有限群并取定一个上同调类 $c\in H^3(A,\mathbb{Z}/n\mathbb{Z})$。

对

$$[\rho]\in H^1(\pi,A) \tag{9.17}$$

我们得到上同调类：

$$\rho^*(c)\in H^3(\pi,\mathbb{Z}/n\mathbb{Z}) \tag{9.18}$$

它只依赖于同构类 $[\rho]$。将下列映射的复合也记为 inv：

$$H^3(\pi,\mathbb{Z}/n\mathbb{Z})\longrightarrow H^3(X,\mathbb{Z}/n\mathbb{Z})\xrightarrow[\simeq]{\mathrm{inv}}\frac{1}{n}\mathbb{Z}/\mathbb{Z} \tag{9.19}$$

因此我们得到函数：

$$CS_c:H^1(\pi(X),A)\longrightarrow\frac{1}{n}\mathbb{Z}/\mathbb{Z} \tag{9.20}$$

$$[\rho]\mapsto\mathrm{inv}(\rho^*(c)) \tag{9.21}$$

这是在算术背景下经典陈-西蒙斯作用量的基本而简单的情况。它有一个自然的推广，即允许出现分歧和表示中有 p-adic 系数。这与代数数论中理想类群和 n 次剩余符号等自然的不变量有关[10，11]。我们希望对上节讨论的幂幺基本群，这样的构造也和 L- 函数以及 E-L 方程有所关联。事实上，BSD 猜想的“岩泽（Iwasawa）理论主猜想”方法认为塞尔玛群应当被 L- 函数消掉[23]。读者可能注意到前面算术 E-L 方程的表达式其实说明了与 L- 函数的某种神秘联系。

最后我们提一下朗兰兹互反猜想[32]的目标是将一般的算术 L- 函数用自守 L- 函数表示。一项引人注目的工作[22]让我们期待算术规范场的几何会在算术几何中引进量子场论对偶性发挥关键作用。

致谢

这项工作得到了 EPSRC 基金 EP/M024830/1 的资助。

参考文献

[1] AMORóS J，BURGER M，CORLETTE K，KOTSCHICK D and TOLEDO D. Fundamental Groups of Compact Kähler Manifolds：Mathematical Surveys and Monographs，Vol. 44. American Mathematical Society，1996.

[2] AN S，KIM S，MARSHALL D，MARSHALL S，MCCALLUM W and PERLIS A. J. Number Theory 90，2001：304.

[3] ATIYAH M. Inst. Hautes Études Sci. Publ. Math. 68，1988：175.

[4] ATIYAH M and BOTT R. Philos. T. Roy. Soc. A 308，1983：1523.

[5] ATIYAH M，HITCHIN N，DRINFEL'D V and MANIN Y. Phys. Lett. A 65，1978：185.

[6] BALAKRISHNAN J，DAN-COHEN I，KIM M and WEWERS S. To be published in Math. Ann. arXiv：1209.0640.

[7] BALAKRISHNAN J and DOGRA N. 2016. arXiv：1601.00388.

[8] BALAKRISHNAN J and DOGRA N. 2017. arXiv：1705.00401.

[9] CHENEVIER G. The p-adic analytic space of pseudocharacters of a profinite group and pseudorepresentations over arbitrary rings，Automorphic Forms and Galois Representations，Vol. 1，London Mathematical Society Lec-

ture Note Series, Vol. 414 . Cambridge Univ. Press, 2014: 221－285.

[10] CHUNG H, KIM D, KIM M, PARK J and YOO H. 2016. arXiv: 1609. 03012.

[11] CHUNG H, KIM D, KIM M, PAPPAS G, PARK J and YOO H. 2017. arXiv: 1706. 03336.

[12] COATES J, KIM M and MINHYONG S. Kyoto J. Math. 50, 2010: 827.

[13] COLEMAN R. Duke Math. J. 52, 1985: 765.

[14] DAN-COHEN I and WEWERS S. 2013. arXiv: 1311. 7008.

[15] DAN-COHEN I and WEWERS S. 2015 arXiv: 1510. 01362.

[16] DELIGNE P. Le groupe fondamental de la droite projective moins trois points, Galois groups over Q, Mathematical Sciences Research Institute Publications, Vol. 16. Springer, 1989: 79－297.

[17] DIJKGRAAF R and WITTEN E. Commun. Math. Phys. 129, 1990: 393.

[18] DONALDSON S. J. Differ. Geom. 18, 1983: 279.

[19] FONTAINE J and MAZUR B. Geometric Galois representations, Elliptic Curves, Modular Forms, and Fermat's Last Theorem, Vol. 1 of Series in Number Theory. International Press, 1995: 41－78.

[20] FUKAYA T and KATO K. A formulation of conjectures on p-adic zeta functions in noncommutative Iwasawa theory, in Proc. St. Petersburg Mathematical Society, Vol. XII. American Mathematical Society, 2006: 1－85.

[21] GROTHENDIECK A and FALTINGS B. Geometric Galois Actions, Vol. 1, London Mathematical Society Lecture Note Series, Vol. 242. Cambridge Univ. Press, 1997: 49－58.

[22] KAPUSTIN A and WITTEN E. Commun. Number Theory Phys. 1, 2007: 1.

[23] KATO K. Lectures on the approach to Iwasawa theory for Hasse-Weil L-functions via BDR. Part I, Arithmetic Algebraic Geometry, Lecture Notes in Mathematics, Vol. 1553. Springer, 1993: 50－163.

[24] KIM M. Invent. Math. 161, 2005: 629.

[25] KIM M. Ann. Math. 172, 2010: 751.

[26] KIM M. J. Am. Math. Soc. 23, 2010: 725.

[27] KIM M. Duke Math. J. 161, 2012: 173.

[28] KIM M. arXiv: 1510.05818.

[29] KIM M. Diophantine geometry and non-Abelian reciprocity laws I, Elliptic Curves, Modular Forms and Iwasawa Theory, Springer Proceedings in Mathematics and Statistics, Vol. 188. Springer, 2016: 311—334.

[30] KIM M. Principal bundles and reciprocity laws in number theory. To be published in Proc. Symp. Pure Mathematics.

[31] KIM M. Classical motives and motivic L-functions, Autour Des Motifs - École d'été Franco-Asiatique de Géométrie Algébrique et de Théorie des Nombres, Asian-French Summer School on Algebraic Geometry and Number Theory, Vol. I. Soc. Math. France, 2009: 1—25.

[32] LANGLANDS R. L-functions and automorphic representations, in Proc. Int. Congress of Mathematicians, Helsinki, 1978. Acad. Sci. Fennica, 1980: 165—175.

[33] MAZUR B. Ann. Sci. École Norm. Sup. 6, 1974: 521.

[34] MAZUR B. Remarks on the Alexander polynomial. Unpublished notes.

[35] MAZUR B. An introduction to the deformation theory of Galois representations, in Modular Forms and Fermat's Last Theorem. Springer, 1997: 243—311.

[36] MILNE J. Michigan Math. J. 46, 1999: 203.

[37] MORISHITA M. Knots and Primes. An Introduction to Arithmetic Topology, Universitext Springer, 2012.

[38] NARASIMHAN M and SESHADRI C. Ann. Math. 82, 1965: 540.

[39] NEUKIRCH J. Algebraic Number Theory, Grundlehren der Mathematischen Wissenschaften, Vol. 322. Springer-Verlag, 1999.

[40] NEUKIRCH J, SCHMIDT A and WINGBERG K. Cohomology of Number Fields, 2nd ed., Grundlehren der Mathematischen Wissenschaften, Vol. 323. Springer-Verlag, 2008.

[41] SCHNEIDER P. p-Adic Lie Groups, Grundlehren der Mathematischen Wissenschaften, Vol. 344. Springer, 2011.

[42] SILVERMAN J. The Arithmetic of Elliptic Curves, 2nd ed. , Graduate Texts in Mathematics, Vol. 106. Springer, 2009.

[43] SIMPSON C. Inst. Hautes Études Sci. Publ. Math. 75, 1992: 5.

[44] SZAMUELY T. Galois Groups and Fundamental Groups, Cambridge Studies in Advanced Mathematics, Vol. 117. Cambridge Univ. Press, 2009.

[45] TAYLOR R. Ann. Fac. Sci. Toulouse Math. 13, 2004: 73.

[46] WEIL A. Acta Math. 52, 1929: 281.

[47] WEIL A. J. Math. Pure Appl. 17, 1938: 47.

[48] WEIL A. Ann. Math. 141, 1995: 443.

[49] WITTEN E. Commun. Math. Phys. 121, 1989: 351.

[50] ZEE A. Quantum Field Theory in a Nutshell, 2nd ed. Princeton Univ. Press, 2010.

第五章
奇性定理

SINGULARITY THEOREMS

罗杰·彭罗斯（Roger Penrose）
数学研究所，
牛津大学，
拉德克利夫天文台中心，
伍德斯托克路，牛津 OX1 6GG，英国在爱因斯坦发表他的广义相对论不久之后，弗里德曼（Friedmann），勒梅特（Lemaître）和其他人便发现了方程的一些解。这些方程解给出了可信的宇宙模型，但是它们都存在奇点。在那里，密度和曲率会发散到无穷。稍晚些时候，一个类似的情形（但在相反的时间方向上）也出现在奥本海默-斯奈德（Oppenheimer-Snyder）模型中。这个模型描述引力坍缩到具有内在奇点的现在被称为黑洞的东西。现在的问题是，在这些模型中，严格的球面对称和物质源（尘埃）的简单化表示是否具有误导性，以及，一个非对称的（有可能旋转的）、物质源更符合实际的一般化模型是否可以避免奇点，从而允许一个非奇异的“弹跳”的可能性。

然而，在20世纪60年代从微分拓扑和因果结构理论发展出来的工具（下文将详细介绍）显示，上述情形中的奇点是无法被一般化模型消除的。相反，这一现象非常稳定，且只要物质源满足某个非常一般的条件就会发生，这个条件与局部能量非负有关。这一领域的一些结果源于史蒂芬·霍金（Stephen Hawking），罗伯特·杰罗克（Robert Geroch），笔者，还有很多其他人。这些结果包括因果条件，未来和过去的边界结构，柯西视界（Cauchy horizon），以及依赖域（domain of dependence）。笔者原始的奇性定理会在下文详细介绍，它展示了在引力坍缩中奇点出现的必然性。不过在本文中我们会从一个新的角度来描述，即这些奇点的属性可以通过时空边界点的概念来分析。它们被称作TIP（不可分的终端过去，terminal indecomposable pasts）和TIF（不可分的终端未来，terminal indecomposable futures）。

目录

1. 一般背景

阿尔伯特·爱因斯坦（Albert Einstein）在 1915 年发明了他伟大的广义相对论（这里简称 GR），且在两年之后引进了额外的 Λ-项（Λ-GR）。广义相对论有坚实的物理基础，新颖、大胆而宏伟。在 1919 年日食的时候，亚瑟·爱丁顿（Arthur Eddington）爵士到普林西比岛（Isle of Principe）的远征也赋予了 GR 一些早期的证据；因为在这次日食中，他们发现了太阳质量使光线弯曲的现象。这是对 GR 理论第一次可观测的支持。尽管 GR 理论因此被崇尚至极，大多数物理学家在之后的很多年里都对其持怀疑态度。这是可以理解的，因为爱因斯坦的引力理论跟那时候任何一个成熟的物理理论都大相径庭。在 GR 里，引力甚至没有被当成一种力。而极为讽刺的是，牛顿引力理论的巨大成功为所有后来研究粒子相互作用的严格理论提供了模型。不仅如此，GR 和其他所有成功的理论都不同：在 GR 里，引力场的能量似乎不是定域的。

上面最后一点看起来尤其麻烦，因为能量一直到现在都被认为是物理中最根本的概念之一。早在 1916 年，爱因斯坦［Einstein，A.（1918）］就声称：一个旋转的条状物体会释放引力波，并从物体的动能中带走能量。他还给出了在辐射中能量释放率的“四极质量公式”。这个公式如今在解释由 LIGO 引力波探测器接收到的信号中也一直在被使用。然而，在 GR 弯曲时空几何里，并不存在有意义的局域能量密度，来对应从波中带走的能量。爱因斯坦引进了一个能量“伪-张量”的概念来充当这个角色，但它是一个依赖于坐标系的量，因此不具有局域的物理意义。只有将考虑的范围延拓到无穷远处时才有可能发现某种不依赖于坐标系的概念，从而赋予它真正的物理意义。这个问题在许多年里都令人费解。爱因斯坦自己与他同时代的很多人一样，年复一年地对是否存在真正带能量的引力波犹豫不定。一直到 50 年代末、60 年代初，通过一些人的工作，如安德烈·特劳特曼（Andrzej Trautman）［Trautman，A.（1958）］，赫尔曼·邦迪（Hermann Bondi）及合作者［Bondi，H.（1960）］，［Bondi，H.，van der Burg，M. G. J. and Metzner，A. W. K.（1962）］，雷纳·萨克斯（Rayner Sachs）［Sachs，R. K.（1961）］，［Sachs，R. K.（1962a）］，［Sachs，R. K.（1962b）］，及很多其他人［Newman，E. T. and Unti，T. W. J.（1962）］，［Newman，E. T. and Penrose，R.（1962）］，［Penrose，R.（1963）］，［Penrose，R.（1965）］，人们才对从一个适当局域化的引力系统中以引力波形式释放出的能量有了清晰的认知，尽管只包括时空在某种意义下渐进平直的情况｛参考［Trautman，A.（1958）］，［Bondi，H.，van der Burg，M. G. J. and Metzner，A. W. K.（1962）］，［Sachs，R. K.（1962a）］，［Sachs，R. K.（1962b）］，［Newman，E. T. and Penrose，R.（1962）］，［Penrose，R.（1963）］，［Penrose，R.（1965）］｝——且即使在无穷远处，能通量（energy flux）的度量仍存在一定的非定域性｛参考［Penrose，R. and Rindler，W.（1986）］p. 427｝。

作为另外一个途径，受标准的（量子）场论和粒子物理启发，我们注意到这样一个事实：希尔伯特（Hilbert）在1915年［Hilbert，D.（1915）］就已经证明了GR方程可以从一个拉格朗日量得到。而根据诺特（Noether）定理：任何一个具有时间平移不变的拉格朗日量的理论就一定存在能量守恒的概念。我们可能会因此认为这也适用于GR；然而，GR的时间不变性只不过是它的广义协变性（任意物理量的坐标无关性）的一个方面。诺特定理在这里并没有太大用处。尽管，一些作者用这一途径得出来一些价值有限的结果｛参考［Komar，A.（1959）］｝。这个问题在处理角动量守恒时更加明显，对GR来说是个很大的麻烦参考｛［Sachs，R. K.（1962b）］｝。

尽管明显偏离了现代物理学某些最基本的原理，但随着时间的流逝，GR的实际物理精确性变得越来越明显。一个特别的里程碑是在1974年由罗素·霍尔斯（Russel Hulse）和约瑟夫·泰勒（Joseph Taylor）观测到的双星系统，其中一个是脉冲星（PSR B1913＋16）。这表明了GR非同寻常的精确性｛参考［Taylor，J. H.（1994）］，［Will，C. M.（2005）］｝，包括由发射引力波造成的系统能量损失所带来的明显且必要的贡献。这个发现也为他们赢得了当之无愧的1993年物理学诺贝尔奖。从牛顿效应，到由GR引起的轨道校正，再到引力辐射的细节，这些整体上展示了GR的精度大约是10^{-13}。这甚至可以和用来计算电子磁矩的量子电动力学（quantum electrodynamics，简称QED）所表现出来的10^{-11}的精确度相提并论。以后对其他脉冲星的观测，尤其是二元脉冲星PSR J0737-3039，会相当可观地进一步提高这些精度。

把GR和QED相比较是很恰当的。前者是我们在宏观尺度下最好的理论，而后者是在微观尺度下最好的理论。在已知的科学里面，QED经常被称作是最精确的理论。当我们比较的时候，我们必须考虑到这样一个事实：量子场论（QFT），尤其是QED，有很多不同种类的应用，且是一个可以解释很多种不同现象的多方面的理论。而对GR来说，只存在相对较少的不同种类现象，它们的理论预测和实际观测可以比较好地对应起来。尽管如此，GR可预测的效应的例子在近几年来也一直在增加。其中最值得注意的是LIGO检测到的令人期盼的信号，它完全符合GR对碰撞黑洞产生的引力波信号的预测。另一个明显的证据是，来自遥远星系的光线在接近其他大型质量团后到达地球时的透镜效应。

而消极的一面，两个理论都遭到了可以被视为严重缺陷的根本性的困难，因为严格的计算都会导致无穷的出现，这或许意味着我们当前对这两个理论的认知尚不完备。但是看起来这两个理论的情形又非常不同。在QFT里，问题的无穷性潜伏在每一步的计算中，严格遵守QFT的计算原则会几乎不可避免地导致发散的级数或发散的积分。我们需要用很多特别设计的理论工具，如重整化或者维数正则化，来提取想要得到的有限数值。即便如此，这些工具也经常不能除掉所有的产生麻烦的无穷大。GR的情形则非常不同。在这里我们发现，对于大多数感兴趣的物理情形，尽管它包含极其复杂的计算，但都有明确定义的有限结果。然而在某些极端的特别条件下，可以证明这个理论的方程不可避免地导致“奇点”。在那里，服从GR的演化不继续给我们带来有限的结果。在下面一节里我们将要看到什么样的物理情形可以导致这类问题。

2. 大爆炸和引力坍缩

在1922年和1924年，俄国数学家亚历山大·弗里德曼（Alexander Friedmann）发表了爱因斯坦方程的第一组解，旨在提供一个可以从整体上对我们的宇宙作合理近似的时空。他的模型提供了几种空间几何，它们或为拓扑为S^3的闭空间，或为双曲的三维空间。在稍晚一点的1927年，比利时牧师乔治·勒梅特（Geoges Lemaître）也在相同的条件下（这次空间几何是平直的）得出了GR方程的解。和弗里德曼的发现一样，在这个模型里，宇宙存在一个奇异的起点，在那里，曲率和密度发散到无穷。然而，这个宇宙模型在奇点后扩张的特性对勒梅特来说是极好的，因为他一直深受维斯托·史利弗（Vesto Slipher）观测结果（参考［O′ Raifeartaigh, C.（2013)］）的影响，而史利弗的观测表明实际的宇宙好像是在扩张的。后来埃德温·哈勃（Edwin Hubble）也为这个发现给出了更确定的支持。

勒梅特把这个最初的起点称作“原始原子”（primordial atom）。现在的术语“大爆炸”则是由弗雷德·霍伊尔（Fred Hoyle）在很晚之后作为一个贬低的词汇提出的［Hoyle, F.（1950)］，因为霍伊尔是竞争对手稳定态理论（steady state theory）的支持者。这个理论里不存在最初奇点［Sciama, D. W.（1959)］，然而这一理论的演化方程需要对标准的GR做一些很奇怪的修改。但不管怎么说，很多宇宙学家也对宇宙起源于“大爆炸”的说法不满意。特别地，爱因斯坦本人也嘲笑弗里德曼和勒梅特对物理的理解，尽管他对二人的数学表示钦佩。最后，当他知道哈勃的令人印象深刻的发现以后，爱因斯坦开始欣赏勒梅特推理的力量，而他自己也转向大爆炸的思想。

在1917年，爱因斯坦自己提出了一个完全静态的（也就是说，有一个和超曲面正交的类时基林（Killing）向量场）、拓扑是$\mathbb{R}\times S^3$的宇宙模型［Einstein, A.（1917)］。他正是为了允许这种解的存在才在他的方程里引进了Λ项。但爱丁顿认为这个模型在静态时是不稳定的，而且天文学证据也表明宇宙实际上是扩张而不是静态的。于是爱因斯坦放弃了这个模型，同时还舍弃了Λ项——讽刺地是，现在看来，有大量证据表明Λ是正的，并且Λ-GR看起来可以更精确地描述我们的大尺度宇宙。

相对论和天体物理的另一个问题在1930年被一个来自印度的19岁学生苏布拉曼扬·钱德拉塞卡（Subrahmanyan Chandrasekhar）发现出来。当时，他正乘船从印度到英国，即将开始他在剑桥大学天体物理专业的博士学习。钱德拉塞卡对于使白矮星避免因自身巨大的引力而向内坍缩的物理效应方程感兴趣。白矮星（例如天狼星的黑暗伴侣）是极其稠密的——差不多相当于整个太阳的质量浓缩在一个地球大小的物体上。这样的恒星被所谓的电子简并压（electron degeneracy pressure①）所分开，而电子简并压由泡利（Pauli）不相容原理导致，它禁止不同的电子占据相同的态。

①译者注：这是量子简并压的一个特定形式。

钱德拉塞卡发现的是，当狭义相对论的原则被恰当地应用到电子方程的时候，恒星的质量会有一个上限，即大约 1.4 倍于太阳的质量——现在被称作钱德拉塞卡极限（这里记为 M_C）——在这个极限以上，恒星就无法在冷却后保持完整。

这就产生了一个很令人困扰的问题。质量远大于 M_C 的恒星是存在的，它们现阶段的温度非常高，这样它们可以被粒子热运动导致的压力所分开。然而，用于保持高温的这些热核过程终将结束。通过详细的天体物理分析得出的图景是：恒星的物质开始向外扩展，而恒星中央有一颗白矮星。随着外侧物质的持续扩张，这个核心会得到越来越多的恒星质量，而恒星将变成一颗所谓的红巨星。当核燃料开始被用完时，这个核心也得到越来越多的物质。如果总质量不是太大（依赖于一些细节），那么随着核心的增长，恒星最终会收缩，并且整体会变成一个质量小于 M_C 的白矮星而趋于平稳。但是对于一个质量远大于 M_C 的恒星，增长的白矮星核心将会坍缩，同时外侧高温物质向中心坠落；进而发生核过程导致超新星爆发，并带走大量的系统质量。这可能会形成一个更加浓缩的核心区域。在那里，和原来白矮星的电子简并压相比，中子简并压占据上风，从而使核心变成一个远远更致密的物体，称作中子星（大约相当于太阳的质量集中到一个半径为 10 公里的区域）。同样，可以承受引力坍缩的质量是有极限的，有时被称作朗道（Landau）极限（这里记为 M_L）来纪念卓越的苏联物理学家列夫·朗道（Lev Landau）。但是，M_L 的具体数值非常依赖于高能粒子物理的细节，且在朗道的时代是未知的。直到今天仍然有很多不确定性。现在看起来中子星可以拥有至少两倍于太阳的质量（正如当前已被观测到的），但很可能也不会高出太多。

无论怎样，我们已经观测到了质量大得多的恒星，例如质量明显大于 300 倍太阳质量的恒星，而一个恒星的质量越大，它演化完不同阶段的速度就越快。当核燃料用完后，恒星会坍缩，很难想象在随后的演化中会有大量的质量喷发出来从而使剩下的物质不会大幅度地超过 M_C 和 M_L。钱德拉塞卡意识到了这个问题的重要性［Chandrasekhar，S.（1931）］。但是爱丁顿［Eddington，A. S.（1935）］认为一定是分析中出现了错误或者物理学的基本定律需要深刻的修改｛参考［Eddington，A. S.（1946）］｝。

3. 黑洞的坍缩

1939年，约翰·罗伯特·奥本海默（John Robert Oppenheimer）和他的学生哈特兰·斯奈德（Hartland Snyder）［Oppenheimer，J. R. and Snyder，H.（1939）］考虑当坍缩的物质只有“尘埃”时的简化情形，他们研究GR对这个问题可以提供什么答案。参见图1。

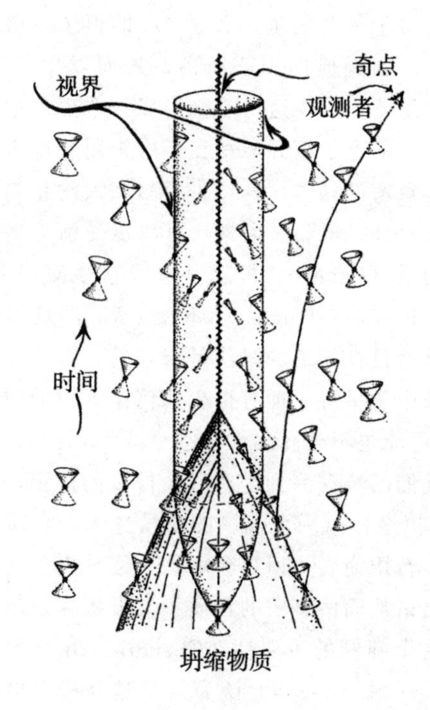

图1　奥本海默-斯奈德引力坍缩到黑洞的时空图像。光锥（null cone）一同标注出来。

这是一种没有压力的理想化的物质。并且，上面所有提到的宇宙模型（弗里德曼，勒梅特，和爱因斯坦）也都把这种“尘埃”当成GR方程里的源头项，这是因为他们是在考虑尺度大得多的对象，而在这种尺度下“尘埃粒子”代表互相独立运动的星系（或者可能星系团）。这种粗糙的近似在宇宙学中一直被普遍使用。（实际上，在奥本海默-斯奈德时空里，落入的尘埃物质的局部几何就是由上面的弗里德曼-勒梅特 GR 方程解建模的！）这种“尘埃”的能动张量可以简单地写为：

$$T_{ab} = \mu \nu_a \nu_b \tag{3.1}$$

这里，μ 是质量密度，ν^a 是物质的 4 维速度，并且在时空中的每一点归一化为单位向量，

$$\nu_a \nu^a = 1 \tag{3.2}$$

作为对物理考虑的插曲，我们对一些概念的符号记法做些评论。我采用的是抽象指标（abstract-index）记法［Penrose，R.（1968）］，［Penrose，R. and Rindler，W.（1984）］，它表面上相似于被纯几何学家称呼的“物理学家记法”。然而，尽管这些符号在视觉效果和实际计算中被设计成跟物理学家记法相似的样子，它们并不代表在某种坐标系下张量（或向量）的组成分量，而是直接代表这些张量/向量本身。这完全是严格的，且在［Penrose，R. and Rindler，W.（1984）］和［Penrose，R.（1968）］中有详细的描述。我们可能注意到，这种写法要求，每当 ν^a 是一个向量场时，ν_a 就是由 ν^a 和度量场 g_{ab} 得到的协变向量场（模仿爱因斯坦求和记法）：

$$\nu_a = g_{ab} \nu^b \tag{3.3}$$

我们必须认识到，尽管 ν^b 和 ν^a 表示相同的向量场，但代数上写成 $\nu^b = \nu^a$ 是不正确的，这是因为每一项都对应着（无穷）抽象指标字母集的一个不同成员。它允许我们用这个抽象指标记法来模仿物理学家的基于坐标的写法。对偶的度量张量是 g^{ab}，反过来，我们有，

$$\nu^b = g^{ab} \nu_a \tag{3.4}$$

这里，g^{ab} 是度量的逆变（controvariant）形式（g_{ab} 的逆），而且“物理学家记法”的所有标准的规则（包括上面的爱因斯坦求和记法）在这里

也适用。在极少的情况下，如果我希望指代一组实际的坐标系或者局部标架①，我会用粗体的指标字母，而不是上面用过的斜体抽象字母。

我也应该解释我一般情况下用的正负号的惯例［Penrose，R. and Rindler，W.（1984）］，［Penrose，R. and Rindler，W.（1986）］。但是为了方便在这里讨论，我里奇张量 R_{ab} 和里奇标量 R 的正负号与我以前的著作相反。度量张量的符号是(+ − − −)，而黎曼曲率张量 R_{abcd} 、里奇张量 R_{ab} 和数量曲率 R 的符号由下面的等式决定，

$$(\nabla_a \nabla_b - \nabla_b \nabla_a) V^d = R_{abc}^{d} V^c, R_{bc} = R_{abc}^{a}, R = R_a^a \tag{3.5}$$

这里 ∇_a 表示协变导数。Λ-GR 方程是，

$$R_{ab} - \frac{1}{2} R\, g_{ab} + \Lambda\, g_{ab} = 8\pi G T_{ab} \tag{3.6}$$

这里，T_{ab} 是物质（引力源）的能动张量，Λ 是爱因斯坦的宇宙常量，G 是牛顿的引力常量。

在处理了记法问题这个小插曲后，我们回过来说明奥本海默和斯奈德实际上证明了什么。他们表明，在他们的模型里，根据 GR 严格的规则，一个球面对称的落向中心的尘埃云，可以到达一个中心点。在那里，密度变成无穷，以至于 GR 方程的演化在那之后无法再继续。更进一步地，对奥本海默-斯奈德模型（简记为 O-S）因果结构的检查揭示了这一事实：它有一个“视界”和一个中心奇点。从视界发出的信号无法逃逸到无穷。这提供了一个现在我们视为坍缩成黑洞的图像。见图 2。

然而，关于 O-S 模型的物理可靠性我们可以提出很多问题。首先，有人可能认为坍缩物质仅仅是“尘埃”这一假设太受限了，因为在这样的理想化情况下，不存在压力来把落下的物质分开。奇怪的是，在 GR 坍缩情形里，物质中存在的压力实际上会让情况变得更坏，因为 GR 方程告诉我们，在某种意义上，其实是迹数反转（trace-reversed）的能动张量。

$$T_{ab} - \frac{1}{2} T\, g_{ab}, \text{这里 } T = T_a^a \tag{3.7}$$

①即局部基向量组。

来充当“里奇张量的来源”的。当Λ-GR方程等价地写成迹数反转形式时，也可以看到为什么我们这么说，

$$R_{ab}=8\pi G\left(T_{ab}-\frac{1}{2}T\,g_{ab}\right)-\Lambda\,g_{ab} \tag{3.8}$$

这个描述在接下来我们的描述中（5.7节）会很重要。

在正常情况下，我们可以在每一点找到一个局部的伪标准正交基（δ_0^a，$\delta_1^a,\delta_2^a,\delta_3^a$），即，

$$g_{j\kappa}=g_{ab}\delta_j^a\delta_\kappa^b=\delta_{bj}\delta_\kappa^b=\mathrm{diag}(1,-1,-1,-1) \tag{3.9}$$

在这个基底下，能量张量 T_{ab} 的分量 $T_{j\kappa}$ 可以写成，

$$T_{j\kappa}=\mathrm{diag}(\mu,p_1,p_2,p_3) \tag{3.10}$$

这里，μ 是能量密度，且 p_1,p_2,p_3 是主压力。对于一理想流体，$p_1=p_2=p_3$，因此我们只有一个压力量 p：

$$T_{j\kappa}=\mathrm{diag}(\mu,p,p,p). \tag{3.11}$$

迹数反转的能量张量现在由下面的分量给出，

$$T_{j\kappa}-\frac{1}{2}T\,g_{j-\kappa}=\frac{1}{2}\mathrm{diag}(\mu+3p,\mu-p,\mu-p,\mu-p). \tag{3.12}$$

接下来在第7节中我们将要看到，在GR里，物质整体上的向内坍缩是由00分量（时间-时间分量）$(\mu+3p)/2$ 导致的，而不仅仅是 μ。这也很有意思地解释了为什么物质中的正压力会增加（而不是减少）物体坍缩的整体趋势。

不管怎么说，在局部水平上，尘埃会导致局部区域中虚假的无穷密度。从“守恒定律”

$$\nabla^a T_{ab}=0 \tag{3.13}$$

（因为额外的指标 b，这不是一个恰当的积分守恒定律。）我们可以立刻得出，只要 $\mu\neq 0$，类时单位向量 ν^a 就和测地线相切。如果这样的测地线不旋转，那么它们可能会遇到焦散点（caustic）的问题（一个我们接下来会更认真研究的问题，见第 6 节，第 7 节），同时在这些焦散点，物质密度——从而时空曲率——会变成无穷，因此会产生一个时空奇点｛见［Yodzis，P.，Seifert，H.-J. and Muller zum Hagen，H.（1973）］｝。但是，从引力坍缩的一般讨论出发，这样的奇点通常被看成是伪的，因为在实际的物质中，这种“尘埃”的描述只是一个近似，当物质粒子之间太近的时候，他们会互相推开（通过接触力），因此，一旦采用一个更符合实际的坍缩物质的描述，在这些焦散区域并不会产生，真实的奇点。

诸如此类的原因，很多物理学家不情愿把 O-S 图像看成引力坍缩一般情形的代表。更重要的是，关于 GR 中一般时空奇点的详细讨论由俄国物理学家叶夫根尼·米哈伊洛维奇·栗弗席兹（Evgeny Mikhailovich Lifshitz）和伊萨克·马尔科维奇·哈拉特尼科夫（Isaak Markovich Khalatnikov）在 1963 年给出［Lifshitz，E. M. and Khalatnikov，I. M.（1963）］，并且他们得到的结论是，在一般情况下，真实的奇点不会在 GR 方程的解中出现。按照这样的图像，在现实情形下，一个坍缩的恒星的行为不会是 O-R 所描述的那样；当坍缩物质中的不规则体离核心区域太近的时候，实际情况会显著偏离之前假定的球面对称性，从而 O-R 图像就失效了。取而代之地，在中心附近可能会产生复杂的旋流。我们可以认为，大多数的坍缩物质会从中心区域甩掉，从而结果会是一个非奇异的时空。

类似地，在很多宇宙模型中，比如弗里德曼在 1922 年描述的［Friedmann，A.（1922）］，坍缩的相态可以达到一个奇异的时刻，在那里，物质密度和时空曲率都变成无穷。但是，方程的解可以继续演化，并且模型中会出现一个奇异的“反弹”：坍缩被转换成扩张。我们也可以认为，正是球面对称的假定导致了奇点；一个更现实的不规则的、可能伴随着显著旋转的坍缩可能会自己形成旋流状，并且通过极其复杂但非奇异的中间相态，从坍缩的情形转换为扩张。图 2 展示了这种复杂转换的一个想象中的图像。余下章节的主要目的是给出一些本质的讨论，证明这种经典的“反弹”和经典相对论的基本物理要求是不相容的。

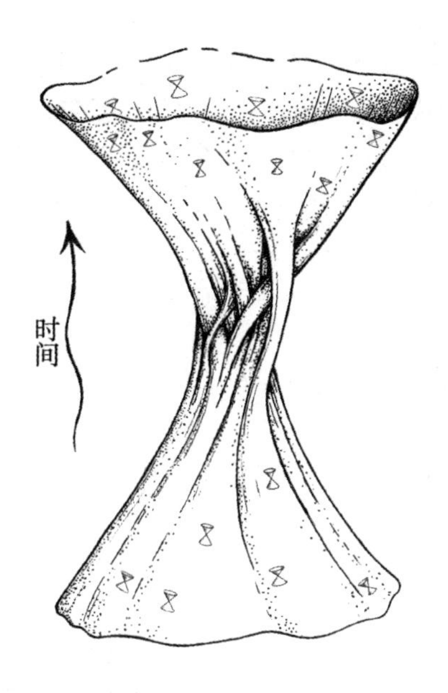

图 2　经由非常复杂的中间相态而出现的设想中的经典宇宙非奇异时空的“反弹”。

4. 一般引力坍缩的问题

在 1963 年，荷兰射电天文学家马丁·施密特（Maarten Schmidt）发现了无线电源 3C 273。它是我们现在称为类星体（quasar）的第一个例子。其亮度的频繁变化很清楚地表明，它的直径不可能超过我们的太阳系。然而，从它远超一个正常星系的能量散射率来看，我们意识到它的质量是如此集中，以至于，通过 GR 的考虑，这样的活动一定发生在物体的“施瓦西半径（Schwarzschild radius）”附近。

这个术语来自于 1915 年卡尔·施瓦西（Karl Schwarzschild）著名的在球形对称情形下 GR 方程的解。对于质量 m，它指的是关键半径：

$$r = 2mG \tag{4.1}$$

施瓦西半径的物理属性一开始被误解了，且被频繁地称作“施瓦西奇点”。现在更恰当的说法是“施瓦西视界”。为了理解问题所在，有必要明确地探究施瓦西模型。为简便起见，我们采用合适的单位从而把光速 c 和牛顿引力常量 G 设为 1：

$$c = 1, G = 1 \tag{4.2}$$

施瓦西的解中原始的度量是：

$$ds^2 = \left(1 - \frac{2m}{r}\right)dt^2 - \left(1 - \frac{2m}{r}\right)^{-1} dt^2 - r^2 (d\theta^2 + \sin^2\theta d\phi^2) \tag{4.3}$$

很明显当径向 r- 坐标达到 $r = 2m$ 时，这个表达式会变成奇异的；但可以证明，时空可以被光滑地延拓过 $r = 2m$ 到更小的 r 值，如果我们采用合适的坐标变换，把时间坐标 t 替换成“提前的”时间参数：

$$u = t + r + 2m\log(r - 2m) \tag{4.4}$$

那么延拓后的施瓦西度量是：

$$ds^2 = \left(1 - \frac{2m}{r}\right)du^2 - 2dudr - r^2 (d\theta^2 + \sin^2\theta d\phi^2) \tag{4.5}$$

现在，度量表达式中原来在 $r = 2m$ 处的奇点已经不存在了，但取而代之地，我们发现由 $r = 2m$ 决定的三维曲面是一个类光超曲面（null hypersurface），即，它的内蕴几何有一个退化的秩为 2 的度量 $-r^2(d\theta^2 + \sin^2\theta d\phi^2)$，这里，$u$- 坐标没有出现。这个三维曲面就是施瓦西时空的视界。在下面我们会解释这个称呼的原因。有意思的是，早在 1933 年，勒梅特［Lemaître, G.（1933）］就已经很明确地理解了，“施瓦西奇点”其实不过就是某种可以被落下的粒子穿过的视界，但他不知道方程（4.5）中这么简单的度量形式。（4.5）中的度量以爱丁顿［Eddington，A. S.（1924）］和大卫·芬克斯坦（David Finkelstein）［Finkelstein，D.（1958）］命名，常被称为爱丁顿-芬克斯坦度量（这里简记为 E-F），尽管爱丁顿的目的跟我们非常不同，并且他并没有就奇点/视界的问题做评论。（需要指出的是，甚至在勒梅特 1933 年发表［Lemaître，G.（1933）］之前，已经有其他人发现

了可以延拓过 $r=2m$ 的坐标。这其中最值得注意的是数学家保罗·潘列夫(Paul Painlevé)在 1921 年的工作[Painlevé, P.(1921)],但那时人们对这种延拓的物理属性几乎一无所知。

我们需要指出,虽然在 $r=2m$ 处的施瓦西奇点(4.3)已经通过简单的坐标变换除掉,在 $r=0$ 处的问题仍然存在。它当然不能通过坐标变换去掉,因为,一些计算表明,时空的曲率在那里发散到无穷。我们可能认为,某个更加现实的物质源,而不是(3.8)中使用的真空($R_{ab}=0,\Lambda=0$),或许可以提供在 $r=0$ 处的一个光滑延拓;或者,严格球面对称的假设才是罪魁祸首。然而,我们即将在第 7 节中看到,这两个修改都不能解决这个问题,尽管栗弗席兹和哈拉特尼科夫[Lifshitz, E. M. and Khalatnikov, I. M.(1963)]在 1963 年声称可以。

着迷于类星体的观测——很大程度上受到普林斯顿的约翰·阿奇博尔德·惠勒(John Archibald Wheeler)关于这些观测对相对论和基本物理重要性的评论激励——我开始严肃地考虑奇点会不会是引力坍缩的一般结果。我没有仔细研究过栗弗席兹和哈拉特尼科夫的工作,但我知道他们的证明中常用的数学方法,并且我不大相信那样的方法可以使人们得到一个清晰无误的结论。结果是,我开始自己尝试思考,我是否相信奇点总是会在一般坍缩中出现。我开始意识到,奇点的出现不太可能仅仅是由局部的物质引起的,即,某些密度或曲率过大的局部条件导致时空演化不可避免地"失控"而形成奇点。我们回顾一下,当测地的世界线遇到一个焦散点时,尘埃中会产生奇点,但是这些局部的发散可以通过在控制物质的方程中做一个微小的变换来除掉。这使我意识到奇异行为在引力坍缩中出现的条件肯定是非常特别的,应该被理解为某种全局的标准。这个标准告诉我们坍缩的物质什么时候会超出一个极限而"失控",进而不可避免地导致大灾难。

从更早的工作中[Penrose, R.(1964)],[Penrose, R.(1966)],我已经意识到类光测地线(以后称为射线)的聚焦与穿过它们的能量通量(包括引力场能的通量)相联系的方式。关于可以充当弯曲时空中子区域未来边界的三维空间结构,我也得到了很多专业知识{见[Penrose, R.(1965)]附录}。我认为这些概念可以指出在无奇点 GR 中我们的研究可以到达的极限,而这无疑是很有价值的。有一段时间我没有找到任何可信的备选者。但在 1964 年的秋天,我有了一个想法{它不同寻常的情形和[Penrose, R.(1989)](pp. 542—544)有联系},它对不可挽回的引力坍缩提供了一个恰当的标准。这就是所谓的囚陷曲面(trapped surface)。在

第 7 节中我会细讲，但在接下来的两个章节中我们需要一些数学背景知识才能认识到引力坍缩中关于时空结构的根本性问题。

5. 时空的因果结构

我们先从洛伦兹时空几何的一些基本概念出发。尽管我接下来讲的大部分内容都适用于一般的洛伦兹流形（最好维数 $\geqslant 3$），为了与本文的主题更加贴切，我假定以下的描述都被应用于一个四维的洛伦兹流形 M。因此，我们的度量 g_{ab} 的符号是 $(+---)$，且一个伪标准正交基 $(\delta_0^a, \delta_1^a, \delta_2^a, \delta_3^a)$ 可以被取定在任意一个点，见（3.9）。一个非零的切向量 ν^a 可以是类时（timelike），类空（spacelike），或类光（lightlike）[①] 的，取决于 $g_{ab}\nu^a\nu^b$ 是正，负，或者零。M 上每一点 p 的光锥（null cone）包含 p 点所有类光的向量。我们要求 M 是连通的，并且是时间可定向的。这意味着，在每一点处，全体非类空（且非类光）向量的集合可以被分成两个处处不相交的连通分支，它们被称为指向未来的和指向过去的。从而，我们可以处处连续且相容地指定被光锥分开的两个区域其中之一为未来锥（future cone），另一个为过去锥（past cone），从而给定 M 的一个时间定向。

如果 M 上两个不同的点 p 和 q 可以由一条光滑的未来类时（future-timelike）曲线从 p 到 q 连接起来（这里“未来类时”意思是切向量是类时的且指向未来），那么我们记为 $p \ll q$，且称“q 在 p 的编时未来（chronological future）”。如果从 p 到 q 的曲线是处处未来因果（future-causal）的（即切向量类时或类光，且指向未来），我们记为 $p \prec q$，且称“q 在 p 的因果未来”。下面基本的性质成立：

$p \ll q$ 蕴含 $p \prec q$，

$p \ll q$ 和 $q \ll r$ 共同蕴含 $p \ll r$，

$p \prec q$ 和 $q \ll r$ 共同蕴含 $p \ll r$，

$p \ll q$ 和 $q \prec r$ 共同蕴含 $p \ll r$，

---

①关于类光，另一个称呼是“零”(null)。为避免使用“零”引起的歧义，我们一般使用“类光”。例如“null cone”翻译成“光锥”或“类光锥”。

$p \prec q$ 和 $q \prec r$ 共同蕴含 $p \prec r$ ① 。

{见 [Kronheimer E. H. and Penrose, R. (1967)] 及 [Penrose, R. (1972)]。在上面的文献中，$p \prec q$ 和 $p \ll q$ 由测地线段（geodetic link）或者它们的有限连接来定义。这样的定义在简化某些证明中有一定程度的优势。}

我们假设 M 是强因果的（strongly causal）[Hawking, S. W. and Ellis, G. F. R. (1973)], [Penrose, R. (1972)]，这意味着，不存在这样一对互异的点 p 和 q，$p \prec q$，使得对任何一个 p 的开邻域 P，q 的开邻域 Q，都存在某个 $u \in P$，$v \in Q$，且 $v \ll u$。这个条件比要求仅仅不存在因果冲突要强一点。后者指的是，不存在两个互异的点 u，v，使得 $u \ll v$ 和 $v \ll u$ 同时成立。强因果性实际上是要求不存在“几乎闭合的”类时曲线。我们假设 M 确实是强因果的。在强因果性下，我们当然不可能有 $p \ll p$。然而 $p \prec p$ 的关系被定义成总是成立的。强因果时空的任何一个连通开子集也是强因果的。

一个点 $q \in \mathcal{M}$ 和一个子集 $Q \subset \mathcal{M}$ 的编时未来 $I^+(q)$ 和 $I^+[Q]$ 依次由下式来定义，

$$I^+(q) = \{x \in \mathcal{M} \mid q \ll x\}, \quad I^+[Q] = \bigcup_{x \in Q} I^+(x) \tag{5.1}$$

类似地，对于编时过去，

$$I^-(q) = \{x \in \mathcal{M} \mid x \ll q\}, \quad I^-[Q] = \bigcup_{x \in Q} I^-(x) \tag{5.2}$$

同样地，我们可以定义一个点 $q \in \mathcal{M}$ 或一个子集 $Q \subset \mathcal{M}$ 的因果未来及过去，

$$J^+(q) = \{x \in \mathcal{M} \mid q \prec x\}, \quad J^+[Q] = \bigcup_{x \in Q} J^+(x) \tag{5.3}$$

$$J^-(q) = \{x \in \mathcal{M} \mid x \prec q\}, \quad J^-[Q] = \bigcup_{x \in Q} J^-(x) \tag{5.4}$$

但这里我不太关心这个概念。很容易看到编时未来和过去的操作都是幂等的（idempotent）：

$$I^+[I^+[Q]] = I^+[Q], \quad I^-[I^-[Q]] = I^-[Q] \tag{5.5}$$

---

①英文原文中为 $q \prec r$，原文有误。

我们把这样的集合分别称为未来集（future-set）及过去集（past-set）。即前者是自身的编时未来，而后者是自身的编时过去。等价地，一个未来集就是$\mathcal{M}$中某个子集的编时未来，而一个过去集就是某个子集的编时过去。过去集和未来集都是$\mathcal{M}$拓扑上的开集（尽管可以指出的是，因果未来$\{x \in \mathcal{M} \mid q \prec x\}$和过去$\{x \in \mathcal{M} \mid x \prec q\}$都是闭集）。在强因果的假设下，我们可以通过亚历山德罗夫（Alexandroff）拓扑从时序结构来重新得到$\mathcal{M}$的拓扑。即，开集是以下基本邻域的并：$\{x \in \mathcal{M} \mid p \ll x \ll q\}$，对任何一对点$p$,$q$，$p \ll q$。

特别有意思的是那些不可约的（irreducible）的未来集和过去集。一个不可约的未来集（irreducible future-set），简称 IF，是一个未来集，且不能写成两个未来集的并，除非其中一个包含另外一个。类似地，一个不可约的过去集（irreducible past-set），简称 IP，是一个过去集，且不能写成两个过去集的并，除非其中一个包含另外一个。一个基本的定理告诉我们，每个 IF 都是$\mathcal{M}$中一条连通类时曲线的编时未来（或者说，每个 IF 都由这样的曲线生成），且每个 IP 都是$\mathcal{M}$中一条连通类时曲线的编时过去（或者说每个 IP 都由这样的曲线生成）[Seifert，H.-J.（1971）]，[Geroch，R.，Kronheimer E. H.，and Penrose，R.（1972）]，[Penrose，R.（1998）]。同时，$\mathcal{M}$中任何一条连通因果曲线的编时未来都是一个 IF，且这类曲线的编时过去都是一个 IP。跟类时曲线的情形一样，我们说这样的曲线生成一个 IF 或 IP；但这里有一处区别：这种因果曲线不需要包含在它们生成的 IF 或 IP 之中。

IF 包含两种。第一种是 PIF（点状的① IF）。它们是$\mathcal{M}$中单独点的编时未来（这样的点——称为生成点——是生成对应的 PIF 的曲线的过去端点）。第二种是 TIF（终端的 IF）。它们不是由单独点生成的未来，而是由过去无尽②的类时曲线（即，作为类时曲线不能进一步延拓到过去）生成。类似地，任何一个 IP 或者是一个 PIP（点状的 IP）——一个$\mathcal{M}$中单独点的编时过去，或者是一个由未来无尽的类时曲线生成的 TIP（终端的 IP）。在强因果假设下，PIF 的集合跟$\mathcal{M}$中生成它们的点的集合一一对应；而相应地，这些点又跟它们生成的 PIP 一一对应。但是，TIF 和 TIP 的集合给我们一些新的东西。我们可以认为 TIF 和 TIP 为流形$\mathcal{M}$提供了理想点（ideal point）。TIF 提供过去边界点，而 TIP 提供未来边界点。

在平直的闵可夫斯基（Minkowski）时空$\mathbb{M}$中，TIP 提供了$\mathbb{M}$的未来

①许多文献中，这里的“点状的”（pointed）写作“正则的”（proper）。

②许多文献中，这里的“无尽”（endless）写作“不可延”（inextendible）。

共形边界［Penrose，R.（1965）］，［Penrose，R.（1964）］。这个边界包含一个三维的区域 $\mathcal{I}^+$ 和一个理想点 i^+。TIPi^+ 由 $\mathbb{M}$中任何一条类时直线生成，而组成 $\mathcal{I}^+$ 的理想点则由 $\mathbb{M}$中的类光直线（射线）生成，且两条射线生成相同的理想点当且仅当它们属于 $\mathbb{M}$中同一个类光超平面。类似地，TIF 提供了 $\mathbb{M}$中的过去共形边界，包括一个三维的、由 $\mathbb{M}$中射线生成的理想点构成的区域 $\mathcal{I}^-$，以及一个由任何一条类时直线生成的理想点 i^-。见图 3。

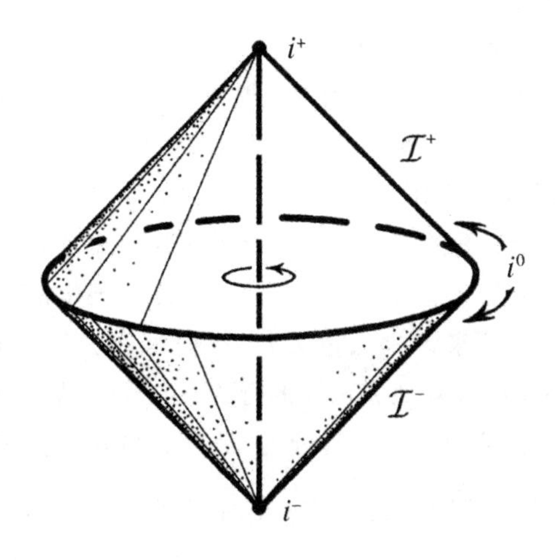

图 3　共形紧致化的闵可夫斯基空间。i^+ 和 $\mathcal{I}^+$ 的点代表 TIP；i^- 和 $\mathcal{I}^-$ 的点代表 TIF（空间无穷 i^0 不是这样表示的）。

在其他渐进平直的时空$\mathcal{M}$中也存在类似的结构，但是会有额外的对应于奇点的 TIP 或者 TIF。一个很好的例子是引力坍缩尘埃云的 O-S 模型。这里，时空中没有物质的区域由 E-F 表达式中（4.3，4.5）未来延拓的施瓦西度量的一部分来描述，而坍缩的尘埃云则由弗里德曼-勒梅特的宇宙模型的一部分来描述。见图 3 底部（带有未来光锥结构）。我们会有很类似于 $\mathbb{M}$中 $\mathcal{I}^-$ 和 i^- 的过去理想点（TIF），及类似于 $\mathcal{I}^+$ 和 i^+ 的未来理想点（TIP），但是现在我们还有对应于 $r=0$ 处奇点的 TIP。这些“奇异的 TIF”由终结于 $r=0$ 处奇点的类时曲线生成。

从这里我们可以学到的是，尽管自然的看法是把这个奇异区域当成一个点——可能最终会延拓到一条线——TIF 的观点给我们提供了一个不同的图像，即，这个起点实际上应该被看成一个三维的曲面！我们或许会把这个三维的曲面当成一个随时间演化的二维曲面，但这其实并不恰当。在奇点附近，时间方向已经局部地变成类空的，因此最好把整个奇点想象成是类空的！这很可能就是一般现实情形下相对论中奇点的特征——这被称为强宇宙审查猜想（hypothesis of strong cosmic censorship）[Penrose，R.（1969）]，[Penrose，R.（1998）]。

事实上，TIP/TIF 的观点使我们对 GR 中的奇点比预期有了一个明显更具建设性的态度，而且现在为奇点提供某种因果结构变得有意义。但在讨论这个问题之前，有必要把对应于奇点的 TIP/TIF 和那些对应于无穷点的区分开来。最直接的方式是，如果 TIP 的一条生成曲线向未来延伸到无穷的长度，我们就把这个 TIP 标记为“未来无穷远处的点”，或者“∞-TIP”。对应地，如果 TIF 的一条生成曲线向过去延伸到无穷的长度，我们把它标记为“∞- TIF”。然后，我们就可以把非 ∞- TIP 称为奇异 TIP，并把非 ∞- TIF 称为奇异 TIF。

这并不是毫无根据的。我基本上会沿用这些术语，但是应该澄清一些东西。首先，可能在一些情形之下，沿着这样一条生成曲线（对 TIP 来说进入未来，或对 TIF 来说进入过去），我们可能会发现某种奇异的行为，例如数量曲率的发散或其他灾难性的行为。在这种情况下，我们可能会认为 TIP 或 TIF 代表某种“无穷远处的奇点”。另外需要记住的一点是，类时曲线的“长度”，即 $\int ds$，其实是一个时间测量（固有时 proper time），并且，在洛伦兹几何里，当一条类时曲线是测地线时，沿着它对固有时积分是局部极大的，而不是局部极小的（因此，“微扰”两个固定点之间的类时曲线会使它的长度减小，而不是增大）。相应地，拥有无穷长度（对 TIP 延拓到未来，对 TIF 到过去）的类时生成元是一个非平凡的限制。

然而，还需要记住另外一个问题。目前建立起来的奇性定理并不能直接断定在上面意义下的“奇异 TIP”或“奇异 TIF”的存在性。更确切的概念应该是由有限长度的类时测地线生成的测地-奇异（geodetic-singular）TIP 或 TIF。这个定理会在第 7 节末尾给出证明，而在这个定理中，我们会发现一个稍微不同的奇异 TIP（或 TIF）的概念，即：

一个类光-奇异（*null-singular*）的 TIP 或
TIF 由一个仿射-有限的射线段生成 （5.6）

[对于射线“仿射”长度的概念，见（7.12）]。尽管我们可以想到在非常奇怪的情形下，这些奇异 TIP（或 TIF）的定义是互相不同的，但这只有在靠近生成曲线终点而时空表现很糟糕时才有可能发生，因此 TIP

(或 TIF) 理所应当在任何情况下都被看成奇异的 (对比 [Hawking, S. W. and Ellis, G. F. R. (1973)], [Geroch, R. and Horowitz, G. T. (1987)])。

与之相关地，TIF 和 TIP 也可以拥有因果和时序的关系。让 P 和 Q 为两个 TIF。我们可以定义，

$P \prec Q$ 当且仅当 $P \supseteq Q$；

$P \ll Q$ 当且仅当存在一个点 $x \in \mathcal{M}$，使得 $P \supset I^+(x) \supset Q$；

且如果 U 和 V 是两个 TIP，我们定义：

$U \prec V$ 当且仅当 $U \subseteq V$；

$U \ll V$ 当且仅当存在一个点 $x \in \mathcal{M}$，使得 $U \subset I^-(x) \subset V$；

如果这些定义应用到 PIF 或 PIP，对于编时顺序关系 $\ll$，我们得到和他们的生成点相同的关系；但是对于因果关系，则会存在一些区别。然而，当$\mathcal{M}$是被我们称为“整体双曲”的流形时，这些区别不会出现。接下来我们介绍$\mathcal{M}$的这种限制（最早由法国数学家让·雷雷 (Jean Leray) 考虑)。

在某些时空中 {例如“反德西特空间” (anti-de Sitter space)；见 [Penrose, R. (1972)], [Hawking, S. W. and Ellis, G. F. R. (1973)] } 可以出现的一种情形是，存在一个 PIF$I^+(p)$，而它包含这样一个 TIFQ：

$$I^+(p) \supseteq Q \tag{5.7}$$

使得过去理想点 Q 位于一个实际的时空点 p 的编时未来。我们可能会把上述关系记为 $p \ll Q$。上面这种情况在我们考虑相对论物理中标准演化方程的时间进展时会引起困难。考虑 Q 的一条生成曲线 γ 及它上面的一个点 $q \in \gamma$，我们将会有一条从 p 到 q 的类时曲线 λ，使 q 可以无限地沿 γ 回退到过去（鉴于 Q 是一个 TIF)，我们发现连接曲线 λ 在$\mathcal{M}$中不可能有紧致的极限。否则，这会跟时空整体双曲的特性产生矛盾。换言之，对任意一对点 p, q, $p \ll q$，那么满足 $p \ll x \ll q$（即，亚历山德罗夫邻域，$I^+(p) \cap I^-(q)$ ①）的所有点 x 有紧致的闭包。等价地，对任意 $p \ll q$，满足 $p \prec x \prec q$ 的所有点 x 构成的集合，即 $J^+(p) \cap J^-(q)$，是紧致的 [Penrose, R. (1972)]。相应地，这也等价于，对任意 $p \ll q$，从 p 到 q 的因果曲线构成的空间是紧致的 [Penrose, R. (1972)]。因此，整体双曲性等价于不存在包含 TIF 的 PIF，或者（根据由整体双曲性定义的时间对称性）不存在包

---

①原文为 $I^+(q) \cap I^-(q)$，校者认为这是原作者的笔误。

含 TIP 的 PIP。此外，回顾 PIP 和 TIP 之间“$\ll$”关系的定义，我们也可知道上文中的关系（即 $p \ll Q$）对于 TIP 或者 TIF 永远不可能在一个整体双曲的时空中满足。

罗伯特·杰罗克［Geroch，R.（1970）］的一个定理证明，如果一个整体双曲的时空$\mathcal{M}$具有拓扑：

$$\mathcal{M} \cong \mathbb{R} \times S \tag{5.8}$$

并且如果乘积中每个 $\mathbb{R}$都是一条类时曲线，每个 S 都是一个类空三维曲面，那么这些曲面都是 M 的柯西（Cauchy）超曲面。时空中一个柯西超曲面是一个满足如下条件的超曲面$\mathcal{S}$：时空中的每条类时曲线都或与$\mathcal{S}$相交，或可以延拓成一条类时曲线而与$\mathcal{S}$相交。我们可以更简洁地说，每条无尽的（包括未来无尽和过去无尽）的类时曲线都和$\mathcal{S}$相交。从标准的相对论性经典场①方程（例如麦克斯韦自由场方程）来看，柯西曲面的假设是很自然的：所有涉及的场的初始数据都在这样一个类空超曲面上给出，且如果这些方程（及初始约束条件）比较合适，我们可以期望这些场在时空中唯一地演化。因此，柯西超曲面在相对论性经典场论中有很重要的作用［Choquet-Bruhat，Y. and Geroch，R.（1969）］。

更进一步，柯西超曲面在更局部的意义下也是重要的。假设$\mathcal{M}$是强因果的，但不一定是整体双曲的。如果在$\mathcal{M}$中有一个非编时（achronal）的三维曲面$\mathcal{S}$（不一定是处处光滑的），即，$\mathcal{S}$中不存在两个点 p 和 q 使得 $p \ll q$，那么我们可以定义依赖域（domain of dependence）：

$$D(\mathcal{S}) = \{x \in \mathcal{M} \mid \text{每条经过 } x \text{ 的无尽类时曲线都和}\mathcal{S}\text{相交}\} \tag{5.9}$$

我们可以期待，给定$\mathcal{S}$上的数据（初值），恰当的相对论性经典场方程在 $D(\mathcal{S})$ 所代表的区域上有唯一的演化。把 $D(\mathcal{S})$ 分成未来及过去的依赖域是有用处的：

$$D^{+}(\mathcal{S}) = D(\mathcal{S}) \cap I^{+}[\mathcal{S}] \text{及} D^{-}(\mathcal{S}) = D(S) \cap I^{-}[\mathcal{S}] \tag{5.10}$$

而它们和$\mathcal{S}$本身共同决定了 $D(\mathcal{S})$：

①即与相对论相容的经典场。

$$D(\mathcal{S}) = D^{+}(\mathcal{S}) \cup D^{-}(\mathcal{S}) \cup S \quad (5.11)$$

我们指出这样一个事实，$D(\mathcal{S})$ 的内部区域，

$$\mathrm{int}D(\mathcal{S}) \quad (5.12)$$

作为一个时空是整体双曲的。关于 $\mathrm{int}D(\mathcal{S})$ 的一个很重要的性质（尤其与奇性定理有联系）是，

如果 $x \in \mathrm{int}D(\mathcal{S})$，那么每条通过 x 的无尽因果曲线和$\mathcal{S}$相交（5.13）

特别地，每条经过 x 的射线都和 $\mathcal{S}$ 相交，它的证明见［Penrose，R.（1972）］45 页。$D(\mathcal{S})$ 的未来和过去边界：

$$H^{+}(\mathcal{S}) = \{x \in D(\mathcal{S}) \mid I^{+}(x) \cap D(\mathcal{S}) = \emptyset\}$$
$$H^{-}(\mathcal{S}) = \{x \in D(S) \mid I^{-}(x) \cap D(\mathcal{S}) = \emptyset\} \quad (5.14)$$

分别对应于由史蒂芬·霍金引出的未来及过去柯西视界｛Hawking，S. W.（1967）｝。在不假设整体柯西超曲面存在的情况下，这对建立奇性定理是有用的。

另外一种对奇性定理重要的视界是$\mathcal{M}$中某个子区域$\mathcal{L}$的编时未来（或过去）的边界。这两种视界之间存在一种不寻常的对偶，它可以从下面的方式来理解。让我们假定非编时域$\mathcal{S}$是一个大得多的非编时域$\mathcal{K}$的一部分。这里，我们选取$\mathcal{K}$足够大使得 $I^{+}[\mathcal{K}] \cup I^{-}[\mathcal{K}]$ 包含全部我们感兴趣的区域。考虑 $D(\mathcal{K})$ 中的一个点 x，那么每条经过 x 点的无尽类时曲线都和$\mathcal{K}$相交。记$\mathcal{S}$在$\mathcal{K}$中的补集为 R，从而$\mathcal{K}$是 S 和$\mathcal{R}$的不交并：

$$\mathcal{R} \cup \mathcal{S} = \mathcal{K} \quad 且 \quad \mathcal{R} \cap \mathcal{S} = \emptyset \quad (5.15)$$

现在考虑 $D(\mathcal{K})$ 中的任意一点 x。任何一条经过 x 点的无尽曲线一定和$\mathcal{K}$相交，因此它会跟$\mathcal{R}$或者$\mathcal{S}$相交。我们考虑关于 x 的两种可能性。有可能每条经过 x 点的无尽类时曲线都和$\mathcal{S}$相交，在这种情况下 $x \in D(\mathcal{S})$。另一种可能是，存在一条经过 x 点的无尽类时曲线不和$\mathcal{S}$相交，因此它和$\mathcal{R}$相交。在第二种情况下，或者 $x \in I^{+}[\mathcal{R}]$，或者 $x \in I^{-}[\mathcal{R}]$，或者 $x \in \mathcal{R}$。从而

可以推出，$I^{\pm}[\mathcal{K}]$ 是 $I^{\pm}[\mathcal{R}]$ 和 $D^{\pm}(\mathcal{S})$ 的不交并：

$$I^{+}[\mathcal{R}] \cup D^{+}(\mathcal{S}) = I^{+}[\mathcal{K}], \text{且 } I^{+}[\mathcal{R}] \cap D^{+}(\mathcal{S}) = \emptyset \qquad (5.16)$$

从这里我们可以看出$\mathcal{R}$的未来与$\mathcal{S}$的依赖域（之间）的共同边界有相同的结构，但这个共同边界不需要是其中任何一个的完整边界。这个事实可能会带来一些困扰，因为未来边界和$\mathcal{K}$本身的柯西视界有关。不管怎样，这展示了这两种边界的结构的本质相似性。确实，我们可以比较上面（5.14）式中给出的柯西视界的定义和一个非编时集$\mathcal{R}$的编时未来边界的定义，

$$\partial I^{+}[\mathcal{R}] = \{x \in \mathcal{M} \mid I^{+}(x) \subseteq I^{+}[\mathcal{R}], \text{但 } x \notin I^{+}[\mathcal{R}]\} \qquad (5.17)$$

类似地，一个过去边界，

$$\partial I^{-}[\mathcal{R}] = \{x \in \mathcal{M} \mid I^{-}(x) \subseteq I^{-}[\mathcal{R}], \text{但 } x \notin I^{-}[\mathcal{R}]\} \qquad (5.18)$$

在强因果时空$\mathcal{M}$中，下面的引理给出了一个重要性质。它关乎任意非编时集$\mathcal{R}$的编时未来边界 $\mathcal{B} = \partial I^{+}[\mathcal{R}]$，也关乎任意非编时集$\mathcal{S}$的未来柯西视界（相应地，$\mathcal{B} = \partial D^{+}(\mathcal{S})$）：

引理 1. *如果 p 是$\mathcal{B}$中不属于$\mathcal{R}$（相应地，不属于$\mathcal{S}$）的一个点，那么存在$\mathcal{B}$中的一条类光测地线（射线）γ，使得它的未来端点是 p，并且当它沿着$\mathcal{B}$延拓到过去时，它或者是无尽的，或者会到达$\mathcal{R}$（相应地，$\mathcal{S}$）的闭包上的一点。*

证明：参见［Penrose，R.（1972）］。

因此，我们得到未来边界和未来柯西视界的一个重要性质。任何一个这样的区域都是一个完全由射线生成的拓扑三维流形$\mathcal{B}$，每条射线或者是过去无尽的，或者在初始集（$\mathcal{R}$或$\mathcal{S}$）的闭包上有一个过去端点。同时，每条射线或者是未来无尽的，或者在$\mathcal{B}$上有一个未来端点。对于后者，在经过这个点后，延拓的射线都或将进入 $I^{+}[\mathcal{R}]$ 的内部（未来边界的情形），或将全部离开 $D^{+}(\mathcal{S})$（柯西视界的情形）。这些超曲面是拓扑三维流形，但它们通常不是处处光滑的。比如，生成射线的未来端点就不是光滑的。当然，上面所有的命题都有一个关于编时过去边界和过去柯西视界的对应版本。

6. 测地线的极大性

第 5 节主要是关于时空$\mathcal{M}$的因果结构，这等价于$\mathcal{M}$的时间定向的共形结构（$\mathcal{M}$是强因果的），但这不等价于$\mathcal{M}$更精细的度量结构。为了讨论由一般的引力坍缩引起的奇点问题，有必要在第 5 节的基础上进一步拓展。这个共形结构由$\mathcal{M}$的洛伦兹度量场 g_{ab} 及如下等价关系给出，

$$g_{ab} \equiv \Omega^2 \ g_{ab} \tag{6.1}$$

这里，Ω 是$\mathcal{M}$上一个光滑的正标量场。对任何一条连接$\mathcal{M}$中点 p 和 q($p \prec q$) 的因果曲线 γ，该度量给出一个非负的长度（物理上称为固有时）。正如 5.5 节已经提到的，这个长度是，

$$\int_p^q ds \tag{6.2}$$

这里 $ds = \sqrt{g_{ab}dx^a dx^b}$。我们关心上面积分的极大性。通过局部分析（假设 $p \prec q$），可以看到，如果 q 足够接近 p ——技术上这意味着 q 在 p 的一个足够小的拓扑邻域$\mathcal{N}$里——那么在$\mathcal{N}$中存在一条从 p 到 q 的因果测地线 γ，使得它在$\mathcal{N}$中所有从 p 到 q 的因果曲线里具有最大的长度。回顾一下，在洛伦兹时空里，我们需要测地线的长度取极大值，而不是极小值——它是最大化“固有时”的直接方式。类似地，这对足够接近于 q 的所有 p（$p \prec q$）也成立。作为一个特例，如果 $p \prec q$，但不满足 $p \ll q$，即 q 在 p 的光锥上，那么从 p 到 q 的测地线一定是长度为零的类光曲线（即，一条射线），且在这种极端情况下 γ 是唯一一条连接两点的因果曲线。

如果$\mathcal{M}$不是整体双曲的，那么可能有一对点 p,q（$p \prec q$），使得所有从 p 到 q 的因果曲线中不存在长度极大的曲线。这样的$\mathcal{M}$的一个最简单的例子（尽管对于一个现实的时空来说几乎不可能）是挖去了一个点 o 点的闵可夫斯基空间 $\mathbb{M}$。在这种情况下，如果 p 和 q 是 $\mathbb{M}$中经过 o 的一条类时

直线，且它们分别在点 o 的两侧，那么从 p 到 q 的类时曲线的长度的上限是无法取到的。尽管这个例子在物理上明显是不现实的，但它确实展示了当$\mathcal{M}$不是整体双曲时可能产生的困难。经常考虑的（展开的）反德西特空间（见［Hawking，S. W. and Ellis，G. F. R.（1973）］131 页或者［Penrose，R.（2004）］749 页）是一个物理上更可信的例子。在这样的空间里，对于相互距离足够远的位于一条类时测地线 γ 上的点 p 和 q，我们可以发现：从 p 到 q 的类时曲线的长度上限是不存在的，因此从 p 到 q 的测地线 γ 显然不是极大的。

另一方面，如果$\mathcal{M}$是整体双曲的，那么从 p 到 q（$p \prec q$）的因果曲线构成的空间是紧致的（见第 5 节或者［Penrose，R.（1972）］）。从这个事实可以推出，肯定存在一条长度最大的从 p 到 q 的曲线（可能不止一条），且这样的曲线肯定是因果测地线。这个结论也适用于$\mathcal{M}$中任何一个整体双曲的开子区域 $\mathcal{D}$，无论$\mathcal{M}$本身（仍然假设强因果）是不是整体双曲的。特别地，对$\mathcal{M}$中任何一个非编时子集$\mathcal{S}$，上面的结论适用于其依赖域的内部 $\mathcal{D}=\mathrm{int}D(\mathrm{S})$。因此，对于$\mathcal{D}$中任何两个点 p 和 q，$p \prec q$，$\mathcal{D}$中都存在一条极大的测地线连接它们。

我们需要更进一步来考虑 $\mathcal{D}=\mathrm{int}D(\mathcal{S})$ 中长度最大化的因果曲线。我们再次发现，存在一条极大且类时的因果测地线 γ 连接$\mathcal{D}$中的点 p 和$\mathcal{S}$。并且，如果我们假定$\mathcal{S}$是一个光滑类空的超曲面（这是我们通常关注的情形），那么我们可以断定，测地线 γ 必定和超曲面$\mathcal{S}$正交（在恰当的洛伦兹度量的意义下）。对于证明，见［Penrose，R.（1972）］。

对我们比较重要的还有以下的情形：考虑因果测地线 γ，它或者连接两个点 p 和 q，或者连接一个点 q 和一个类空超曲面$\mathcal{S}$，且在满足上述条件的所有因果曲线中不是最长的。我们需要考虑沿类时或类光测地线共轭点的概念，或者与这种测地线相交的曲面共轭点的概念。对此，我们需要研究沿着测地线 γ 的雅可比场（Jacobi field），有时也叫作测地偏离方程。

雅可比场用于描述一条测地线 γ 是如何与临近的测地线联系在一起的。考虑临近 γ 的一条测地线 γ'。它是由 γ 中的点沿着向量 ν^a 方向平移得到的。令ν^a 沿着测地线 γ 李（Lie）移动，且 γ 的平行移动切向量场是 t^a ：

$$t^a \nabla_a t^b = 0, \quad t^a \nabla_a \nu^b = \nu^a \nabla_a t^b \tag{6.3}$$

我们也可以把上面的方程写成，

$$Dt^a=0, \quad D\nu^b=\nu^a\nabla_a t^b \tag{6.4}$$

这里，算子 $D=t^a\nabla_a$ 定义了沿 γ 的平行移动。雅可比方程是，

$$D^2\nu^a=R^a_{bcd}t^b\nu^c t^d \tag{6.5}$$

[见（3.5）中的符号记法]。方程的解 ν^a（除了沿着 γ 处处为零的平凡解）称为沿 γ 的雅可比场。通常归一化 t^a 如下：

$$\text{若 }\gamma\text{ 类时,则 } t_a t^a=1\text{;若 }\gamma\text{ 类光,则 } t_a t^a=0\text{。} \tag{6.6}$$

如果 γ 是类时的，我们可以在不影响 γ 和临近测地线 γ' 的关系的前提下选取 ν^a 使它与 t^a 在 γ 上处处正交，

$$t^a\nu_a=0 \tag{6.7}$$

然而，当 γ 类光时，只要在 γ 上的任何一点方程（6.7）成立，那么它在 γ 上的所有点都成立。这种情况下，方程（6.7）展示出 γ 和 γ' 之间一个特殊的几何关系，被称作并排（abreast）{见［Penrose，R. and Rindler，W.（1986）］，第 7 章}。这对我们来说很重要，因为这个条件对类光超曲面上的临近射线总是成立的，并且，未来集 $I^+[\mathcal{R}]$（或过去集 $I^-[\mathcal{R}]$）的边界（或柯西视界）上的非奇异部分正符合这个条件。鉴于此，我们假设（6.7）的中正交条件对类光测地线的雅可比场总是成立。

一条测地线 γ 上两个不同的点 p 和 q 被称作彼此共轭（conjugate）的，如果 γ 上存在一个雅可比场 ν^a 使得 ν^a 在 p 和 q 处都为零。它对我们的重要性在于：

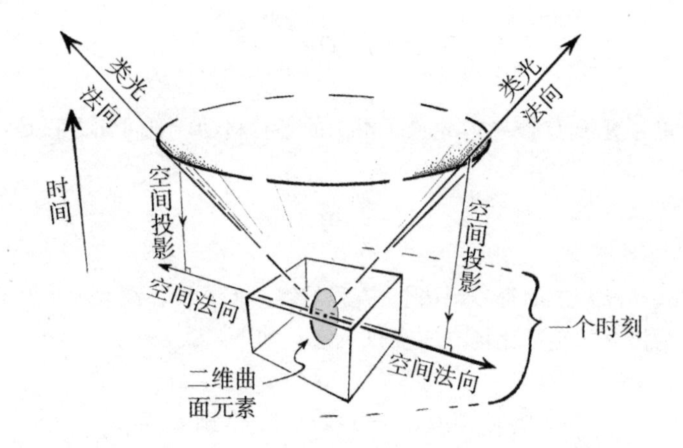

图 4　一张合并了时空和空间的图像，展示了正交于一个类空二维曲面元素（阴影）的两条类光法向。

引理 2. 如果 γ 是从 p 到 q（这里 $p \prec q$）的因果测地线，并且 γ 存在一对位于 p 和 q 之间的共轭点 p', q'（这里 $p' \prec q'$，且我们允许或者 $p' = p$，或者 $q' = q$，但不允许上述两个等式同时满足），那么，存在一条从 p 到 q 的因果曲线使得它的长度比 γ 在 p 和 q 之间的线段长度更大。

我们注意到，当 γ 类光时，在上述条件下，实际上我们必须有 $p \ll q$。因此在这种情况下，从 p 到 q 之间的 γ 不可能全部保持在一个未来或过去的边界，或者一个柯西视界上。

引理的证明需要检查 q' 或者 p' 的一个邻域，并且在扰动通过 p' 或者 q' 的 γ 线段时，关注由此产生的无穷小变化率。这可以使我们找到一条从 p 到 q' 或者从 p' 到 q 的因果曲线，它的长度比相应的 γ 稍微大一点。对于细节，见［Penrose, R.（1972)］。

我们也需要类时测地线 γ 上另外一种共轭的概念。考虑 γ 上一个点 q 及与 γ 正交于一点 p 的类空（三维）超曲面 $\mathcal{R}$。这里我们关注的雅可比场满足如下条件：它代表的 γ 附近的测地线与 $\mathcal{R}$ 正交。从（6.4）中的方程 $\mathrm{D}\nu^b = \nu^a \nabla_a t^b$，我们知道雅可比场沿着 γ 的移动在 p 点被 $\mathcal{R}$ 的外曲率 $\nu^a \nabla_a t^b$ 所限制。同时注意到：γ 和 $\mathcal{R}$ 的正交性及（6.7）中 $t^a\nu_a = 0$ 的条件告诉我们，向量场 ν^a 和 $\mathcal{R}$ 在 p 处相切；因此 $\nu^a \nabla_a t^b$ 确实描述了 $\mathcal{R}$ 的法向量场（normal）t^a 如何根据 $\mathcal{R}$ 在点 p 处的外曲率而在与 $\mathcal{R}$ 相切的不同方向上变化。我们说点 q 与曲面 $\mathcal{R}$ 是共轭的，如果存在一个与 $\mathcal{R}$ 正交的且在点 p 为零的雅可比场。

粗略地说，我们可以把 γ 附近 $\mathcal{R}$ 法向的测地线想象成汇聚到 q 处的某种焦点，但一般情况下这不会是一个明确的焦点。技术上说，它是γ附近与$\mathcal{R}$正交的测地线的同余焦散点。这里，我们一定要记住洛伦兹几何的属性，并且注意到，在我们可能认为外曲率整体为正的情形——“山形”，法向量场t^a在未来收敛（在平直时空下最终到达这样一个焦散点），而对于“谷形”的外曲率，法向t^a会在未来发散。

γ是类光测地线（射线）的情况需要特别注意。这时，更合适的做法是考虑一个类空二维曲面$\mathcal{T}$而不是类空三维曲面。与$\mathcal{T}$正交的射线分为两类，它们对应于$\mathcal{R}$的“两侧”。而这两侧①对应于与一个类空二维曲面元素$\delta\mathcal{T}$正交的两个类光方向（这是$\delta\mathcal{T}$的类时补集和光锥的交点）。图4提供了这个情形的一张示意图，它是从处于静止标架且时间轴正交于$\delta\mathcal{T}$的观测者的角度给出的，因此在这个标架中二维曲面是静止的。

正如所要求的那样，与$\mathcal{T}$正交的γ附近的射线都是与γ并排的。这里我们也可以定义γ上一个点q共轭于一个类空二维曲面$\mathcal{T}$的概念。设$\mathcal{T}$与γ正交于与q不同的一点p。我们说q在γ上与$\mathcal{T}$共轭，如果存在一个沿着γ的在q处为零的雅可比场ν^a使得γ附近相应的射线都与$\mathcal{T}$正交。

为了解$\mathcal{T}$的外曲率如何影响到与它正交的射线的行为，让我们首先考虑二维曲面$\mathcal{T}$位于闵可夫斯基时空中一个恒定时间“切片”上的情形，尽管$\mathcal{T}$可以是弯曲的。这时垂直于$\mathcal{T}$的射线在$\mathcal{T}$凹的一侧会收敛于未来，而在凸的一侧会发散于未来。见图5。然而，当$\mathcal{T}$没有这么强的限制时，情形就没那么简单了，我们会在第7节中看到它的重要性。

现在我们可以考虑下面的结果了：

引理 3. *令γ是从p到q的一条因果测地线。若γ是类时的，则它在p处正交于一个超曲面（三维曲面）$\mathcal{R}$；而若γ是类光的，则它在p处正交于一个类空二维曲面$\mathcal{T}$。假设γ上存在一个位于p和q之间的点q'使得它与$\mathcal{R}$或$\mathcal{T}$共轭，那么存在一条连接$\mathcal{R}$或$\mathcal{T}$到q的类时曲线使得它的长度比相应的γ线段的长度要大。*

该引理的证明和上面引理2的证明类似。我们检查q'附近的雅可比场，并且观察与$\mathcal{R}$或$\mathcal{T}$正交的测地线扰动时的无穷小变化。这样我们看到：可以构造一条到q的更长的因果曲线。细节见［Penrose，R.（1972)］。

应该注意到的是，引理3中如果没有正交性的条件，我们甚至不需要

①与一条类时测地线正交于一个类空三维曲面$\mathcal{R}$的情形相比，读者可能困惑于这个看起来非常不同的情形是如何产生的。我们确实可以考虑取一个极限使得$\mathcal{R}$变成类光的。在这个极限下，恰当的图像是：现在类光三维曲面$\mathcal{R}$变成一簇类空二维曲面的叶状结构（foliation），$\mathcal{T}$是其中一个成员，而其他的曲面通过沿着与$\mathcal{T}$正交的射线方向对$\mathcal{T}$做平移得到。

共轭点 q' 的存在性来得到引理中的结论（这可以通过检查 p 的邻域得到）。我们还需要注意到下面这个推论。尽管$\mathcal{T}$的未来边界 $\partial I^{+}[\mathcal{T}]$ 最初由与$\mathcal{T}$垂直相交于过去端点的射线生成，如果它们最终会遇到与$\mathcal{T}$共轭的点 q'，其中的一些射线也将在 q' 处或者更早的地方离开 $\partial I^{+}[\mathcal{T}]$，从而进入 $I^{+}[\mathcal{T}]$ 的内部。相应的性质显然也适用于过去边界。

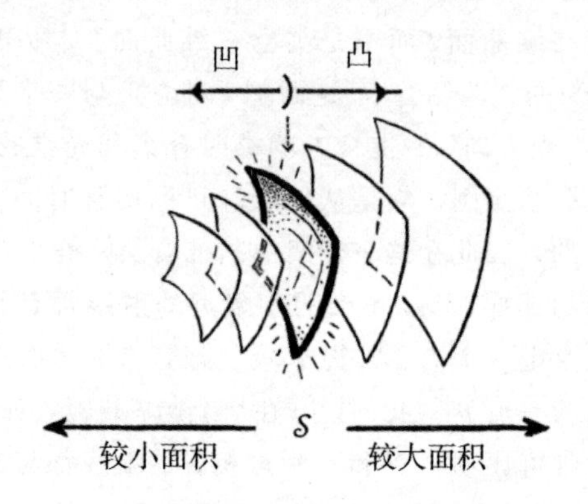

图 5 对于平直时空中某一时刻的类空二维曲面$\mathcal{T}$，垂直射线在它凹的地方收敛，而在凸的地方发散。

7. 坍缩到奇点

我们现在已基本准备好讨论引力坍缩的问题，来看当某个“无法返回”（“no return”）的情形出现时，奇点是否必然产生。然而，除非我们对能动量张量 T_{ab} 施加一些限制，否则可以讨论的内容很有限。这是因为爱因斯坦的 Λ-GR 方程对时空的限制仅仅是通过要求曲率张量 R_{ab} 和 T_{ab} 有（3.8）中的联系：

$$R_{ab} = 8\pi G\left(T_{ab} - \frac{1}{2}Tg_{ab}\right) - \Lambda g_{ab} \tag{7.1}$$

T_{ab} 依赖于物质场需要满足的各种各样的方程，因此它的具体形式可能会很复杂。并且，在灾难性的坍缩里可能出现的极端情形中，或许很多 T_{ab} 都还不为人所知。然而幸运的是，通过遵循一些（至少在经典物理层面）对任何合理的物质源都成立的一般原则，我们可以得到很多结论。这些原则被称作能量条件。它们有几种不同的版本，但在本文中我主要讨论两种，即，

（a）类光能量条件（null energy condition）：

对任何类光向量 n^a，

$$n^a n^b T_{ab} \geqslant 0 \tag{7.2}$$

（b）强能量条件（strong energy condition）：

对任何类时向量 t^a，

$$t^a t^b \left(T_{ab} - \frac{1}{2} T g_{ab} \right) \geqslant 0 \tag{7.3}$$

在质-能密度为 μ 且压力密度为 p 的理想流体中，类光能量条件可以重新表达为：

$$\mu + p \geqslant 0 \tag{7.4}$$

而强能量条件变成一对：

$$\mu + p \geqslant 0, \quad \mu + 3p \geqslant 0 \tag{7.5}$$

在我们允许具有很大负压力的材料时（如麦克斯韦场中——尽管它不是“理想流体”——既有正压力项，也有负压力项），这两个条件是不同的。类光能量条件①比强能量条件理论上有更好的物理动机，这是因为前者是经典的局部能量为正的结果，然而后者并没有一个十分清晰的动机，并且，我们可以考虑特别奇怪的 $p < -\frac{1}{3}\mu$ 的物质。它们违背强能量条件，

①在我早期的关于这个话题的文章中，如｛［Penrose, R.（1972）］，63 页｝，这里的“类光能量条件”被我称作“弱能量条件”。然而，这导致了一些困惑，因为霍金和埃利斯［Hawking, S. W. and Ellis, G. F. R.（1973）］用那个名称指代了别的概念。为了避免可能的混淆，我在这里采用他们的术语。

尽管 T_{ab} 的能量分量在任何一个局部标架里都非负。

宇宙常数 Λ 的角色也是一个相关的问题。和类光能量条件不受 Λ 影响的情形对比，爱因斯坦方程中 Λ 项对违背强能量条件提供了很有效的“贡献”。在讨论有关奇点的定理时，我们通常会忽略 Λ，只要它极其小，从而对奇点附近时空的行为不产生影响。在那里，我们真正关心的是非常大的曲率。曲率越大，Λ 就越不相关。然而，导致不可避免地坍缩到奇点的条件对 Λ 是否为零是敏感的。这跟宇宙学是相关的。

对很多奇性定理真正相关的要求是，对所有类时的 t^a，$t^a t^b R_{ab}$ 为正。而当 Λ 为正时，上面所述的强能量条件并不包含这个性质。相应地，我们可以考虑

（c） Λ-强能量条件：

对任何类时向量 t^a，

$$t^a t^b \left(T_{ab} - \left\{ \frac{1}{2} T + \frac{\Lambda}{8\pi G} \right\} g_{ab} \right) \geqslant 0 \qquad (7.6)$$

这个看上去很笨重的条件通过 Λ-GR 方程确实保证了对所有类时 t^a，$t^a t^b R_{ab}$ 为正。然而，在 $T_{ab}=0$ 的区域中正 Λ（或负 Λ）的出现会让上面的条件不成立。这种情况下，Λ 提供了有效的“物质密度”，$\mu = \frac{\Lambda}{8\pi G}$ 及 $p = -\frac{\Lambda}{8\pi G}$。

这些能量条件的意义就是通过爱因斯坦（Λ-）GR 方程来保证里奇张量在恰当的因果方向非负。类光能量条件决定了（沿用 5.3 节中的记法）

类光里奇正性： $n^a n^b R_{ab} \geqslant 0$，对所有类光向量 n^a， (7.7)

（跟 Λ 无关），并且 Λ-强能量条件决定了：

里奇正性： $t^a t^b R_{ab} \geqslant 0$，对所有类时向量 t^a。 (7.8)

为了使奇性定理成立，在爱因斯坦方程中我们唯一需要的就是这些里奇张量非负的条件。

为认识里奇正性的作用，我们讨论如何分别使用 Λ-强能量条件和类光能量条件来证明在一条类时或类光测地线 γ 上，共轭于一个类空三维曲面 $\mathcal{R}$ 或类空二维曲面 $\mathcal{T}$ 的点的存在性。为此，我们考虑一个 3-参数族的与 $\mathcal{R}$ 正

交的类时测地线，或者一个 2-参数族的与$\mathcal{T}$正交的射线。不过作为一个预备问题，我们得先考虑一族因果测地线旋转的问题。

基于我们当前的目的，考虑旋转最简单的方法就是把注意力限制在它不存在的情形。对于类时测地线，当它们与一个光滑类空超曲面$\mathcal{R}$正交时，这个情形就会发生。在这种情况下，如果我们沿着测地线在未来方向或过去方向移动一个固定的距离——或者固有时——我们会得到光滑类空的、仍然与测地线正交的超曲面，只要我们没有前进太远以至于碰到焦散点或交叉区域。我们可以考虑一个在这些超曲面中的每一个上面都取常数的时间函数 τ，使得，

$$t_a=\nabla_a\tau,\text{这里}\nabla_a t_b=\nabla_b t_a \tag{7.9}$$

这个条件表示测地线没有旋转，并且只要 τ 代表固有时，我们可以维持：

$$t_a t^a=1 \tag{7.10}$$

射线的情形有点不同。我们还是考虑一个“时间函数”ν（不是固有时），但是现在我们只关心一个值 $\nu=0$，尽管考虑 ν 附近的值也是方便的。每个 ν 的常数值决定一个类光超曲面。因此我们也可以定义：

$$t_a=\nabla_a\nu,\text{这里}t_a t^a=0 \tag{7.11}$$

这里，非旋转的条件 $\nabla_a t_b=\nabla_b t_a$ 仍然成立，但是现在我们要求所有这些超曲面都是类光的，且从上面我们也可以发现，

$$t^a\nabla_a t^b=0 \tag{7.12}$$

因此，正如在 $\nu=0$ 处要求的，向量场 t^a 沿着类光超曲面的类光生成元方向平行移动。射线在这些任何一个类光超曲面上并排的条件也是自动满足的。

条件（7.12）告诉我们，一个沿着类光测地线且满足

$$t^a\nabla_a u=1 \tag{7.13}$$

的参数 u 是所谓的仿射（affine）参数。如果上面方程中的“1”被替换成

u乘以一个（至少在γ上）大于零的常数因子，u仍然会是一个仿射参数（只是做了一个缩放）；但是方程（7.13）提供的u的缩放是由类光t^a提供的缩放[受限于由（7.12）给出的沿γ的平行移动]唯一决定的仿射参数（最多相差一个常数）。尽管“仿射参数”的概念也适用于类时测地线——的确，通常的长度（固有时）参数就是一个仿射参数（它的任何常数倍也是）——仿射参数与射线存在特别的关系，因为自然的“长度”的概念对射线不适用。射线上任何一条线段的实际长度都是零。

这里相关的一个关键结果是所谓的雷乔杜里（Raychaudhuri）效应{见[Raychaudhuri，A. K.（1955）]，[Komar，A.（1956）]；这是迈尔斯（Myers）关于黎曼度量的一个更早结果的洛伦兹版本[Myers，S. B.（1941）]；对于带类光测地线的洛伦兹版本，见[Penrose，R.（1965）]}。为此，我们需要一个体积测度Δ的概念。在类时测地线情况下，这是一个类空三维体积；而在射线情况下，这是一个类空2-维体积（面积）。给定这样一条测地线γ，如果γ是类时的（相应地，一个二维曲面$\mathcal{T}$，如果γ是类光的）我们考虑上面一点p，使得γ在那里正交于一个类空三维曲面$\mathcal{R}$。在p点，我们选取3个（相应地，2个）与$\mathcal{R}$相切的线性无关的向量$\mathbf{v}_1$，$\mathbf{v}_2$，$\mathbf{v}_3$（相应地，与T相切的$\mathbf{v}_1$，$\mathbf{v}_2$，），且定义Δ在p点是由$\mathbf{v}_1$，$\mathbf{v}_2$，$\mathbf{v}_3$生成的三维体积（相应地，是由$\mathbf{v}_1$，$\mathbf{v}_2$生成的二维面积）。如第6节中所述，我们根据雅可比方程沿着γ传播v_j，并且注意到，$\mathbf{Dv}_j$的初始值（$\mathrm{D}=t^a\nabla_a$）由$\mathbf{D}\nu^b=\nu^a\nabla_a t^b$来定义，而后者被$\mathcal{R}$（相应地，$\mathcal{T}$）在$p$处的外曲率决定[见（6.4）]。这族测地线在$\gamma$附近的收敛度（convergence）$\rho$被定义为①，

$$\mathrm{D}\Delta=-\rho\Delta \tag{7.14}$$

且我们也发现：

$$\rho=-\nabla_a t^a \tag{7.15}$$

引理 4. 令Δ为正。那么

$$\mathrm{D}^2\Delta^{\frac{1}{3}}\leqslant-\frac{1}{3}R_{ab}t^a t^b\Delta^{\frac{1}{3}} \tag{7.16}$$

①尽管用字母ρ表示一族射线的收敛性并不少见（虽然通常用它的值的一半，例如[Penrose，R. and Rindler，W.（1986）]），在类时的情形，用$-\theta$表示这个概念更自然。

如果 γ 类时；而

$$D^2\Delta^{\frac{1}{2}}\leqslant-\frac{1}{2}R_{ab}n^an^b\Delta^{\frac{1}{2}} \tag{7.17}$$

如果 γ 类光。

证明：我们首先注意到（3.5）式应用到 $t^a(\nabla_a\nabla_b-\nabla_b\nabla_a)t^b$ 给出

$$D\rho=R_{ab}t^at^b+\nabla_at^b\nabla_bt^a=R_{ab}t^at^b+(\nabla_at_b)(\nabla^at^b) \tag{7.18}$$

这里我们用到了等式 $t^a\nabla_at^b=0$，$\rho=-\nabla_bt^b$ 和 $\nabla_at_b=\nabla_bt_a$（非旋转）。假设 t^a 类时；那么我们可以把雷乔杜里方程表达为

$$D\rho+\frac{1}{3}\rho^2=R_{ab}t^at^b+S_{ab}S^{ab} \tag{7.19}$$

这里，

$$S_{ab}=S_{ba}=\nabla_at_b+\frac{1}{3}\rho(g_{ab}-t_at_b) \tag{7.20}$$

是对称的剪力（shear）张量。基于 S_{ab} 的所有分量都在正交于 t^a 的类空三维平面上这一事实（$S_{ab}t^a=0$），$S_{ab}S^{ab}$ 是非负的。那么，引理 4 中类时的部分由（7.19）推出。对于类光的部分，类似的证明也适用。最简单是用一个复数量 σ 来描述剪力［Penrose，R. and Rindler，W.（1986）］，且用非负的 $\sigma\bar{\sigma}$ 代替 $S_{ab}S^{ab}$。

对于我们当前的目的，雷乔杜里效应包含在下面的结果中：

引理 5. 如果一条类时（相应地，类光）测地线 γ 属于一族与类空三维曲面 $\mathcal{R}$（相应地，二维曲面 $\mathcal{T}$）正交的测地线，且在 γ 与之相交的 p 点处，这一族测地线的收敛度 ρ 为正，并且假设沿着 γ 有里奇正性（相应地，类光里奇正性）成立，那么 γ 上存在一点位于 p 未来的 q，使得它与 $\mathcal{R}$（相应地，$\mathcal{T}$）沿着 γ 共轭，只要 γ 足够长从而它的仿射参数在类时情况下（仿射参数是固有时）可以在 p 未来方向延拓到参数距离 $\frac{3}{\rho}$（相应地，在类光

情况下 $\frac{2}{\rho}$）。如果 ρ 在 p 点是负的，相应的结果对于过去方向也成立。

证明： 我们比较里奇正性在类时的一般情形。(7.16) 告诉我们 $D^2\Delta^{\frac{1}{3}} \leqslant 0$。一个简单的例子是取 $D^2\Delta^{\frac{1}{3}}=0$。在每个例子中，我们选取 $D^2\Delta^{\frac{1}{3}}$ 在 $\tau=0$ 处初始值为 $D\Delta^{\frac{1}{3}}=-\frac{1}{3}\rho\Delta^{\frac{1}{3}}$（这里 τ 是关联于 t^a 的仿射或时间参数）。在 $D^2\Delta^{\frac{1}{3}}=0$ 例子中，我们可以直接用 $D\Delta=-\rho$[见 (7.14)]，$\rho>0$，来对其积分，从而得到一条直线图且在仿射参数值 $\tau=\frac{3}{\rho}$ 处下降到零。通过和 $D^2\Delta^{\frac{1}{3}}\leqslant 0$ 时 $\Delta^{\frac{1}{3}}$ 的实际的图像比较，我们发现 $\Delta^{\frac{1}{3}}$ 必须在 γ 上的某点 q 取值为零，而 q 点由一个正数 $\tau\leqslant\frac{3}{\rho}$ 给出。现在，如果我们要在 γ 上一点 q 得到 Δ 的零值，那么定义 Δ 的向量（雅可比场）v_1，v_2，v_3 在此处就是线性相关的，并且它们的这个线性组合是一个在 q 点为零的雅可比场。因此，正如所要求的，q 点确实是 $\mathcal{R}$ 的一个共轭点。类光情形的证明和上面的相同，只要把 $\Delta^{\frac{1}{3}}$ 替换成 $\Delta^{\frac{1}{2}}$。

正如在第 4 节末尾设想的那样，我们现在可以建立起第一个奇性定理。它描述质量过大恒星的坍缩，或者一大族恒星的集体坍缩。由奥本海默和斯奈德给出并在第 3 节（见图 1）中介绍的坍缩尘埃云图像对引力坍缩中的初始状况提供了一个整体可信的描述。这样的初始图像可能在一般情况下都是可信的，即使存在对球面对称的微小偏离，或者即使“尘埃”的 O-S 假设（描述引力坍缩的非相互作用粒子的“理想流体”）只是一个相当粗糙的近似。并且，如果我们考虑引力下落包含一大族近似球形的恒星，那么整个系统的“施瓦西半径”很有可能包含大量的恒星，并且这些材料的密度不需要达到像中子星或白矮星那样怪异的程度。这仅仅从相对论中物理量的标度就可以得到。对于足够大的质量，施瓦西半径可以由任我们希望的小密度的材料所产生或穿过。

然而，随着坍缩的继续，可以预见的是，O-R 图像会越来越不可靠。随着材料被压缩成不规则的形状，物质以复杂的形式形成旋流，可以预料，即使对球面对称很小的偏差也会变得越来越明显，并且，“尘埃”的近似几乎不可能长时间保持正确。我们的奇性定理可以实现的是，避免所有这些复杂性，并且集中精力在坍缩的某个关键特征上。它可以表明什么时候一个“无法回头的点”已经通过。

和图 1 中一样，图 6 展示了一个 O-S 类型的坍缩。但是在视界之内、坍缩材料之外的区域，一个囚陷曲面（trapped surface）被画成阴影区域底部的一对点①——这里我们必须记住，四维空间是由绕着中心垂直轴对图像沿着一个球面 S^2 旋转得到，因此这对点本身代表一个球形的类空二维曲面 $\mathcal{T}$。这个二维曲面的关键特征是，这两族类光法线（分别为进来的和出去的——我们注意到，“出去的”也在向内下落，但比“进来的”速度要小）都收敛到未来。为了明白这个性质，我们注意到，它们都会进入 r 值下降的区域内，因此，如图 7 所示，对这两族来说，收敛度 ρ 在$\mathcal{T}$处都是正的。类空二维曲面$\mathcal{T}$的这个性质，以及$\mathcal{T}$是闭的（紧致且不带边）这一事实共同刻画了作为一个囚陷曲面$\mathcal{T}$。

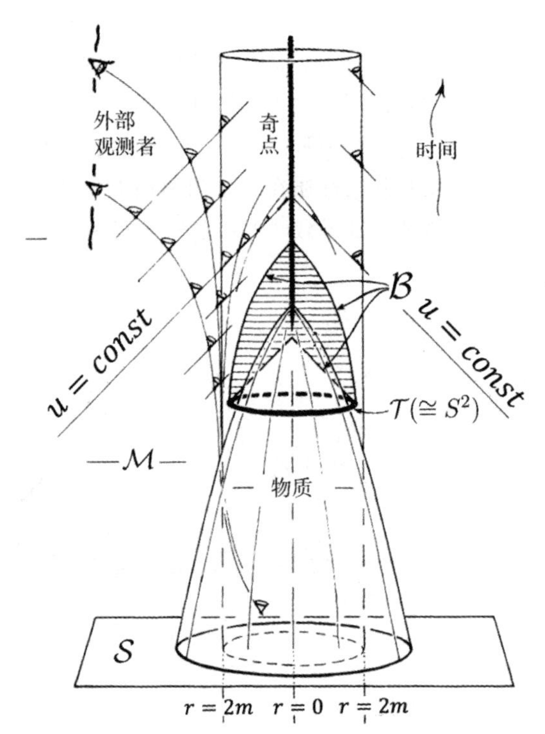

图 6 球面对称坍缩（压缩掉一个空间方向）。上面的图本质上也可以用来在非对称的情形下讨论。坐标 u 是（4.5）中 E-F 度量的坐标。

①校者注：本书图 6 大约比原稿的配图更加“立体”。在本书图 6 中，$\mathcal{T}$被画成一个环 S'，而非一对点。

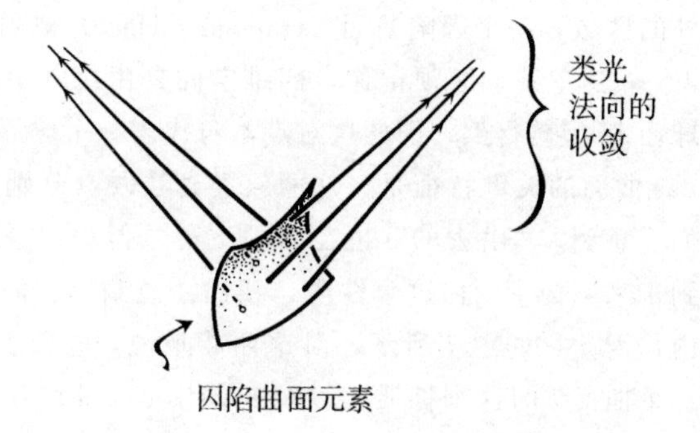

图 7 对于一个囚陷曲面，与它两侧垂直的射线开始收敛。

可能有人会感觉，让垂直于类空曲面的射线在两侧都收敛的性质是一个奇怪的曲面局部行为，但事实绝不是这样的。在闵可夫斯基空间 $\mathbb{M}$中每当两个过去光锥相交时，这个情形就会发生（见图 8）。囚陷曲面奇怪的地方是，类光法线在两侧收敛的性质在一个闭曲面上整体成立。我们在接下来的定理看到，正是这个特征导致了时空的奇异行为。

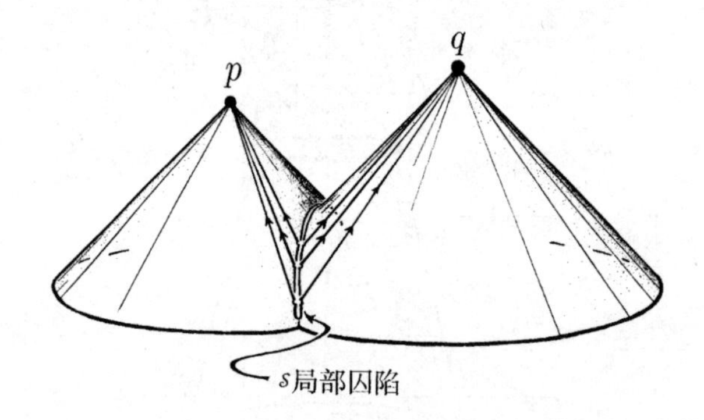

图 8 闵可夫斯基空间中两个类空一隔开的点 p 和 q 的过去光锥。它们相交于一个局部囚陷但非紧致的类空二维曲面。

定理 1. 令$\mathcal{M}$是一个整体双曲的时空且带有一个非紧致的柯西超曲面$\mathcal{S}$。假定$\mathcal{M}$是类光里奇正的。如果在$\mathcal{S}$的未来存在一个囚陷曲面$\mathcal{T}$，那么$\mathcal{M}$包含一个类光-奇异的 TIP。

回顾一下，一个类光-奇异的 TIP 是由一条有限仿射长度的射线段生成的 TIP。见（5.6）和（7.12）。

证明：令$\mathcal{B}=\partial I^{+}[\mathcal{T}]$。由引理 1，拓扑三维曲面$\mathcal{B}$由射线段生成；每条

射线段在$\mathcal{B}$上时，或者在$\mathcal{T}$上有个过去端点，或者是过去无尽的。后一种情形不可能发生，这是因为，根据（5.13），任何一条 int D^+（$\mathcal{S}$）（$\mathcal{M}$的整体双曲性使得 int D^+（S）就是全部的$I^+[\mathcal{S}]$）中的过去无尽的射线必须与$\mathcal{S}$相交，而这是和$\mathcal{B}\subset I^+[\mathcal{S}]$矛盾的。现在，因为$\mathcal{T}$是囚陷的，在生成三维曲面$\mathcal{B}$的每条射线的初始点，我们一定有$\rho>0$。因此，根据引理5，在每个这样的生成元上都存在一个共轭于$\mathcal{T}$的点。它在$\mathcal{T}$上初始点的未来方向，且仿射距离不超过$\frac{2}{\rho}$，只要生成元在$\mathcal{M}$中能进行到这样一个参数值。如果它没有（进行到这样的参数值），这对一个非奇异的时空来说不是一个常见的情形，并且，这样的“不完整”的射线段会生成一个类光-奇异的TIP。因此，让我们假设这样类光-奇异的TIP在$\mathcal{M}$中不出现。那么，通过引理3——或者更确切地，通过引理3后面的第5节最后一段的评论——我们可以推出，这样进行到未来的射线会不得不离开$\mathcal{B}$，从而进入到$I^+[\mathcal{T}]$的内部。所以，如果$\mathcal{M}$中没有类光-奇异的TIP，那么$\mathcal{B}$必须全部由有限仿射长度的射线段生成，并且这些射线段的端点汇聚在不同的地方，即在曲面$\mathcal{T}$上，或者在它们的过去端点，或者在它们的未来端点的焦散点及交叉点。整体而言，$\mathcal{T}$是一个三维拓扑流形，且完全由S^2那么多的汇聚于不同地方的有限线段组成。从这可以推出，$\mathcal{T}$一定是闭的（即，紧致且无边界的）拓扑流形。现在我们使用一个关于任意洛伦兹时间定向流形的性质。即，存在一个整体光滑的类时向量场h^a，使得它的积分曲线①可以将紧致的非编时三维曲面$\mathcal{B}$单射到初始的三维曲面$\mathcal{S}$，从而得到$\mathcal{B}$的一个同胚像$\mathcal{B}'$。这是不可能的，因为如果这样，$\mathcal{B}'$就会是紧致不带边的，而$\mathcal{S}$是一个相同维数的非紧致拓扑流形。我们可以推出，$\mathcal{M}$因此一定包含一个类光-奇异的TIP，从而定理得证。

需要指出的是，这个定理（大致参见［Penrose，R.（1965）］）告诉我们的不仅仅是在上述假设下奇点的存在性。正如这里用到的，引理5已经告诉我们在$\mathcal{S}$未来多远的仿射距离内（即$\frac{2}{\rho}$）我们可以预料奇点的出现。更进一步地，我们看到，在坍缩中出现的奇点提供了一族奇异TIF，而上面我们考虑的类光-奇异TIP形成它的一个子集。向量场h^a到S的投影给出了这些奇异TIF空间的某种像。这些奇点会给$\mathcal{B}$提供一些“洞”，从而使得$\mathcal{B}$的同胚像$\mathcal{B}'$变得非紧致，并且当用向量场h^a向上拉回时，$\mathcal{B}'$的边界会

①这个相比于我原先证明［Penrose，R.（1965）］的简化是查尔斯·米斯纳（Charles W. Misner）在20世纪60年代晚期建议给我的。

对应到奇异 TIP 的生成元。如果我们考虑一族类似于T的囚陷曲面，但是它们向外连续地移动，直到在极限的时候到达视界，我们可以设想，由此产生的 TIP 会提供时空整个奇异边界的某种图像。

在上面的定理于 1965 年早期发表后，史蒂芬·霍金写了一系列关于宇宙大爆炸奇点的论文。他的第一篇论文［Hawking, S. W. (1965)］的基础是，囚陷曲面的时间反演可以在扩张中宇宙的非常远的区域内发生。接下来，通过发展新的技术，他可以得到一些结果来移除对柯西超曲面的非紧致性等要求，而对柯西视界的研究为进一步的论证提供了重要的素材［Hawking, S. W. (1966a)］，［Hawking, S. W. (1966b)］，［Hawking, S. W. (1967)］。其中的很多技术其实已经在上面的讨论中用到（第 5 节—第 7 节）。最后，我们共同提供了一个包含以前大多数成果的广泛版本［Hawking, S. W. and Penrose, R. (1970)］。然而，这项研究的劣势在于它依赖里奇正性，而不是类光里奇正性这个更弱的而具有更坚固基础的假设。

到这一步，一个自然的问题是：这些结果是如何跟 5.3 节中提到的栗弗席兹和哈拉特尼科夫［Lifshitz, E. M. and Khalatnikov, I. M. (1963)］的工作相容的？答案是，在弗拉基米尔·阿列克谢维奇·贝林斯基（Vladimir Alekseevich Belinski）的帮助下熟悉奇性定理后，他们在更早的工作中发现了一个错误，并且发现了具有特别广泛特性的一族大得多的奇点类型｛见［Belin-skii, V. A., Khalatnikov, I. M. and Lifshitz, E. M. (1970)］，［Belinskii, V. A., Khalat-nikov, I. M. and Lifshitz, E. M. (1972)］和米斯纳相关的工作［Misner, C. W. (1969)］｝。与奇性定理的矛盾就此化解了。

当然，对本文或其他地方提到的经典奇性定理的通常反应是，当曲率变得超乎寻常得大时，量子-引力的因素肯定会起主导作用，且某种非奇异的量子化的理论可能会为我们提供一些答案。然而，在目前的量子化理论中，我们就此还不能做出可靠的解释｛但可以参考［Ashtekar, A. (2005)］，［Bojowald, M. (2005)］｝。尽管如此，应该指出的是：即使对经典引力理论做微小的修改，都会涉及庞大经典黑洞的霍金蒸发这一确凿的现象；为了让黑洞视界由于霍金蒸发导致的能量损失而缓慢收缩［Hawking, S. W. (1975)］，就必须极轻微地违反类光能量条件。对于天体黑洞，这需要极轻微地违反类光里奇正性。这可以归因于量子场允许一个小的负能通量。然而，这完全不涉及大的时空曲率，且很难看出，相比于本文完全经典的论证，这种考虑如何能带来任何质变。

参考文献

[1] EINSTEIN A. Über gravitationswellen，Königlich PreuBische Akademie der Wissenschaften(Berlin)，Sitzungsberichte，1918：154—167.

[2] TRAUTMAN A. Radiation and boundary conditions in the theory of gravitation，Bull. Acad. Pol. Sci. Sér. Sci. Math. Astron. Phys. 6（6），1958：407—412.

[3] BONDI H. 1960 Gravitational waves in general relativity，Nature186(4724)，1960：535—535.

[4] BONDI H，VAN DER BURG M G J，METZNER A W K. Gravitational waves ingeneral relativity. VII. Waves from axi-symmetric isolated systems，Proc. Roy. Soc. LondonA269，1962：21—52.

[5] SACHS R K. Gravitational waves in general relativity. VI. The outgoing radiationcondition，Proc. Roy. Soc. LondonA264，1961：309—338.

[6] SACHS R K. Gravitational waves in general relativity. VIII. Waves in asymptoticallyat space-time，Proc. Roy. Soc. LondonA270，1962：103—126.

[7] SACHS R K. Asymptotic symmetries in gravitational theory，Phys. Rev. 128，1962：2851—2864.

[8] NEWMAN E T，Unti T W J. Behavior of asymptotically at empty space，J. Math. Phys. 3，1962：891—901.

[9] NEWMAN E T，Penrose R. An approach to gravitational radiation by a methodof spin coefficients，J. Math. Phys3，1962：566—578（Errata 4 (1963) 998).

[10] PENROSE R. Asymptotic properties of fields and space-times, Phys. Rev. Lett. 10,1963: 66—68.

[11] PENROSE R. Zero rest-mass fields including gravitation: asymptotic behaviour, Proc. Roy. Soc. London, A284, 1965: 159—203.

[12] PENROSE R, RINDLER W. Spinors and Space-Time, Vol. 2: Spinor and TwistorMethods in Space-Time Geometry, Cambridge University Press, Cambridge.

[13] HILBERT D. Die Grundlagen der Physik (Erste Mitteilung), Nachrichten, KöniglicheGesellschaft der Wissenschaften zu Göttingen, Mathematische-Phyikalische Klasse,1915: 395—407. Translation by D. Fine as The Foundations of Physics (First Communication),in J-P Hsu and D. Fine (eds.), 100 Years of Gravity and Accelerated Frames:The Deepest Insights of Einstein and Yang-Mills, World Scientific, Singapore, 120—131.

[14] KOMAR A. Covariant conservation laws in general relativity, Phys. Rev. 113(3),1959: 934—936.

[15] TAYLOR J H. Binary pulsars and relativistic gravity, Rev. Mod. Phys. 66(3), 1994: 711—719.

[16] WILL C M. Was Einstein right? Testing relativity at the centenary, in Abhay Ashtekar (ed.). 100 Years of Relativity. Space-Time Structure: Einstein and Beyond, World Scientific, Singapore,2005: 205—227.

[17] O'RAIFEARTAIGH C. The contribution of V. M. Slipher to the discovery of the expandinguniverse, in Michael Way and Deidre Hunter (eds.), Origins of the ExpandingUniverse: 1912{1932, Astronomical Society of the Pacific Conference Series 471,2013: 49—62.

[18] HOYLE F. The Nature of the Universe, Basil Blackwell, Oxford, 1950.

[19] SCIAMA D W. The Unity of the Universe, Doubleday, Garden City,

New York, 1959.

[20] EINSTEIN A. Kosmologische betrachtungen zur allgemeinen relativitä tstheorie, Sitzungsberichte der Königlich PreuBischen Akademie der Wissenschaften (Berlin), 1917: 142—152.

[21] CHANDRASEKHAR S. The maximum mass of ideal white dwarfs, Astrophys. J. 74, 1931: 81—82.

[22] EDDINGTON A S. Meeting of the Royal Astronomical Society, Friday, January 11, 1935, The Observatory58(February 1935), 1935: 33—41.

[23] EDDINGTON A S. Fundamental Theory, Cambridge University Press, Cambridge. Oppenheimer J R, Snyder H. (1939) On continued gravitational contraction, Phys. Rev. 56(5), 1946: 455—459.

[24] PENROSE R. Structure of space-time, in C. M. DeWitt and J. A. Wheeler (eds.)Battelle Rencontres, 1967 Lectures in Mathematics and Physics, Benjamin, NewYork, 1968.

[25] PENROSE R, RINDLER W. Spinors and Space-Time, Vol. 1: Two-Spinor Calculusand Relativistic Fields, Cambridge University Press, Cambridge, 1984.

[26] PENROSE R, RINDLER W. Spinors and Space-Time, Vol. 2: Spinor and TwistorMethods in Space-Time Geometry, Cambridge University Press, Cambridge, 1986.

[27] YODZIS P, SEIFERT H-J, MULLER ZUM HAGEN H. On the occurrence of nakedsingularities in general relativity, Commun. Math. Phys. 34 (2), 1973: 135—148.

[28] LIFSHITZ E M, KHALATNIKOV I M. Investigations in relativistic cosmology, Adv. Phys. 12, 1963: 185—249.

[29] FRIEDMANN A. Über die Krümmung des Raumes, Z. Phys. 10(1), 1922: 377—386.

[30] LEMAÎTRE G. L′universe en expansion, Ann. Soc. Sci. Bruxelles IA53, 1933: 51—85 (cf. p. 82).

[31] EDDINGTON A S. A comparison of Whitehead′s and Einstein′s formulas, Nature113(2832), 1924: 192—192.

[32] FINKELSTEIN D. Past-future asymmetry of the gravitational field of a point particle,Phys. Rev. 110, 1958: 965—967.

[33] PAINLEVÉ P. La mécanique classique et la théorie de la relativité, C. R. Acad. Sci. (Paris) 173, 1921: 677—680.

[34] PENROSE R. Conformal approach to infinity, in B. S. DeWitt and C. M. DeWitt(eds.) Relativity, Groups and Topology: The 1963 Les Houches Lectures, Gordonand Breach, New York, 1964.

[35] PENROSE R. General-relativistic energy flux and elementary optics, in B. Hoffmann(ed.) Perspectives in Geometry and Relativity, Indiana University Press, Bloomington,1966: 259—274.

[36] PENROSE R. The Emperor′s New Mind: Concerning Computers, Minds, and theLaws of Physics, Oxford University Press, Oxford. ISBN: 0—19—851973—7, 1989.

[37] KRONHEIMER E H, PENROSE R. On the structure of causal spaces, Proc. Camb. Phil. Soc. 63, 1967: 481—501.

[38] PENROSE R. Techniques of Differential Topology in Relativity, CBMS Regional Conf. Ser. in Appl. Math. , No. 7, S. I. A. M. , Philadelphia, 1972.

[39] HAWKING S W, ELLIS G F R. The Large-Scale Structure of Space-Time, CambridgeUniversity Press, Cambridge, 1973.

[40] SEIFERT H-J. The causal boundary of space-times, J. Gen. Rel and Grav. 1(3),1971: 247—259.

[41] GEROCH R, KRONHEIMER E H, PENROSE R. Ideal points in

spacetime, Proc. Roy. Soc (Lond.)A347, 1972: 545—567.

[42] PENROSE R. The question of cosmic censorship, in R. M. Wald (Ed.) Black Holesand Relativistic Stars, University of Chicago Press, Chicago, Illinois, 1998.

[43] PENROSE R. Gravitational collapse: the role of general relativity, Rivista del NuovoCimento Serie I, Vol. 1; Numero speciale, 1969: 252—276. Reprinted: Gen. Rel. Grav. 34(7), July 2002, 1141—1165.

[44] GEROCH R, HOROWITZ G T. Global structure of spacetimes, in S. W. Hawkingand W. Israel (eds.) General Relativity an Einstein Centenary Survey, Cambrdge University Press, Cambridge, 1987.

[45] GEROCH R. Domain of dependence, J. Math. Phys. 11 (2), 1970: 437—449.

[46] CHOQUET-BRUHAT Y, GEROCH R. Global aspects of the Cauchy problem ingeneral relativity, Commun. Math. Phys. 14 (4), 1969: 329—335.

[47] HAWKING S W. The occurrence of singularities in cosmology III. Causality andsingularities, Proc. Roy. Soc. (London) A300, 1967: 187—201.

[48] The Road to Reality: A Complete Guide to the Laws of the Universe, Vintage. ISBN:9780—679—77631—4.

[49] RAYCHAUDHURI A K. Relativistic cosmology. I, Phys. Rev. 98(4), 1955: 1123—1126.

[50] KOMAR A. Necessity of singularities in the solution of the field equations of generalrelativity, Phys. Rev. 104(2), 1956: 544—546.

[51] MYERS S B. Riemannian manifolds with positive mean curvature, Duke Math. J. 8(2), 1941: 401—404.

[52] PENROSE R. Gravitational collapse and space-time singularities,

Phys. Rev. Lett. 14(3), 1965: 57-59.

[53] HAWKING S W. Occurrence of singularities in open universes, Phys. Rev. Lett. 15(17),1965: 689-690.

[54] HAWKING S W. The occurrence of singularities in cosmology, Proc. Roy. Soc. (London) A294(1439), 1966: 511-521.

[55] HAWKING S W. The occurrence of singularities in cosmology II, Proc. Roy. Soc. (London) A295(1443), 1966: 490-493. [Adams Prize Essay: Singularities in the geometryof space-time.]

[56] HAWKING S W, PENROSE R. The singularities of gravitational collapse andcosmology, Proc. Roy. Soc. (London) A314(1519), 1970: 529-548.

[57] BELINSKII V A, KHALATNIKOV I M, LIFSHITZ E M. Oscillatory approach to asingular point in the relativistic cosmology, Usp. Fiz. Nauk102, 1970:463-500. Engl. transl. in Adv. in Phys. 19(80), 1970: 525-573.

[58] BELINSKII V A, KHALATNIKOV I M, LIFSHITZ E M. Construction of a generalcosmological solution of the Einstein equation with a time singularity, Zh. Eksp. Teor. Fiz. 62, 1972: 1606 - 1613. English transl. in Soviet Phys. JETP35(5), 1972: 838-841.

[59] MISNER C W. Mixmaster universe, Phys. Rev. Lett. 22(20), 1969: 1071-1074.

[60] ASHTEKAR A. Quantum geometry and its ramifications, in Abhay Ashtekar (ed.) 100Years of Relativity. Space-Time Structure: Einstein and Beyond, World Scientific,Singapore, 2005.

[61] BOJOWALD M. Loop quantum cosmology, in Abhay Ashtekar (ed.) 100 Years ofRelativity. Space-Time Structure: Einstein and Beyond, World Scientific, Singapore, 2005.

[62] HAWKING S W. Particle creation by black holes, Commun. Math. Phys. 43, 1975: 199—220.

第六章
任意子之外[①]

BEYOND ANYONS

王正汉（Zhenghan Wang）
微软研究院 Station Q，数学系，
加州大学圣芭芭拉分校，美国
zhenghwa@microsoft. com

①这个章节也出现在 Modern Physics Letters A，Vol. 33，No. 28（2018）1830011. DOI：10. 1142/S0217732318300112.

任意子（anyon）系统的理论，拓扑上作为模函子（modular functor）以及代数上作为模范畴（modular tensor category），现在已经发展成熟了。鉴于群对称理论在物理中的至关重要性，为了拓展任意子的范围，我们第一步要做的就是研究任意子和传统群对称的相互作用。这就引出了对称富化的拓扑序（symmetry-enriched topological order）。另一个方向是拓扑相的边界物理，既包括像分数量子霍尔系统那样无能隙的，也包括像环面码（toric code）那样有能隙的。一个更加带有推测性也更加有意思的方向是三维巴纳多斯-特伊特博伊姆-扎内利（Banados-Teitelboim-Zanelli，BTZ）黑洞和量子引力的研究。这些物理和数学上很明显的问题需要一个对任意子的深远推广，而这看起来是现实的。在这篇综述里，我首先解释从任意子理论到对称缺陷（symmetry defect）及有能隙边界的扩展。然后，我会讨论把任意子推广到状如任意子的物体，如三维量子引力中的BTZ黑洞。

关键字：任意子，拓扑相，对称缺陷，有能隙的边界

PACS **序号**：71.10.-w，73.20.-r，75.60.ch

目录

1. 引言

自 2003 年的会议 Topological Phases in Condensed Matter Physics [8] 以来，量子拓扑在凝聚态物理中系统地应用已经有了加速的进展。作为 2D 拓扑物质形态中的基本激发态（elementary excitation），任意子在拓扑和 3d 时空①物理交互的新阶段起着核心的角色（参考文献 [13，16] 及那里面的文献）。从概念上讲，通过拓扑自旋（topological spin）的性质，任意子中的阿贝尔任意子（Abelian anyon）可以看成是波色子和费米子之间的插补（interpolation），即，拓扑自旋是 $E^{i\theta}$，对某个 θ。这里 $\theta=0$ 是波色子；$\theta=\pi$ 是费米子。我看到一个惊人的平行现象——拓扑在物理中的应用以及拓扑在全局微分几何中的应用。在科学和技术上的进步已经使得对拓扑物理的研究变得不可避免：量子力学内在离散的属性，量子设备持续的微型化，以及局部经典物理的成熟。

拓扑物理最前沿的应用是在量子计算，即拓扑量子计算（topological quantum computing）[9]。然而，如果要建造一个真正的拓扑量子计算机，拓扑物理不得不和传统的物理相耦合，比如在初始化和读出阶段。因此，很自然地需要考虑如何把拓扑物理扩展到任意子之外。一个明显的方向是从 2D 到 3D。但是 2D 和 3D 的区别是巨大的，这是因为 3d 和 4d 流形是非常不同的。例如，佩雷尔曼-瑟斯顿（Pereleman-Thurston）的几何化定理使得我们对 3d 的时空流形有了一个相当完备的分类，但是，对于 4d 的

① 文中会用如下的惯例：nD 指代空间的维数，而 nd 指代时空的维数，因此 $(n+1)d=nD+1$。

时空分类现在甚至没有一个合理的猜想蓝图。

任意子系统的理论，拓扑上作为模函子（modular functor）以及代数上作为模范畴（modular tensor category），现在已经发展成熟了［13］。鉴于群对称理论在物理中的至关重要性，为了拓展任意子的范围，我们第一步要做的就是研究任意子和传统群对称的相互作用。这就引出了对称富化的拓扑序（symmetry-enriched topological order）。另一个方向是拓扑相的边界物理，既包括像分数量子霍尔系统那样无能隙的，也包括像环面码（toric code①）那样有能隙的。

一个更加带有推测性也更加有意思的方向是三维巴纳多斯-特伊特博伊姆-扎内利（Banados-Teitelboim-Zanelli，BTZ）黑洞和量子引力的研究。这些物理和数学上很明显的问题需要一个对任意子的深远推广，而这看起来是现实的

在这篇综述里，我首先解释从任意子理论到对称缺陷（symmetry defect）及有能隙边界的扩展。然后，我会讨论把任意子推广到状如任意子的物体——三维量子引力中的 BTZ 黑洞。

2. 2D 非阿贝尔（Non-Abelian）的物体

非阿贝尔意味着一系列东西的顺序是重要的。如单词里的字母，NO 和 ON 是不一样的。如果很多非阿贝尔的物体 $X_1,\cdots,X_n$ 被排列在一条线上，那么我们可以通过交换它们当中的任意两个来改变这些物体的状态。如果两个不同的交换先后被操作，它们的顺序就变得重要起来。这个现象最根本的前提是这 n 个非阿贝尔物体所有可能的状态不是唯一的，即，基态是简并的，这比交换统计更有本质性［14］。理解最深透的非阿贝尔物体就是非阿贝尔任意子。过去二十年对凝聚态物理的研究使得我们对拓扑物质形态中非阿贝尔任意子的认识取得了明显的进展。最近，也有发现其他的非阿贝尔物体，例如马约拉纳零模（Majorana zero mode）；它基本上

①译者注：这是由 Alexei Kitaev 发明的一种量子纠错码，同时是一种严格可解的格点模型。它是一种阿贝尔的拓扑物质形态。

和非阿贝尔任意子的物理是一样的。这些新的非阿贝尔物体—对称缺陷及有能隙的边界—为拓扑量子计算打开了通向新途径的大门。

2.1 对称缺陷

在没有任何对称性时，处于绝对零度的有能隙的量子系统仍然可以形成不同的物质相态——拓扑物质形态（TPMs）。它们由拓扑序来刻画。

一个 TPM $\mathcal{H}=\{H\}$ 是有能隙的哈密顿量 H 的一个等价类；它们在低能下实现一个 TQFT①。TPM $\mathcal{H}$中基本的激发态是点状的任意子。任意子在代数上可以用一个酉模 范畴（unitary modular tensor category，UMC）$\mathcal{B}$中的不可约物体来建模；$\mathcal{B}$被称作这个 TPM $\mathcal{H}$的拓扑序。

拓扑序和对称性的相互作用已经激发了很多研究。在有对称性时，TPM 会有一个更精细的分类，并且，拓扑序中的准粒子（quasi-particles）可以拥有全局对称中分数化的量子数。

当一个 TPM 的哈密顿量有一个全局对称性时，我们很自然地考虑把这个全局对称性提升成一个局部的规范对称性（gauge symmetry），从而得到一个新的拓扑序。这个规范化的过程在很多方面有用处。

2.2 对称缺陷的代数模型

在现实世界中，TPM 总是跟常规的自由度耦合在一起。带有常规的群对称性的 TPM 被称作对称富化的拓扑物质形态（symmetry enriched topological phase of matter，SET）。当内在的拓扑序是平凡的时候，SET 就变成对称保护拓扑物质形态（symmetry protected topological phase of matter，SPT）。SPT 很重要的例子包括拓扑绝缘体和拓扑超导体。

让 G 是一个有限群，C 是 一个 UMC，也叫作一个任意子模型。

2.2.1 拓扑对称性

我们考虑把一个群 G 提升成一个范畴群（categorical group）。记 $\underline{\mathrm{Aut}_{\otimes}^{\mathrm{br}}(\mathcal{C})}$ 为一个 UMC $\mathcal{C}$ 的辫子张量自等价（braided tensor auto-equivalences）构成的群的提升。它包含$\mathcal{C}$的全部拓扑对称。

定义 2.1　一个有限群 G 是 UMC $\mathcal{C}$的一个拓扑对称，如果存在一个

①译者注：这里，TQFT 是拓扑量子场论（Topological quantum field theory）的简称。

张量函子 $\rho\colon \underline{G} \longrightarrow \underline{\mathrm{Aut}^{\mathrm{br}}_{\otimes}(\mathcal{C})}$ 。这个拓扑对称被记为 (ρ,G) 或者 仅仅ρ。

2.2.2 对称缺陷

所有$\mathcal{C}$的可逆模范畴构成$\mathcal{C}$的皮卡（Picard）范畴群 $\underline{\mathrm{Pic}(\mathcal{C})}$ 。对于一个 UMC $\mathcal{C}$，$\underline{\mathrm{Pic}(\mathcal{C})}$ 和 $\underline{\mathrm{Aut}^{\mathrm{br}}_{\otimes}(\mathcal{C})}$ 是张量等价的。辫子张量自等价和可逆模范畴之间的这种一一对应在底层决定了对称和缺陷的关系。因此，给定 UMC $\mathcal{C}$ 的一个拓扑对称 (ρ,G) 和 $\underline{\mathrm{Pic}(\mathcal{C})}$ 及 $\underline{\mathrm{Aut}^{\mathrm{br}}_{\otimes}(\mathcal{C})}$ 之间的一个等价，每个 $\rho(g)\in \underline{\mathrm{Aut}^{\mathrm{br}}_{\otimes}(\mathcal{C})}$ 对应于一个可逆的双侧模范畴 $\mathcal{C}_g \in \underline{\mathrm{Pic}(\mathcal{C})}$。

定义 2.2　通量（flux）为 $g \in G$ 的一个外在的拓扑缺陷（extrinsic topological defect）是可逆模范畴 $\mathcal{C}_g \in \underline{\mathrm{Pic}(\mathcal{C})}$ 里面对应于辫子张量自等价 $\rho(g)\in \underline{\mathrm{Aut}^{\mathrm{br}}_{\otimes}(\mathcal{C})}$ 的一个单的（simple）对象。

2.2.3 拓扑对称的规范化

记 $\underline{\underline{G}}$ 为 G 的范畴 2-群（categorical 2-group）。因此，$\underline{\underline{\mathrm{Aut}^{\mathrm{br}}_{\otimes}(\mathcal{C})}}$ 是辫子张量自等价的范畴 2-群。

定义 2.3　一个拓扑对称性　$\rho\colon \underline{G}\longrightarrow \underline{\mathrm{Aut}^{\mathrm{br}}_{\otimes}(\mathcal{C})}$ 可以被规范化，如果 ρ 可以被提升成一个范畴 2-群的函子 $\underline{\rho}\colon\underline{\underline{G}}\longrightarrow \underline{\underline{\mathrm{Aut}^{\mathrm{br}}_{\otimes}(\mathcal{C})}}$。

对称缺陷的物理和数学理论可以参考文献 [1] 和 [2] 。对称缺陷可以用来加强任意子的计算能力。对于用对称缺陷来做拓扑量子计算的研究，见 [7] 。

2.3 有能隙的边界

任意子之外的非阿贝尔物体的第二个方向是 TPM 里面有能隙的边界。这里的 TPM 由酉融合范畴（unitary fusion category）$\mathcal{C}$的德林费尔德中心（Drinfeld center）$Z(\mathcal{C})$ 来描述。它们在物理中被称作双重理论（doubled theory）。2D 的莱文-文（Levin-Wen，LW）模型是一个哈密顿量格点模型，它实现了基于酉融合范畴的图拉耶夫-维罗（Turaev-Viro）TQFT。2D 的 LW 模型背后的理论由两个数学定理来描述：一个酉融合范畴 $\mathcal{C}$的德林费尔德中心 Z（$\mathcal{C}$）总是一个模范畴；基于$\mathcal{C}$的图拉耶夫-维罗 TQFT 和基于 $Z(\mathcal{C})$ 的列舍季欣·图拉耶夫（Reshetikhin-Turaev）TQFT 等价。因此，LW 模型通过哈密顿量格点模型同时实现了这两个定理。那些严格可解的模型为 TPM 的理论研究提供了最好的素材。在现实中，TPM 的样本都是有边界的。正如著名的全息原则，边界和内部的相互作用包含了丰富的物理。

在范畴框架下，一个双重的 TQFT 的内部由某个酉融合范畴$\mathcal{C}$的中心 $\mathcal{B}=\mathcal{Z}(\mathcal{C})$ 来描述，并且，一个（带能隙的）洞就是$\mathcal{B}$里面的一个拉格朗日（Lagrangian）代数 $\mathcal{A}=\bigoplus_a n_a a$。在戴格拉夫·威滕（Dijkgraaf-Witten）理论里，$\mathcal{C}=Vec_G$。在大多数情况下，$\mathcal{A}$可以看成一个（复合的）量子维数是 d_A 的非阿贝尔任意子。据猜测，带能隙的边界一一对应于$\mathcal{C}$的不可分解的模范畴 $\mathcal{M}_i$。那么，$\mathcal{M}_i$ 上的基本激发粒子就是融合范畴 $\mathcal{C}_{ii}=\mathrm{Fun}_{\mathcal{C}}(\mathcal{M}_i,\mathcal{M}_i)$ 里单的对象，并且，在两个带能隙的边界 $\mathcal{M}_i$ 和 $\mathcal{M}_j$ 之间单的边界缺陷就是双侧模范畴 $\mathcal{C}_{ij}=\mathrm{Fun}_{\mathcal{C}}(\mathcal{M}_i,\mathcal{M}_j)$ 的单对象。这些融合范畴 $\mathcal{C}_{ii}$ 及它们的双侧模范畴 $\mathcal{C}_{ij}$ 构成一个多融合范畴（multi-fusion category）。从这个多融合范畴里，我们可以找到边界上的激发及边界之间缺陷的量子维数。

用带能隙的边界做拓扑量子计算在文献［3］中有研究。一个令人惊讶的例子是从一个纯阿贝尔的 TPM 中得到一套通用的量子门［4］。边界缺陷的拓扑量子计算也很有意思，但这个系统性的研究还没有开始。

3. 任意子之外的三维拓扑物理

经典意义下，宇宙的空间是三维的，但是纳米技术使得对于低维物理（如 2D 的任意子）的研究变得激动人心。因此，无论作为 3D 物理的一个玩具模型，还是潜在现实的低维物理，考虑所有可能的 $3d$ 物理包括杨-米尔斯（Yang-Mills）理论都是很有意思的。$3d$ 里一个显著的特征是陈-西蒙斯（Chern-Simons，CS）理论。它可以和杨-米尔斯理论耦合在一起。一个令人沉迷的方向是 $3d$ 量子引力。经典的 $3d$ 引力跟规范群为 $\mathrm{SL}(2,\mathbb{R})$ 的双重 CS 理论是一样的。但是，考虑到这个规范群是非紧致的，如何对这个双重 CS 理论进行量子化是一个很有挑战的问题。这是非常好的例子，它展示了从任意子系统到带有无穷多基本激发类型的拓扑系统的推广。另外它跟 BTZ 黑洞也是紧密相关的。环绕着 $3d$ 纯量子引力（宇宙常数为负）的几何、拓扑及物理最主要的研究包含 $3d$ 量子引力与量子双重 CS 规范理论［因为四元标架场（vierbein①）的可逆性变得更加复杂］之间的关系，BTZ 黑洞的存在性，及由布朗（Brown）和亨内（Henneaux）发现的渐进维拉宿（Virasoro）代数——这也是 AdS/CFT 对应的先导。

3.1　3d 重力

令 X^3 为一个闭的定向的 3d 时空流形，且 g 为一个引力场。爱因斯坦-希尔伯特（Einstein-Hilbert）作用是：

$$I(g)=\int_{X^3} \mathrm{d}^3 x \sqrt{g}(R-2\Lambda) \tag{3.1}$$

这里，R 是标量曲率，Λ 是宇宙常数。运动方程给出爱因斯坦方程：

$$R_{\mu\nu}-\frac{1}{2}R g_{\mu\nu}+\Lambda g_{\mu\nu}=0 \tag{3.2}$$

这里，$R_{\mu\nu}$ 是里奇曲率（Ricci Curvature）。

3d 反德西特空间（anti-de Sitter space）是 $\mathbb{R}^4$ 的一个子空间，定义为，

$$\{-x_1^2-x_2^2+x_3^2+x_4^2=-l^2\} \tag{3.3}$$

这里，$l>0$ 是某个常数，且 度量是 $\mathrm{d}s^2=-\mathrm{d}x_1^2-\mathrm{d}x_2^2+\mathrm{d}x_3^2+dx_4^2$。直接的计算导出：

$$R_{\mu\nu}=-\frac{2}{l^2}g_{\mu\nu},\quad R=-\frac{6}{l^2} \tag{3.4}$$

因此，引力场 $\mathrm{d}s^2=-\mathrm{d}x_1^2-\mathrm{d}x_2^2+\mathrm{d}x_3^2+\mathrm{d}x_4^2$ 是爱因斯坦的一个解，如果我们选取负的宇宙常数 $\Lambda=-\frac{1}{l^2}$。拓扑上，反德西特空间就是 $S^1\times\mathbb{R}^2$。

X^3 的切丛是平凡的，因此 $TX\simeq X^3\times\mathbb{R}^3$。一个框架（framing）$e$：$TX\simeq X^3\times\mathbb{R}^3$ 就是选择这两者之间的一个等价，在物理上，这叫作一个标架

①译者注：vierbein 指洛伦兹流形上的一组标准归一标架场。

场（vierbein）（更确切的，三元标架场（dreibein））。让 ω 是一个自旋联络（connection）。那么，(ω,e) 可以变成一个 SO(2,2) 规范场。让 $A_{\pm}=\omega\pm\frac{e}{l}$，那么，爱因斯坦-希尔伯特作用就变成一个双重的 CS 作用 $I(X,g)=\frac{\kappa_L}{4\pi}\mathrm{CS}(A_+)-\frac{\kappa_R}{4\pi}\mathrm{CS}(A_-)$。因此，经典的 $\Lambda<0$ 的 $3d$ 引力等价于 $\kappa_L=\kappa_R=\frac{3G}{2l}$ 双重的 CS 理论。这里，G 是牛顿常数 [18]。

$3d$ 引力的量子理论更加微妙。它和 CS 理论的对应不是精确的，这是由规范变换的不同及 vierbein 的不可逆性造成的。但是，如果 $3d$ 量子引力可以在数学上定义出来，它应该是某个无理的 TQFT。那么，解决 $3d$ 量子引力在某种意义上就是寻找对应的无理的共形场论。据推测，BTZ 黑洞应该是像任意子一样的物体。

3.2　体积猜想

$3d$ 量子引力一个深刻的推论是一个体积猜想的可能性 [18]。体积猜想对于双曲的纽结可以被精确化 [11]。我们的兴趣是在闭的双曲三维流形。可以很容易地看到，最直接的用有理的酉 TQFT 来从纽结推广到三维流形是不可能正确的，这是因为，当 TQFT 的水平（level）趋于无穷的时候，三维流形不变量仅仅呈多项式增长。最有希望的版本是用非酉的有理 TQFT [5]。至于非酉性如何从酉的 $3d$ 量子引力中出现，这是一个很令人疑惑的问题。

4. 四维拓扑物理

两类有意思的 (3＋1)- TQFT（即，$4d$TQFT）包括离散的规范理论和 BF 理论。这两类都和基于酉预模范畴（unitary pre-modular category）的克伦-弗雷克尔-耶特（Crane-Frenkel-Yetter，CFY）(3＋1)- TQFT 有关系。后者可以由格点模型实现。

对于 CFY TQFT 一个更加广泛的框架是麦凯（Mackaay）的基于球面

2-范畴（spherical 2-category）的 TQFT [12]。崔（Cui）把 CFY 构造推广到了 G- crossed 辫子融合范畴 [6]。所得到的新 (3＋1)- TQFT 并不符合麦凯 的框架。因此，一个问题是发展出一个高维范畴的理论，使得它可以包含所有已知的理论，并且研究它们在 3D TPM 里面的应用。崔的 TQFT 也可以被严格可解的格点模型实现 [17]。

4.1 克伦-弗雷克尔-耶特（Crane-Frenkel-Yetter）TQFT 和 4-范畴

(3＋1)- TQFT 的格点模型是 2D LW 模型的推广。我们预料会有一个 4-范畴（tetra-category），它是输入的 3-范畴的某种中心，并且可以描述所有的基本激发类型。一般的 3-和 4-范畴的代数描述是极其复杂的。我们从格点模型中得到的物理直觉可以帮助我们理解这些特殊的 4-范畴。

4.2 运动群的表示和扩展对象的统计

我们从 2D 物理中学到一个经验就是，TQFT 深刻的信息包含在映射类群的表示里面，尤其是辫子群。辫子群是 2D 圆盘上若干个点的运动群 (motion group)。在 3D，给定一个三维流形 M 和一个（不一定连通）子流形 N，我们可以定义 N 在 M 中的运动群。首先有意思的例子是 S^3 里的链环（link）。尽管 CFY (3＋1)- TQFT 的配分函数不一定是有意思的流形不变量，它们诱导的运动群的表示可能会更有意思。

米格中心（Müger center）描述格点模型里点状的激发。在 3D 中更有意思的是圈状的激发（loop excitation）或者一般的，任何一个闭曲面形状的激发。考虑最简单的情形：在 $\mathbb{R}^3$ 中 n 个互不链接且各自平凡的定向闭圈。它们的运动群是圈辫子群（loop braid group）LB_n。两个圈的交换决定一个同构于置换群 S_n 的子群，而一个圈穿过另一个的操作决定一个同构于辫子群 B_n 的子群。可以证明，LB_n 是置换群 S_n 和辫子群 B_n 的某种乘积。

由 TQFT 的一般性质，每个 CFY TQFT 都可以提供圈辫子群的一个表示。物理上，我们是在计算格点模型中圈状激发的交换统计。没有原因只考虑平凡的圈。我们可以类似的考虑一般纽结激发态的交换统计。

4.3 分形（Fracton）物理

$4d$ 物理中另一个问题是分形（fracton）的物理系统 [10，15] 有多么得拓扑。分形系统的低能理论不是TQFT，这是因为，随着格点模型尺寸的增加，一个固定空间流形的基态简并度也会增加。因此，为了描述这些新的系统，一个超越任意子的框架是必需的。

5. 应用

拓扑物质形态一个直接的应用便是构造大规模容错的量子计算机。在量子计算里，量子比特（qubit）是所有两个能级的量子系统的抽象，尽管任何两个具体的系统都是不同的，正如数字1和一个苹果是不同的。量子应该是一种新的能量来源。一个量子计算机就是一台机器，它把量子资源，如叠加（superposition）和纠缠（entanglement），转换成有用的能量。我们需要类似于普朗克（Planck）常数或玻尔兹曼（Boltzmann）常数的新常数来量化在叠加和纠缠里的能量。

致谢

这项工作一部分由 NSF DMS under Grant No. 1411212 支持。

参考文献

[1] BARKESHLI M，BONDERSON P，CHENG M，WANG Z. arXiv：1410.4540.

[2] CUI S-X, GALINDO C, PLAVNIK J, WANG Z. Commun. Math. Phys. 348, 2016: 1043.

[3] CONG I, CHENG M, WANG Z. arXiv:1609.02037.

[4] CONG I, CHENG M, WANG Z. Phys. Rev. Lett. 119, 2017: 170504, arXiv:1707.05490.

[5] CHEN Q, YANG T. arXiv:1503.02547.

[6] CUI S-X. arXiv:1610.07628.

[7] DELANEY C, WANG Z. Symmetry defects and their application to topological quantum computing, in preparation.

[8] https://aimath.org/pastworkshops/topquantum.html.

[9] FREEDMAN M, KITAEV A, LARSEN M, WANG Z. B. Am. Math. Soc. 40, 2003: 31.

[10] HAAH J. Phys. Rev. A83, 2011: 042330.

[11] KASHAEV R. Lett. Math. Phys. 39, 1997: 269.

[12] MACKAAY M. Adv. Math. 143, 1999: 288.

[13] ROWELL E C, WANG Z. arXiv:1705.06206.

[14] ROWELL E C, WANG Z. Phys. Rev. A93, 2016: 030102.

[15] VIJAY S, HAAH J, FU L. Phys. Rev. B94, 2016: 235157.

[16] WANG Z. Topological Quantum Computation; Issue 112 of Regional Conference Seriesin Mathematics, American Mathematical Soc., 2010.

[17] WILLIAMSON D, WANG Z. Ann. Phys. 377, 2017: 311.

[18] WITTEN E. Nucl. Phys. B311, 1988: 46.

第七章
物理学的四次革命和第二次量子革命——量子信息下力和物质的统一[①]

FOUR REVOLUTIONS IN PHYSICS AND THE SECOND QUANTUM REVOLUTION——A UNIFICATION OF FORCE AND MATTER BY QUANTUM INFORMATION

文小刚 (Xiao-Gang Wen)
物理系，
麻省理工学院，
剑桥，马萨诸塞州，02139，美国

---

①本章也会出现在 International Journal of Modern Physics A，Vol. 32，No. 26（2018）1830010. DOI：10. 1142/S0217979218300104.

牛顿的力学革命统一了天上行星的运动和地上苹果的下落。麦克斯韦的电磁学革命统一了电、磁和光。爱因斯坦的相对论革命统一了空间和时间，以及引力和时空扭曲。量子革命统一了粒子与波，以及能量与频率。每一次革命都改变了我们的世界观。在本文中，我们介绍一个正在进行中的革命：统一信息与物质/时空的第二次量子革命。换言之，新的世界观认为基本粒子（波色型的力粒子和费米型的物质粒子）完全源于量子信息（量子比特）：它们是与我们的空间相对应的纠缠量子比特海的集体激发。美妙的几何杨-米尔斯规范理论以及物质粒子之间奇特的费米统计从此具有共同的代数量子信息起源。

对称性是丰富多彩的。
量子纠缠更为丰富多彩。

目录

1. 物理学中的四次革命

我们有强烈的意愿，去试图从一个或极少的起源来了解万物。在这种意愿的驱使之下，物理理论始终循环发展：发现，统一，更多的发现，更大的统一。在本文中，我们来回顾物理学的发展及其四次革命①。我们将看到物理学的历史可以被划分为三个阶段：（1）所有的物质均由粒子构成；（2）波动型物质；（3）粒子型物质＝波动型物质。目前看来我们正在进入第四阶段：物质和空间＝信息（量子比特），其中量子比特作为万物之源出现［1－8］。换句话说，所有基本的波色型力粒子和费米型物质粒子可由量子信息（量子比特）进行统一。

1.1　力学革命

尽管在人类文明之前就已经意识到了地球的下落效应，但这种现象并没有引起任何好奇心。另一方面，天上行星的运动引发了人们广泛的好奇心和众多奇妙的幻想。然而，直到开普勒（Kepler）发现行星运动在由数学公式描述的固定轨道上（见图 1）（该图位于 289 页），人们才开始思考：为何行星如此理性？为何它们以如此特殊而精确的方式运动？这促使牛顿（Newton）发展了他的引力理论和力学运动定律（见图 2）（该图位于 290 页）。

牛顿的理论不仅揭示了行星运动；其同样解释了我们在地上感觉到的下落效应。天上的行星运动和地上的苹果下落看似不同（见图 3）（该图位于 290 页）；然而，牛顿的理论统一了这两种看似无关的现象。这就是物理学的第一次革命——力学革命。

①此处我们不讨论热力学和统计力学的革命。

力学革命

所有物质均由粒子组成，并满足牛顿定律。相互作用在距离上是瞬时传递的。

牛顿之后，我们认为所有物质均由粒子组成，并利用粒子的牛顿定律去理解所有物质的运动。牛顿理论的成功以及完备性，让我们认为已经理解了一切。

1.2 电磁学革命

但是，之后我们发现两个看似无关的现象，电和磁，可以互相产生（见图 4）（该图位于 291 页）。我们对电和磁的好奇心促使了科学上的又一次飞跃，可概括为麦克斯韦（Maxwell）方程。麦克斯韦的理论统一了电和磁，并且揭露了光的本质就是电磁波（见图 5）（该图位于 291 页）。我们因此对光有了更为深入的理解，它令人如此熟悉，其内部结构却出人意料的丰富和复杂。这可被看作第二次革命——电磁革命。

电磁革命

新型物质的发现——波动型物质：电磁波，满足麦克斯韦方程。波动型物质引发相互作用。

然而，麦克斯韦理论真正的精髓在于发现新的物质形式——波动型（或场型）物质（见图 6）（该图位于 292 页），电磁波。这种波动型物质的运动由麦克斯韦方程支配，这与受牛顿方程 $F = ma$ 支配的粒子型物质有很大不同。因此，牛顿理论描述万物的感觉是错误的。牛顿理论不适用于波动型物质，后者需要一种全新的理论——麦克斯韦理论。

与粒子型物质不同，新型的波动型物质与一种相互作用——电磁相互作用紧密相连。事实上，电磁相互作用可被看作是这种新发现的波动型物质所引起的效应。

1.3　相对论革命

在实现相互作用与波动型物质的联系之后，我们自然会发问：引力相互作用是也对应于波动型物质吗？答案是肯定的。

起初，人们意识到牛顿方程和麦克斯韦方程在两个彼此相对运动的坐标架之间的变换下具有不同的对称性。换句话说，牛顿方程 $F=ma$ 在伽利略（Galilean）变换下不变，而麦克斯韦方程在洛伦兹（Lorentz）变换下不变（见图 7）。当然，上述两种变换只有一个是正确的。如果我们相信在不同坐标架下物理定律应该相同，那么上述观察意味着牛顿方程和麦克斯韦方程不兼容，因此其中一定有错的。如果伽利略变换是正确的，那么麦克斯韦理论就是错的，需要修改。如果洛伦兹变换是正确的，那么牛顿理论就是错的，需要修改。迈克尔逊-莫雷（Michelson-Morley）实验证明在所有的坐标加下光速相同，这就意味着伽利略变换是错误的。因此，爱因斯坦（Einstein）选择相信麦克斯韦方程。他修改了牛顿方程并发展了狭义相对论。因此，牛顿理论不止不完备，也是不正确的。

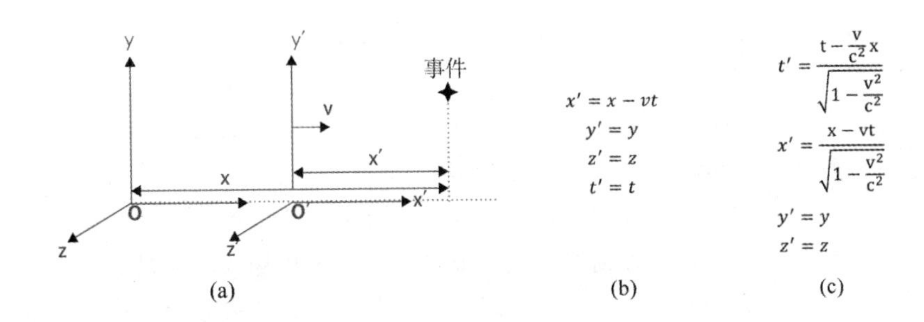

图 7　(a) 静止坐标架和速度为 v 的移动坐标架。在静止坐标架下，一个事件记录为坐标 (x,y,z,t)，移动坐标架下记录为 (x',y',z',t')。可通过两种方式联系 (x,y,z,t) 和 (x',y',z',t')：(b) 伽利略变换 或 (c) 洛伦兹变换，其中 c 为光速。在我们的世界中，洛伦兹变换是正确的。

爱因斯坦走得更远。受到引力和加速坐标系下感受力的等价性（见图 8）（该图位于 292 页），爱因斯坦又发展了广义相对论 [9]。爱因斯坦的理论统一了几个看似无关的概念，例如空间和时间，以及相互作用和几何。由于引力可被视为空间扭曲，以及扭曲可以传播，爱因斯坦发现了第二种波动型物质——引力波（见图 9）。这是物理学的另外一次革命——相对论革命。

相对论革命

空间和时间的统一。引力和时空扭曲的统一。

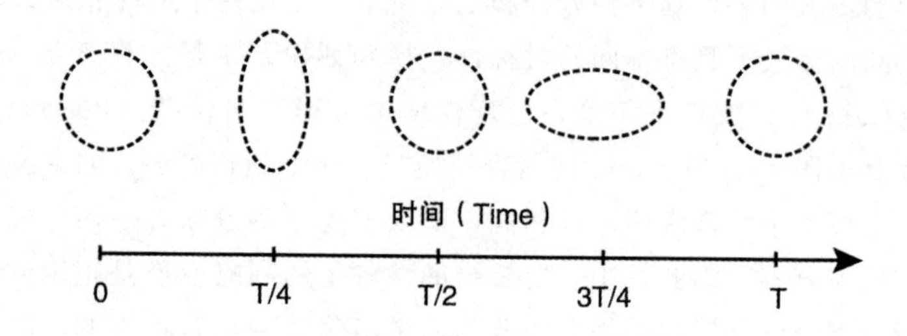

图9 引力波是传播中的空间扭曲：一个圈被引力波扭曲。

受到相互作用与引力中几何之间关系的启发，人们回去重新检查电磁相互作用，发现电磁相互作用同样与几何有联系。爱因斯坦的广义相对论将引力视为空间扭曲，即可将其视为空间局部方向的扭曲（见图10）。受此启发，在1918年，外尔（Weyl）提出我们用于测量物理量的单位是相对的，且只是局域定义的。单位系统的扭曲可由一个矢量场描述，又称为规范场①。外尔提出这种矢量场（规范场）为描述电磁的矢势。尽管上述假设被证明是错误的，然而外尔的想法是正确的。在1925年，人们发现了复数量子振幅。如果我们假设复相位是相对的，那么测量局域复相位的单位系统的扭曲同样可被描述为一个矢量场。此矢量场实际上是描述电磁的矢势。这导致一种统一的方法去理解引力和电磁：引力源于不同空间点的空间方向的相对性，电磁源于不同空间点的复量子相位的相对性。近一步，诺德斯特姆（Nordstrom）、莫格利奇特（Moglichkeit）、卡鲁扎（Kaluza）和克莱因（Klein）证明引力和电磁均可被理解为时空扭曲，如果我们认为时空是五维，其中一维被压缩在一个小圈里［10－12］。这可被看成对引力和电磁的统一。这些理论是如此的美妙。自那时起，通过几何途径理解我们的世界主导了理论物理。

①在物理学中，规范理论（Gauge theory）是一种场论，其相应的拉格朗日算子在某些群的局部变换下不变。

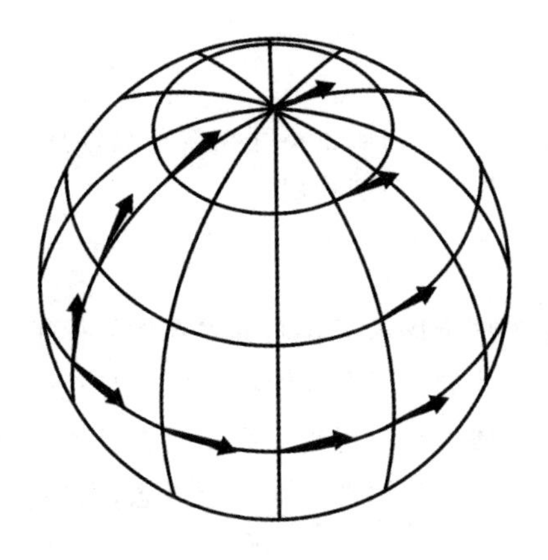

图 10 弯曲的空间可被看作是空间居于方向的扭曲：在弯曲空间沿着一个回路，平行移动一个局域方向（由一个箭头代表），箭头的方向不会回到原处。这种局域方向的转动对应于空间曲率。

1.4 量子革命

然而，这种几何的世界观立刻受到微观世界新发现的挑战①。微观世界的实验告诉我们，不仅牛顿理论是不正确的，甚至其相对论型修改也是不正确的。这是因为牛顿理论及其相对论修正是粒子型物质的理论。然而通过极小尺度物体的实验，例如电子，人们发现粒子并非真正意义上的粒子。它们同时也表现出波动的性质。类似地，实验显示出光波同时也表现出粒子性（光子）（见图 11）（该图位于 293 页）。因此，我们世界的物质并非我们所想象的样子。物质既不是波也不是粒子，同时既是波也是粒子。因此，粒子型物质的牛顿理论（及其相对论修正）和波动型物质的麦克斯韦/爱因斯坦理论无法成为物质的正确理论。我们需要新的理论来描述新的存在形式：粒子波动型物质。新的理论即描述微观世界的量子理论。量子理论统一了粒子型物质和波动型物质。

①许多人忽略了这种挑战，几何世界观已成为主流。

量子革命

既不存在粒子型物质也不存在波动型物质。我们世界上所有的物质均为粒子波动型物质。

由上可见，量子理论揭示了我们世界真实的样子，这与我们意识中的经典世界极为不同。我们世界存在的物质既不是粒子也不是波，也既是粒子又是波。这样的描述虽难以想象，但反映出了我们世界的真相，这是量子理论的核心。为了更清楚地理解这个新概念，我们再考虑一个例子。这次是关于一个比特（由自旋$-1/2$表示）。一个比特两种可能的经典存在状态：$|1\rangle=|\uparrow\rangle$和$|0\rangle=|\downarrow\rangle$。然而，量子理论也允许新的存在形式$|\uparrow\rangle+|\downarrow\rangle=|\longrightarrow\rangle$用以描述$x$方向的自旋①。我们再来考虑第三个关于两比特的例子。这样便存在四种可能的经典存在状态：$|\uparrow\uparrow\rangle$，$|\uparrow\downarrow\rangle$，$|\downarrow\uparrow\rangle$，$|\downarrow\downarrow\rangle$。量子理论允许新的存在形式$|\uparrow\uparrow\rangle+|\downarrow\downarrow\rangle$。这种量子存在是纠缠的，没有经典对应。

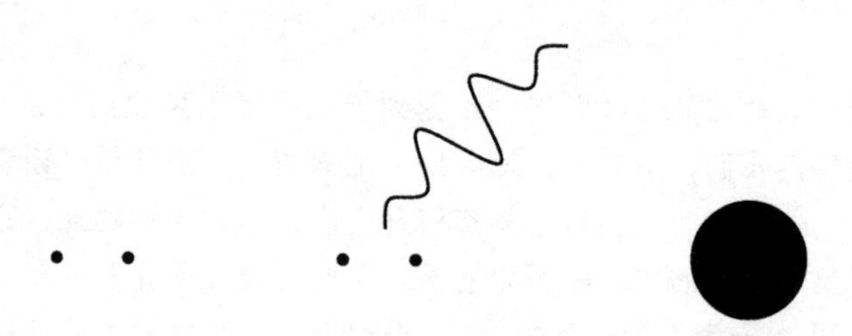

图 12　欲观察距离为l的两点，我们需要发射光的波长满足$\lambda<l$。相应的光子能量为$E=hc/\lambda$。如果l小于普朗克长度$l<l_P$，那么光子将会形成一个尺度大于l的黑洞。黑洞将会吞下这两个点，因此我们永远无法测量间距小于l_P这两点的距离。无法测量即代表无法存在。因此“间距小于l_p的两点”没有物理意义，因此不存在。

尽管用几何途径理解我们的世界是物理学的主流，在此我们将采取的立场是，几何理解是不够好的，我们尝试利用一种非常不同的非几何途径去理解世界。为何几何上的理解不够好？首先，几何理解是不自洽的。它

①在量子理论中，自旋（Spin）是粒子的一类内禀角动量，另外一种角动量为轨道角动量。

违背量子理论。结合量子力学和爱因斯坦引力理论，间距小于普朗克(Planck)长度

$$l_p=\sqrt{\frac{\hbar G}{c^3}}=1.616199\times 10^{35}m \quad (1.1)$$

的两点是无法作为物理实在而存在的（见图 12)。因此，几何途径的基础——流形①——在我们的宇宙中明显不存在，由于流形上的两点间距可以无穷小。这表明几何仅仅是长距离下的衍生现象。因此，我们无法利用几何和流行来作为理解基本物理问题的基础。

其次，麦克斯韦关于光的理论以及爱因斯坦关于引力的理论预言了光波和引力波。

但是这些理论无法告诉我们正在发生什么。麦克斯韦理论和爱因斯坦理论建立在几何上面。它们无法回答这个问题：我们看到的表观几何的起源是什么？换言之，麦克斯韦理论和爱因斯坦理论是不完备的，它们应被理解为长距离的有效理论。

由于几何在我们的世界并不存在，我们认为几何的世界观受到了量子理论的挑战。量子理论告诉我们在普兰克尺度这种观点是错误的。因此，量子理论代表了物理学中最戏剧性的革命。

2. 万物源于量子比特，并非比特——二次量子革命

在意识到甚至存在的概念也被量子理论改变之后，看到量子理论模糊了信息与物质之间的区别，便不足为奇了。实际上，这意味着信息便是物质，物质便是信息。这是因为频率是信息的属性。量子理论告诉我们频率就是能量 $E=hf$，相对论告诉我们能量就是质量 $m=E/c^2$。能量和质量均是物质的属性。因此物质=信息。这代表了一种观察我们世界的新方式。

---

①流形(Manifold)是可以局部欧几里得空间化的一个拓扑空间，是欧几里得空间中的曲线、曲面等概念的推广。欧几里得空间就是一种简单的流形。

量子理论的本质

能量—频率关系 $E = hf$ 意味着

物质=信息

上述“物质=信息”的观点类似于惠勒（Wheeler）的“万物源于比特（it from bit)”，其代表着统一物质和信息的更深层次的渴望。事实上，这种统一曾经在很小的尺度上发生过。我们引入电场和磁场来信息地（或形象地）描述电和磁的相互作用。但随后，电场/磁场变成了具有能量和动量的实在物质，甚至伴随粒子属性。

然而在我们的世界上，“it”是非常复杂的。

(1) 大部分“it”为费米子，而“bit”为波色型的。费米型的“it”可以源自波色型的“bit”吗？(2) 大部分“it”也携带自旋=1/2。自旋-1/2可以源于“bit”吗？(3) 所有的“it”均具有一种特殊形式的相互作用——规范相互作用。“bit”可以产生规范相互作用吗？“bit”可以产生满足麦克斯韦方程的波吗？“bit”可以产生光子吗？

换句话说，若想理解“物质源于信息”或“万物源于比特”的具体含义，我们要注意到物质由如下方程描述：麦克斯韦（Maxwell）方程（光子），杨米尔斯（Yang-Mills）方程（胶子和 W/Z 波色子），以及狄拉克（Dirac）和外尔（Weyl）方程（电子，夸克，中微子）。“物质=信息”则意味着那些波动方程均可源于量子比特。换言之，我们知道基本粒子（即物质）由量子场论中的规范场和反交换场描述。在这里我们尝试说所有看似极为不同的量子场均源于量子比特。这有可能吗？

上述所有提到的波和场均为空间中的波和场。引力波的发现强烈表明空间是可变形的动力学媒介。事实上，电磁波以及卡西米尔（Casimir）效应①的发现已经强烈表明空间是可变性的动力学媒介。作为动力学媒介，空间的变形可以产生各种各样的波动，并不足惊奇。可是描述我们空间的动力学媒介必须足够特殊，因为要求其产生的波必须满足爱因斯坦方程（引力波），麦克斯韦方程（电磁波），狄拉克方程（电子波），等等。但是空间是微观结构是什么？哪种微观结构可以同时给出满足麦克斯韦方程、

---

①卡西米尔效应（Casimir effect）由荷兰物理学家亨德里克·卡西米尔（Hendrik Casimir）于1948年提出，此效应随后被侦测到。此效应为：真空中两片中性（不带电）的金属板会出现吸力；这是纯粹的量子物理现象，在经典理论中不会出现。

狄拉克/外尔方程以及爱因斯坦方程的波?

现在我们从另外一个角度去理解上述问题。现代科学已做出了许多发现，并且将很多看似无关的发现统一到少数简单的结构之中。那些简单的结构是如此美妙，我们奉其为宇宙中的奇迹。同时它们也非常奥秘，因为我们不知道它们从哪里来，以及为何它们一定以此种方式呈现。目前，在我们宇宙中最基本的奥秘 以及（或）奇迹可概括如下：

八个奇迹：

（1）局域性。

（2）全同粒子。

（3）规范相互作用 [13－15]。

（4）费米子统计 [16，17]。

（5）费米子的微小质量（$\sim 10^{-20}$普朗克质量）。

（6）手性费米子 [6，7，20，21]。

（7）洛伦兹不变量 [22]。

（8）引力 [9]。

在目前有关自然界的物理理论中（例如标准模型①），我们认为上述属性是理所当然的，而不问它们来自何处。我们直接将那些美妙的性质拿来放入我们的理论之中，例如，通过为每一种互作用或基本粒子引入一种场。

然而，此处我们要问这些美妙神秘的性质源于何处。按照科学史的发展趋势，我们希望对上述所有的奥秘有一个统一的理解。或更具体地说，我们希望从单个结构出发来得到上述所有美妙的性质。

量子理论中最简单的元素是量子比特 $|0\rangle$ 和 $|1\rangle$（或 $|\downarrow\rangle$ 和 $|\uparrow\rangle$）。量子比特也是量子信息中最简单的元素。由于我们的空间是一个动力学媒介，最简单的选择便是假设空间是一个量子比特海。我们将赋予这个海洋正式名称，“量子比特以太”。这时的物质，例如基本粒子，仅仅是量子比特海洋（量子比特以太）中的波，“气泡”以及其他缺陷。这就是我们提出“万物源于量子比特（it from qubit)”或“物质＝信息”的方式。

---

①在粒子物理学里，标准模型（Standard Model）是描述强力、弱力及电磁力这三种基本力及组成所有物质基本粒子的理论，属于量子场论的范畴，并与量子力学及狭义相对论相容。到目前为止，几乎所有对以上三种力的实验的结果都合乎这套理论的预测。但是标准模型还不是万有理论，主要是因为还无法描述引力。

量子比特非常简单，只有两个态 $|\downarrow\rangle$ 和 $|\uparrow\rangle$。我们可以将所有量子比特均为 $|\downarrow\rangle$ 的多体量子态视为空态（或真空）。则少数量子比特为 $|\uparrow\rangle$ 的多量子比特态对应于具有少数自旋-0 粒子（由标量场描述）的空间。因此，很容易看到标量场可作为向上量子比特的密度波从量子以太中产生出来。这种波满足欧拉方程，但不是麦克斯韦方程或杨米尔斯方程。因此上述特殊的量子比特以太与我们时空并不相符。其微观结构是错误的并且无法携带满足麦克斯韦方程和杨米尔斯方程的波。但是这个思路也许是正确的。我们仅需要寻找具有不同微观结构的量子比特以太即可。

然而，长久以来，我们不知道满足麦克斯韦方程或杨米尔斯方程的波如何从任意量子比特以太中产生出来。满足狄拉克/外尔方程的反对易波看起来似乎更难产生。因此，尽管量子理论强烈表明“物质＝信息”，从简单的量子比特海洋获取所有基本粒子的尝试被许多人视为不可能，并且尚未成为活跃的研究领域。

因此，理解“物质＝信息”的关键是确定量子比特以太（可被看成空间）的微观结构。我们空间的微观结构一定是非常丰富的，因为我们的空间不仅只能携带引力波和电子波，也可以携带电子波，夸克波，胶子波，以及对应于所有基本粒子的波。这种量子比特以太有可能存在吗？

在凝聚态物理中，分数量子霍尔效应［23］的发现带领我们进入一个多体系统高度纠缠的新世界。当强纠缠变为长程纠缠时［24］，系统将具有一种新形式的序——拓扑序①［25，26］，代表新的物质态。我们发现拓扑序量子比特态中的波（激发）可以十分奇特：这些波可以满足麦克斯韦方程、杨米尔斯方程或狄拉克/外尔方程。这样不可能变成了可能：所有的基本粒子（波色型力粒子和费米型物质粒子）可以从长程纠缠的量子比特以太中产生，即可由量子信息统一［2－8，27，28］。

我们要强调上述描述就是“万物源自量子比特”，非常不同于惠勒的“万物源自比特”。正如我们已经说明的，我们观察到的基本粒子只能从长程纠缠的量子比特以太中产生。对量子纠缠的需求意味着“万物无法源自比特”。实际上“万物源自纠缠的量子比特”。

①在物理学中，拓扑序（Topological Order）是物质（也称为量子物质）在绝对零度下的一种序。在宏观上，拓扑顺序是由具有鲁棒性的基态简并及其对应的量子化非阿贝尔几何相位定义和描述的。在微观上，拓扑序对应于长程量子纠缠。

3. 量子比特弦网液体以及规范相互作用和费米统计的统一

在本节中，我们考虑一个特殊的纠缠量子比特海——量子比特的弦液体。这种纠缠量子比特海支持新型的波以及其相应粒子。我们发现新的波以及新兴的统计十分深刻，它们可能会改变我们对宇宙的看法。让我们首先解释一个基本概念——“衍生（emergence）原理”。

图 13　液体只有一种压缩波——密度涨落波。

3.1　衍生原理

通常，人们认为材料的特性应由形成材料的成分决定。然而，这个简单的直觉是不正确的，因为所有的材料都由同样的成分构成：电子，质子和中子。因此我们无法利用成分的丰富性去理解材料的丰富性。事实上，不同材料的不同性质源于粒子排列的多样方式。不同的序（粒子的排列方式）给出材料的不同物理性质。正是序的丰富性才导致了材料世界的丰富性。

具体而言，我们利用力学性质的起源以及波的起源去解释序是如何确定材料的物理性质的。我们知道，材料中的形变会像水面上的波纹一样传播。传播的形变对应着材料中波的传播。由于液体只能承受压缩形变，因此液体只能支持一种波动——压缩波（压缩波也称为纵波。见图 13）。数学上压缩波的运动受到欧拉方程支配：

$$\frac{\partial^2 \rho}{\partial t^2} - v^2 \frac{\partial^2 \rho}{\partial x^2} = 0 \tag{3.1}$$

其中 ρ 为液体密度。

固体能同时承受压缩和剪切形变。因此，固体既支持压缩波又支持横波。横波对应于剪切形变的传播。事实上，存在两列横波分别对应于剪切形变的两个方向。固体中压缩波的传输以及两列横波由弹性方程描述：

$$\frac{\partial^2 u^i}{\partial t^2} - T_j^{ikl} \frac{\partial^2 u^j}{\partial x^k \partial x^l} = 0 \tag{3.2}$$

其中矢量场 $u^i(x,t)$ 描述固体的局部位移。

我们需要指出弹性方程和欧拉方程不仅描述波的传播，它们实际上描述固体和液体中所有小的形变。因此，这两个方程在数学上完全描述了固体和液体的数学性质。

但是为何固体和液体表现如此不同？为什么固体有形状而液体没有？弹性方程和欧拉方程的起源是什么？知道 19 世纪发现原子之后，这些问题才有了答案。从那时起，我们明白了固体和液体均由一批原子构成。固体和液体的主要区别是原子排列非常不同。在液体中，原子的位置随机涨落［见图 15（a)］，而在固体中，原子形成规则的固定阵列［见图 15(b)］①。不同的原子排列导致了液体和固体不同的力学性质。换言之，正是因为原子的不同排列形式，才使得液体可以自由流动而固体能够保持形状。

①更准确地讲，此处固体指的是晶体。

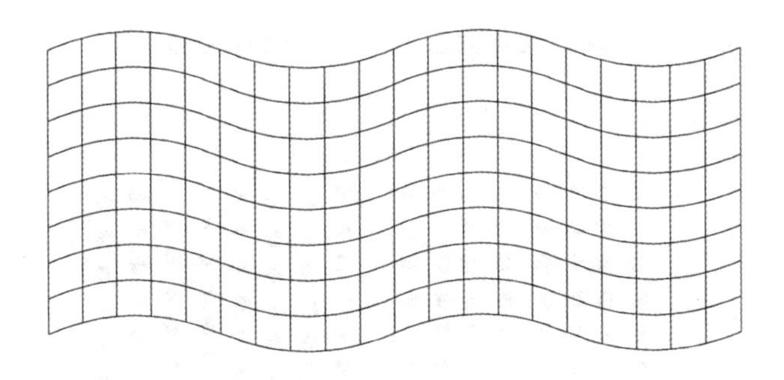

图 14 在固体上画网格有助于看清固体形变。(3) 中的矢量 u^i 代表网格中顶点的位移。除了压缩波（即密度波），固体支持上图所示的横波（剪切形变的波）。

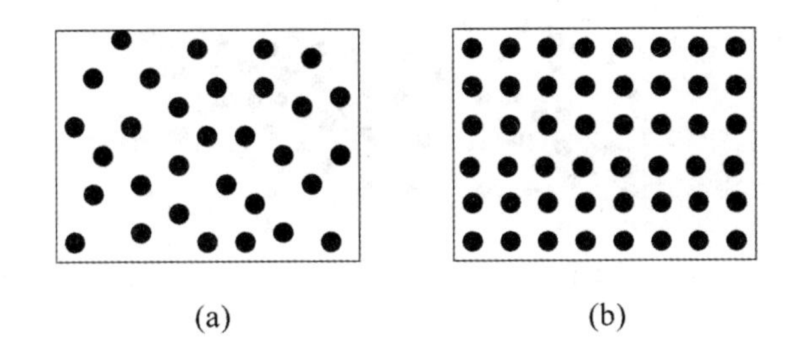

图 15 (a) 液体中的粒子没有固定的相对位置。它们自由流动，具有随机但均匀地分布。

(b) 固体中个粒子形成固定的规则格点。

不同原子的排列是如何影响材料的力学性质呢？在固体中，压缩形变［见图 16 (a)］和剪切形变［见图 16 (b)］均会导致原子构型的真正物理改变。这种变化需要能量。因此，固体可以承受这两种形变并保持其形状。这就是为何在固体中既具有压缩波又具有横波。

相反，液体中原子的剪切形变并不导致一种新的构型，因为原子仍然是均匀随机分布。因此，剪切形变对于液体是无能为力的操作。只有改变原子密度的压缩形变才会导致新的原子构型并耗费能量。因此，液体只能承受压缩，并指存在压缩波。由于剪切形变对于液体而言并不耗费能量，液体可以自由流动。

我们看到在材料中，传输波的性质完全由原子排列结构决定。不同的排列结构导致不同的波以及不同的力学定律。不同粒子的排列结构导致不同种类的波/定律，这种观点为凝聚态理论最重要的定理。这种观点称为衍生原理。

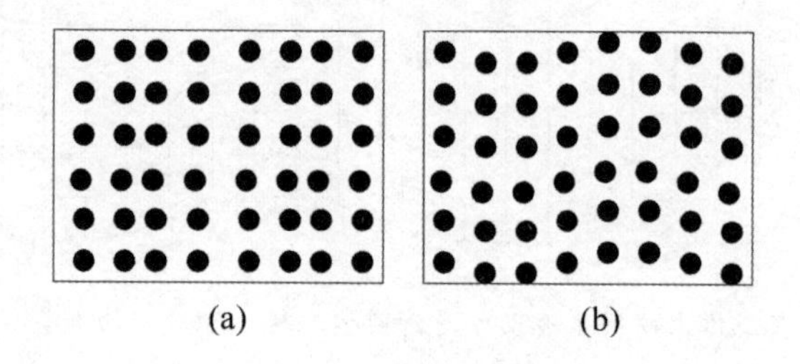

图 16　晶体中（a）压缩波和（b）横波的原子描述。

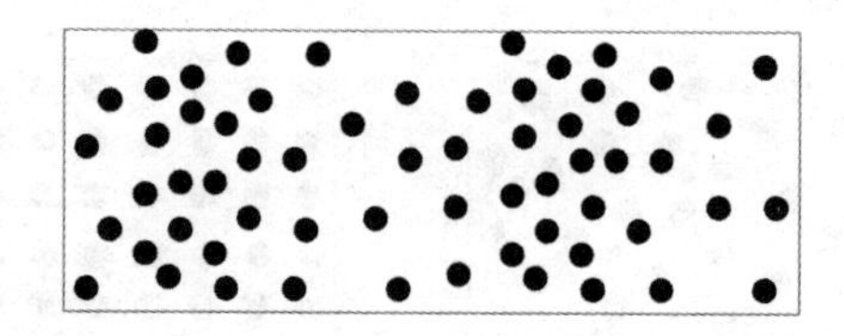

图 17　液体中压缩波的原子描述。

3.2　量子比特的弦网液体统一了光和电子

弹性方程和欧拉方程是两个非常重要的方程。它们是许多科学分支的基础，例如力学工程、空气动力学工程，等等。但是我们有一个更重要的方程，马克思为方程，用于描述真空中的光波。当麦克斯韦方程最初被引入时，人们坚信任何一种波必须对应于某些物体的运动。因此，人们想要找到麦克斯韦方程的起源到底是什么？什么样的运动才能给出电磁波？

首先，我们会想：麦克斯韦方程可以源于一个特殊的对称破缺序吗？基于朗道的对称破缺理论，不同的对称破缺序实际上可以导致满足不同波动方程的各种波。因此，或许一个特定的对称破缺序可以得到满足麦克斯韦方程的波。但是人们一直在寻找以太——支持光波传输的媒介——足足超过 100 年，而且尚不能发现任何对称破缺态，用于产生满足麦克斯韦方程的波。这就是人们放弃将以太作为光和麦克斯韦方程式起源这种想法的原因之一。

然而，拓扑序的发现［25，26］表明朗道对称破缺理论无法描述波色子/自旋的所有可能的排列方式。这给了我们新希望：麦克斯韦方程或许源于一种具有非平凡拓扑序的、新型的波色子/自旋排列方式。

除了麦克斯韦方程，还更奇怪的方程：狄拉克方程，描述电子（及其他费米子）的波动。电子有费米统计。它们根本上不同于其他我们熟悉的波的量子，如光子和声子，因为这些量子都具有波色统计。欲描述电子的波，波的振幅一定是反交换的格拉斯曼（Grassmann）数，使得波量子具有费米统计。由于电子如此奇怪，很少有人将电子和电子波看成是某物的集体运动。人们毫不怀疑电子是基本粒子，将其视为万物的基本组成部分之一。

然而，从凝聚态物理的观点出发，所有低能激发均为某物的集体运动。如果我们尝试将光子看成集体模式，为何我们不能将电子也看成集体模式？因此，或许狄拉克方程及其相关费米子也可以从一种具有非平凡拓扑序的、新型的波色子/自旋排列方式。

近期的一项研究为上述问题提供了肯定的答案［3，29，30］。我们发现如果波色子/自旋形成大的定向弦，且那些弦形成量子液体态，那么这种排列好的波色子/自旋的集体运动将对应于由麦克斯韦方程和狄拉克方程描述的波。弦液体中的弦可以自由连接或交叉。因此，这些弦看起来更像一张网络（见图18）。由此原因，弦液体实际上是弦网液体，称为弦网凝聚态。

图18　量子以太：有向弦的涨落产生电磁波（或光）。弦的末端产生电子。注意到定向弦的方向应通过带有箭头的曲线描述。为了便于绘制，在上图中省略了曲线上的箭头。

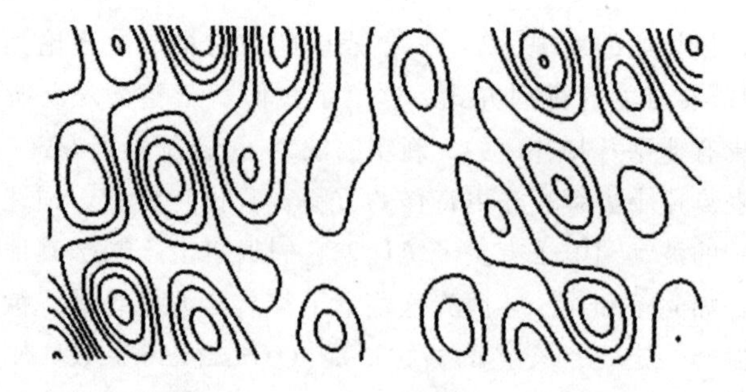

图 19 弦液体中涨落的弦。

图 20 弦液体中定向弦的“密度”波。波沿 x- 方向传播。“密度”矢量 E 指向 y- 方向。为了便于绘制，上图中省略了定向弦的箭头。

但是为什么弦的波动能够产生由麦克斯韦方程描述的波？我们知道液体中的粒子具有随机却均匀地分布。这种分布的形变对应于密度涨落，可由标量场 $\rho(x,t)$ 描述。因此液体中的波由满足欧拉方程（3.1）的标量场 $\rho(x,t)$ 描述。类似地，弦网液体中的弦也具有随机却均匀地分布（见图 19）。弦网液体的形变对应着弦密度的改变（见图 20）。然而，由于弦具有一个方向，“密度”涨落由矢量场 $E(x,t)$ 描述，这表明平均有更多的弦朝向 E 方向。定向弦可以理解为通量线。矢量场 $E(x,t)$ 描述了弥散平均通量（smeared average flux）。由于弦是连续的（即它们无法中断），所以通量是守恒的：$\partial \cdot E(x,t)=0$。弦的矢量密度 $E(x,t)$ 在沿着弦的方向无法改变（即沿着 $E(x,t)$ 的方向）。$E(x,t)$ 只有在垂直于 $E(x,t)$ 的方向才可改变。由于波传播的方向等同于 $E(x,t)$ 变化的方向，因此由 $E(x,t)$ 描述的波一定是横波：$E(x,t)$ 永远与波传播的方向垂直。因此，弦液体中的波具有一个非常特殊的性质：此波仅有横模却没有纵模。这正是由麦克斯韦方程所描述波的性质。我们看到弦的“密度”涨落自然地给出光波（或电磁波）和麦克斯韦方程［2，3，30－33］。

比较固体、液体和弦网液体是一件有趣的事。我们知道固体中的粒子被排列成规则的格点图形。这种排列好粒子的波动产生了一列压缩波和两列横波。而液体中的粒子具有更随机的排列方式。因此，液体中的波会失去两列横波而仅保留一列压缩波。弦网液体中的粒子同样具有随机的排列方式，但方式不同。粒子首先形成弦网，然后弦网形成一个随机液体态。由于这种不同形式的随机性，弦网凝聚态中的波失去了压缩模，仅保留了两列横模。这种波（仅有两列横模）恰恰是电磁波。

若要理解电子如何从弦网中出现，我们需要指出，如果我们仅需要光子而不需要其他粒子，弦一定是闭合无端点的弦。闭合弦的涨落只能产生光子。如果弦具有开放端点，则这些开放端点可以移动，其行为就像独立的粒子一样。那些粒子不是光子。事实上，弦的端点不是别的，正是电子。

我们如何知道弦的端点表现得像电子？首先，由于弦网的波动是电磁波，弦网的形变对应于电磁场。因此，我们可以研究弦的末端如何与弦网的形变相互作用。我们发现这种互作用就像一个带电电子与电磁场之间的相互作用。同样，电子具有一个微妙但重要的性质——费米统计，这种性质仅存在于量子理论中。而令人惊奇的是，弦的末端可以重现费米统计这种微妙的量子性质［29，34］。弦网液体确实可以解释费米统计为何存在。

我们看到排列成弦网液体的量子比特自然地解释了光和电子（规范相互作用和费米统计）。换言之，弦网理论提供了一种统一光和电子的途径［3，30］。因此真空中包含光和电子这件事并非仅是巧合。这或许表明真空实际上是弦网液体。

3.3　更一般的弦网液体和杨米尔斯规范场的衍生

在这里，我们要指出存在许多种不同的弦网液体。不同液体中的弦有不同数目的类型。弦也可以不同方式进行结合。对于一般的弦网液体，弦的波动或许不对应于光，弦的末端或许也不对应于电子。只有一种弦网液体可得到光和电子。另一方面，具有许多种弦网液体这个事实，允许我们解释光和电子以外的现象。我们可以设计出一类特殊的弦网液体，其不仅可以产生光和电子，也可以产生夸克和胶子［2，29］。这类弦网的波动对应于光子（光）和胶子。不同种类弦的端点对应于电子和夸克。能否设计出一种能产生所有基本粒子的弦网液体是很有趣的一件事！如果这件事有可能，由这种弦网形成的以太可以提供所有基本粒子的起源①。

我们要强调弦网由量子比特形成。因此，在弦网描述下，麦克斯韦方程和狄拉克方程都产生于局域量子比特模型，只需量子比特源于长程纠缠态（即弦网液体）。换言之，光和电子由量子比特的长程纠缠统一。

麦克斯韦方程中的电场和磁场称为规范场。狄拉克方程中的场为格拉斯曼数赋值的场②。长久以来，我们认为需要用规范场来描述仅具有两个横模的光波，同样，我们认为需要用格拉斯曼数赋值的场来描述具有费米统计的电子和夸克。因此规范场和格拉斯曼数赋值的场变成了用于描述我们世界的量子场论的基石。弦网液体表明我们无须引入规范场和格拉斯曼数赋值的场来描述光子、胶子、电子和夸克。它演示了规范场和格拉斯曼场如何从局部量子比特模型中出现的，这些局部量子比特模型仅包含截断尺度的复杂标量场。

我们尝试理解光的过程是悠久而不断发展的历史。我们首先以为光是一束粒子。麦克斯韦之后，我们将光理解为电磁波。爱因斯坦的广义相对论之后，引力被理解为时空曲率，外尔等人尝试将电磁场理解为我们用来测量复相位的“单位系统”中的曲率。这导致了规范理论的概念。广义相对论和规范理论是现代物理学的两块基石。它们通过漂亮的数学框架对所有四种相互作用提供了统一的理解：所有的互作用可以从几何上理解为时空中和“单位系统”中的曲率（更准确地讲，可理解为时空中切丛或其他矢量丛的曲率）。

随后在高能物理和凝聚态物理领域的人们找到了规范场出现的另一种方式［35－38］：首先通过将粒子的场写为两个部分子的两个场的乘积，将粒子（例如电子）切成两个部分子（parton）③。然后引入一个规范场将两个部分子黏合成原来的粒子。这种规范场的“黏合描述”（而非规范场的纤维丛描述）使我们能够理解模型中规范场的产生，而这些模型起初在截断尺度是不含规范场的。

弦描述代表理解规范场的第三种途径。弦算子出现在规范场的威尔逊

---

①到目前为止我们可以用弦网产生几乎所有基本粒子，除了产生引力的引力子。特别是，我们甚至可以从量子比特海中产生 $SU(2)$ 规范波色子和费米子之间的手性耦合[6，7]。

②格拉斯曼数为反对易数。

③在粒子物理学中，部分子（parton）模型是 Richard Feynman 提出的强子模型，例如质子和中子。

(Wilson)圈特征中。哈密顿量和格点规范理论①的对偶描述也揭示了弦的结构[40—43]。格点规范理论不是局域波色模型，即弦在格点规范理论中是无法被破坏的。弦网理论指出甚至可被破坏的弦也能产生规范场[44]。因此我们并非真正需要弦。量子比特本身就能够产生规范场和相应麦克斯韦方程。在我们理解量子比特模型与弦网液体[31]的联系之前，这个现象已经在一些量子比特模型中存在[1，27，33，37，45]。由于规范场可以从局域量子比特模型中产生，弦描述逐步发展为纠缠描述——第四种理解规范场的途径：规范场为长程纠缠的涨落。我认为纠缠描述抓住了规范场的本质。尽管几何描述很优美，可是规范场的本质不是弯曲发现要比提出长程纠缠的概念早的多。我们理解光和规范相互作用的发展为：粒子束 ⟶ 波 ⟶ 电磁波 ⟶ 纤维丛曲率 ⟶ 部分子的黏合 ⟶ 弦网液体中的波 ⟶ 长程纠缠中的波；这代表了近200年来人类为解释宇宙奥秘所作出的努力（见图21）（该图位于293页）。

将规范场（以及相应的波色子）看成是长程纠缠的涨落，会有额外的好处：我们可以用同样的方式去理解费米统计的起源：费米子产生于长程纠缠的缺陷，尽管原始模型是纯波色型的。以前，有两种办法从纯波色模型得到衍生费米子：在（2+1）维空间中将规范荷和规范通量束缚在一起[46，47]，在（3+1）维空间中将$U(1)$规范理论中的电荷和磁单极子束缚在一起[48—52]。但是上述方法仅适用于（2+1）维空间或仅适用于$U(1)$规范场。利用长程纠缠和它们的弦网实现，在任意维度，对于任意规范群，均可以同时产生规范波色子和费米子[2，29，30，34]。这个结果给我们带来希望，也许每个基本粒子都会衍生出来，并且可以用局域量子比特模型进行统一。因此，长程纠缠为我们提供一种看世界的新方式：或许我们的真空是长程纠缠态。真空中远距离纠缠的模式决定了我们观察到的基本粒子的含量和结构。关于这种描述具有实验预测，见第3.4节。

我们要指出规范波色子和费米子的弦网统一与规范波色子和费米子的超弦理论非常不同。在弦网理论中，规范波色子和费米子源于构成空间的量子比特，“弦网”仅仅是一个名称，用于描述量子比特在基态下如何排列。因此，弦网不是一个物体，而是量子比特的排列方式。在弦网理论中，规范波色子是弦网中集体涨落的波，费米子对应于弦的一个端点。相

①在物理学中，格点规范理论（Lattice Gauge theory）是对离散化为晶格的时空中的规范理论进行的研究。

反，规范波色子和费米子源于超弦理论中的弦。规范波色子和费米子都对应于小块的弦。小块弦的不同震动模式给出了不同种类的粒子。超弦理论中的费米子是通过引入格拉斯曼场而人工引入的。

3.4 关于弦网统一规范相互作用和费米统计的一种可被检验的预测

在光和电子的弦网统一理论中［3，30］，我们假设空间由一组量子比特构成，量子比特形成弦网凝聚态。光波为弦网的集体运动，电子对应于弦的一个端点。这种光和电子的弦网统一理论具有一个可被检验的预测：所有的费米子激发均携带某些规范荷［29，34］。

基本粒子的 $U(1)\times SU(2)\times SU(3)$ 标准模型包含了不携带任何 $U(1)\times SU(2)\times SU(3)$ 规范荷费米子激发（如中子和中微子）。因此按照弦网理论，$U(1)\times SU(2)\times SU(3)$ 标准模型是不完备的。按照弦网理论，我们的世界不仅具有 $U(1)\times SU(2)\times SU(3)$ 规范理论，它一定也包含其他规范理论。那些额外的规范理论可能具有 Z_2 或其他离散群的规范群。那些额外的规范理论会导致出现于极早期宇宙的新型宇宙弦。

4. 物理学的新篇章

我们的世界既丰富又复杂。当我们发现世界的内部运作方式并试图描述它时，我们时常发现需要发明新的数学语言来描述我们的理解和洞察。例如，当牛顿发现了他的力学定律时，合适的数学语言尚未发明。为了表达力学定律，牛顿（和莱布尼茨）不得不发展微积分这种数学。长久以来，我们尝试利用力学理论和微积分来理解世界万物。

再举一个例子，当爱因斯坦发现用于描述引力的广义等价原理时，他需要数学语言来描述他的理论。在这种情况之下，黎曼几何作为相关的数学理论得到了发展，从而产生了广义相对论。遵循广义相对论的思想，我们发展了规范理论。广义相对论和规范理论均可以用数学上的纤维丛来描述。基于量子场论，这些发展使我们对世界有了美妙的几何理解，并且我们尝试利用量子场论来理解世界万物。

我认为，我们目前处于另外一个转折点。在研究量子物质的过程中，我们发现长程纠缠可以产生许多新的量子相。因此长程纠缠是可以在我们世界上发生的自然现象。这极大地扩展了我们对量子相的理解，并将对量子物质的研究带向了一个全新的层次。若想对新的量子相和长程纠缠有系统的了解，我们想知道，应该采用什么样的数学语言来描述长程纠缠？答案还不完全清楚。但是前期研究表明张量范畴［29，53－59］和群上同调［60，61］应该属于描述长程纠缠数学框架的一部分。在这个研究方向上，进一步的发展将使得对长程纠缠和拓扑量子物质具有全面的理解。

然而，研究量子物质真正令人感到兴奋的是，这或许带给我们全新的世界观。这是因为长程纠缠既可以产生规范相互作用又可以产生费米统计。相反，几何的观点只能产生规范相互作用。因此我们也许不应该采取基于场和纤维丛的几何描述，来了解我们的世界。或许我们应该利用纠缠描述来理解世界。用这种方式，我们从单一源头（量子比特）既可得到规范相互作用，又可得到费米子。我们也许就住在一个真正的量子世界中。因此，量子纠缠代表了物理学的新篇章。

参考文献

［1］FOERSTER D，NIELSEN H B，NINOMIYA M. Phys. Lett. B 94，1980：135.

［2］WEN X-G. Phys. Rev. D 68，2003：065003，arXiv：hep-th/0302201.

［3］LEVIN M，WEN X-G. Phys. Rev. B 73，2006：035122，arXiv：hep-th/0507118.

［4］GU Z-C，WEN X-G. Nucl. Phys. B 863，2012：90，arXiv：0907.1203.

［5］WEN X-G. ISRN Condensed Matter Physics 2013：198710，arXiv：1210.1281.

［6］WEN X-G. Chin. Phys. Lett. 30，2013：111101，arXiv：1305.1045.

［7］YOU Y-Z，XU C. Phys. Rev. B 91，2015：125147，arXiv：1412.4784.

［8］ZENG B，CHEN X，Zhou D-L，Wen X-G. Quantum Information Meets Quantum Matter，Springer，2019，arXiv：1508.02595.

[9] EINSTEIN A. Annalen der Physik 49，1916：769.
[10] NORDSTROM G，MOGLICHKEIT U. Physik. Zeitschr. 15，1914：504.
[11] KALUZA T. Sitzungsber. Preuss. Akad. Wiss. Berlin.（Math. Phys.），1921：966.
[12] KLEIN O，Z. Phys. 37，1926：895.
[13] WEYL H. Space，Time，Matter，Dover，1952.
[14] PAULI W. Rev. Mod. Phys. 13，1941：203.
[15] YANG C N，MILLS R L. Phys. Rev. 96，1954：191.
[16] FERMI E. Z. Phys. 36，1926：902.
[17] DIRAC P A M. Proc. Roy. Soc. A 112，1926：661.
[18] GROSS D J. WILCZEK F. Phys. Rev. Lett. 30，1973：1343.
[19] POLITZER H D. Phys. Rev. Lett. 30，1973：1346.
[20] LEE T D，YANG C N. Phys. Rev. 104，1956：254.
[21] WU C S，et al. Phys. Rev. 105，1957：1413.
[22] EINSTEIN A. Annalen der Physik 17，1905：891.
[23] TSUI D C，STORMER H L，GOSSARD A C. Phys. Rev. Lett. 48，1982：1559.
[24] CHEN X，GU Z-C，WEN X-G. Phys. Rev. B 82，2010：155138，arXiv：1004. 3835.
[25] WEN X-G. Phys. Rev. B 40，1989：7387.
[26] WEN X-G. Int. J. Mod. Phys. B 4，1990：239.
[27] WEN X-G. Phys. Rev. Lett. 88，2002：11602，arXiv：hep-th/01090120.
[28] GU Z-C，WEN X-G. A lattice bosomic model as a quantum theory of gravity，gr-qc/0606100.
[29] LEVIN M，WEN X-G. Phys. Rev. B 71，2005：045110，cond-mat/0404617.
[30] LEVIN M A，WEN X-G. Rev. Mod. Phys. 77，2005：871，cond-mat/0407140.
[31] WEN X-G. Phys. Rev. B 68，2003：115413，cond-mat/0210040.
[32] MOESSNER R，SONDHI S L. Phys. Rev. B 68，2003：184512.
[33] HERMELE M，FISHER M P A，Balents L. Phys. Rev. B 69，2004：064404.
[34] LEVIN M，WEN X-G. Phys. Rev. B 67，2003：245316，cond-mat/0302460.
[35] D'ADDA A，VECCHIA P D，Lüscher M. Nucl. Phys. B 146，1978：63.

[36] WITTEN E. Nucl. Phys. B 149，1979：285.
[37] BASKARAN G，ANDERSON P W. Phys. Rev. B 37，1988：580.
[38] AFFLECK I，MARSTON J B. Phys. Rev. B 37，1988：3774.
[39] WILSON K G. Phys. Rev. D 10，1974：2445.
[40] KOGUT J，SUSSKIND L. Phys. Rev. D 11，1975：395.
[41] BANKS T，MYERSON R，Kogut J B. Nucl. Phys. B 129，1977：493.
[42] KOGUT J B. Rev. Mod. Phys. 51，1979：659.
[43] SAVIT R. Rev. Mod. Phys. 52，1980：453.
[44] HASTINGS M B，Wen X-G. Phys. Rev. B 72，2005：045141，cond-mat/0503554.
[45] MOTRUNICH O I，SENTHIL T. Phys. Rev. Lett. 89，2002：277004.
[46] LEINAAS J M，MYRHEIM J. Il Nuovo Cimento 37B，1977：1.
[47] WILCZEK F. Phys. Rev. Lett. 49，1982：957.
[48] TAMM I. Z. Phys. 71，1931：141.
[49] JACKIW R，REBBI C. Phys. Rev. Lett. 36，1976：1116.
[50] WILCZEK F. Phys. Rev. Lett. 48，1982：1146.
[51] GOLDHABER A S. Phys. Rev. Lett. 49，1982：905.
[52] LECHNER K，MARCHETTI P A. J. High Energy Phys. 2000，2000：12，arXiv：hep-th/ 0010291.
[53] KESKI-VAKKURI E，WEN X-G. Int. J. Mod. Phys. B 7，1993：4227.
[54] FREEDMAN M，NAYAK C，SHTENGEL K，WALKER K，WANG Z. Ann. Phys. （NY） 310，2004：428，cond-mat/0307511.
[55] ROWELL E，STONG R，WANG Z. Comm. Math. Phys. 292，343，2009，arXiv：0712. 1377.
[56] WEN X-G. Natl. Sci. Rev. 3，2016：68，arXiv：1506. 05768.
[57] BARKESHLI M，BONDERSON P，M. CHENG AND Z. WANG，Symmetry，defects，and gauging of topological phases，arXiv：1410. 4540.
[58] LAN T，KONG L，WEN X-G. Phys. Rev. B 94，2016：155113，arXiv：1507. 04673.
[59] LAN T，KONG L，WEN X-G. Phys. Rev. B 95，2017：235140，arXiv：1602. 05946.
[60] CHEN X，GU Z-C，LIU Z-X，WEN X-G. Phys. Rev. B 87，2013：155114，arXiv：1106. 4772.

[61] CHEN X，GU Z-C，LIU Z-X，WEN X-G. Science 338，2012：1604，arXiv：1301.0861.

第八章
从第一性原理计算的角度看拓扑绝缘体

TOPOLOGICAL INSULATORS FROM THE PERSPECTIVE OF FRST-PRINCIPLES CALCULATIONS

张海军（Haijun Zhang），张首晟（Shou-Cheng Zhang）

物理系，麦卡洛楼，斯坦福大学，斯坦福，

加利福尼亚 94305-404531，美国

关键词：拓扑绝缘体，第一性原理计算，自旋轨道耦合，表面态

摘要：拓扑绝缘体是新型的量子态，其在体带能隙中具有螺旋形无能系边缘态或表面态。在不关闭体带能隙的情况下，这些拓扑表面态对时间反演不变的微扰具有鲁棒性，例如格点形变和非磁性杂质。最近以来，有多种拓扑绝缘体经由理论预测，并在实验上被观测到。第一性原理计算被广泛应用于预测拓扑绝缘体，并取得了极大的成功。在本综述中，我们从第一性原理计算的角度，总结了这个领域的最新进展。我们首先简单介绍拓扑绝缘体的基本概念，以及第一性原理计算里常用的技术。其次，我们总结了寻找新型拓扑绝缘体的一般方法。最后，基于在 HgTe 文章中率先提出的能带反转描述，我们将拓扑绝缘体分为三类：s-p，p-p 以及 d-f，并分别就每种类型给出相应的示例。

拓扑绝缘体 Bi_2Se_3 的表面态由单个狄拉克锥构成，这是根据第一性原理计算得出的（摘要处的图位于 294 页）。

目录

张海军，美国加州斯坦福大学物理系博士后。于2004年获得中国科学技术大学本科学位，于2009年在中国科学院物理研究所获得博士学位。研究兴趣为利用第一性原理计算方法发现及理解凝聚态中的新奇现象。最近他专注于新型拓扑绝缘体材料的研究。因发现三维拓扑绝缘体（Bi_2Se_3，Bi_2Te_3，Sb_2Te_3），获得求是科技基金会颁发的杰出科技成就集体奖。

张首晟，斯坦福大学J. G. Jackson和C. J. Wood教授。于1983年在德国柏林自由大学获得本科学位，1987年在纽约州立大学石溪分校获得博士学位。1987—1989年在圣芭芭拉理论物理研究所做博士后，1989—1993年在IBM阿尔玛登研究中心任研究员。于1993年入职斯坦福大学。他是凝聚态物理学家，因拓扑绝缘体、自旋电子学以及高温超导领域的工作而成名。他是美国物理学会会士，美国艺术与科学研究院院士。由于他在量子自旋霍尔效应以及拓扑绝缘体方面的理论预言，他于2007年获得古根海姆奖金，2009年获得亚历山大·冯·洪堡研究奖，2010年获得约翰内斯·古腾堡研究奖，2010年获得欧洲物理学奖，2012年获得奥利弗·巴克利奖，2012年获得狄拉克奖。

1. 引言

在低温强磁场下的二维电子系统，霍尔电导 σ_{xy} 具有量子化的值［1］，称为量子霍尔（Quantum Hall，QH），其被证明具有基本的拓扑意义

[2]。σ_{xy} 可以被标示为磁布里渊区内第一陈数的积分。量子反常霍尔①（Quantum anomalous Hall，QAH）绝热等价于 QH。QH 和 QAH 系统因非零陈数被称作陈绝缘体，其破坏时间反演对称②（time-reversal symmetry，TRS）。最近，量子自旋霍尔（Quantum spin Hall，QSH）态③被预测存在于 CdTe/HgTe 量子阱中［3］并在实验上很快被观测到［4］。早期的理论模型［5－7］提供了重要的概念性框架。在这个系统中存在 TRS，自旋轨道耦合（spin-orbit coupling，SOC）效应在 QH 效应中扮演洛伦兹力的角色。QSH 的概念可以被推广至具有 TRS 的三维拓扑绝缘体［8，9］。拓扑绝缘体的电磁响应由拓扑项 θ 描述：$S_\theta = (\theta/2\pi)(\alpha/2\pi)\int d^3x dt E \cdot B$，其中 $\theta = \pi$，E 和 B 为外部电磁场［9］。这是物理上可测量并且拓扑非平凡的响应，其为拓扑绝缘体的实验以及潜在应用打开了一扇门。

二维（QSH）和三维拓扑绝缘体均具有有趣的物理性质［10－15］。在本综述中，我们关注具有 TRS 的三维拓扑绝缘体。在这个领域中，一项重要的任务便是系统化地搜索所有的拓扑绝缘体。在这个过程中，第一性原理计算扮演重要角色。截至目前，大部分拓扑绝缘体都是首先由第一性原理计算预测，随后在实验上被观测到。

2. 理论和方法

2.1 第一性原理的方法

密度泛函理论（Density functional theory，DFT）是一套形式上严格

①反常霍尔效应（Quantum anomalous Hall）是指在没有外部磁场的情况下，系统可通过结合磁极化和自旋轨道耦合来产生有限的霍尔电压（因此称为“反常”）。量子反常霍尔效应则对应于量子化的反常霍尔效应。

②时间反演对称（Time-reversal symmetry），指物理系统在时间反演变换下（$t \longrightarrow -t$）保持不变的一种性质。在量子力学中，时间反演通常由反幺正算符表示。

③量子自旋霍尔态（Quantum spin Hall state）是一种存在于特殊的二维半导体中的物质状态，这种半导体具有量子化的自旋霍尔电导和消失的电荷霍尔电导。

的理论，其基于两个Hohenberg-Kohn（HK）定理［16］，但是在Kohn-Sham（KS）方程中交换和关联相互作用的泛函却不清楚［17］。为了做数值计算，局域密度近似（local-density approximation，LDA）［17］和推广的梯度近似（Generalized Gradient Approximation，GGA）［18，19］通常被用于逼近KS方程中的交换以及关联相互作用。基于最近的经验，LDA和GGA在研究拓扑绝缘体方面的表现很好，由于目前发现的大多数拓扑绝缘体均为弱关联电子系统，例如，Bi_2Se_3［20］，$TlBiSe_2$［21－24］等。

我们知道，常规的LDA和GGA第一性原理计算容易低估能带带隙［25，26］。然而带隙与能带反转的可能性直接相关，能带反转为关键的拓扑性质［3］。例如，有时LDA和GGA可推算出负的带隙，然而实际情况下带隙是正的［27］。这可能导致严重的问题，而无法预测拓扑绝缘体。因此有必要提高能隙的计算能力。计算带隙最有效的办法是GW近似［28］。简而言之，GW近似考虑具有屏蔽效应的哈特里-福克自能相互作用。虽然GW方法已被用于研究拓扑绝缘体，例如，汞硫族化物，半霍斯勒化合物，抗钙钛矿型氮化物，蜂窝格点硫族化物，Bi_2Se_3和Bi_2Te_3［29－31］，但是这种方法代价极高。除了GW方法，在2009年由Tran和Blaha提出的［32］，修改的Becke-Johnson交换势以及LDA（MBJLDA），其代价和LDA及GGA相当，但是它计算带隙的精度能达到GW方法的水平。对于恒定电荷密度的电子系统，MBJLDA势恢复到LDA，还可以模拟与轨道有关的势的行为。MBJLDA被成功应用于预测具有黄铜矿结构的拓扑绝缘体［33］。

LDA＋U［34］，LDA＋DMFT［35］和LDA＋Gutzwiller［36］被用于研究强关联电子系统（d和f电子），因为单纯LDA对这些系统通常无效。在强关联电子系统中，电子被强烈地局域化，并具有更多的原子轨道特征。这种情况需要对原子构型和轨道依赖性进行适当处理。LDA和GGA并不包含库伦轨道依赖性和交换相互作用。这就是它们无法描述强关联电子系统的原因。基于上述理解，LDA＋U，LDA＋DMFT和LDA＋Gutzwiller均以不同的方式包含轨道依赖性的属性。例如，在LDA＋U方法中，可将在位（on-site）相互作用以静态哈特里-福克平均场的方式进行处理，并且这是最简单且代价最低的方法。其经常被用于强关联系统中，但其不适用于中等强度关联的金属系统。LDA＋DMFT方法的自能（self-energy）能以一种自洽的方式获得。截至目前，LDA＋DMFT是最精确、最可依赖的方法，但其计算代价比较高。基于Gutzwiller变分法的LDA＋Gutzwiller算法在近期得到了发展。这种方法适用于中等强度关联电子系统，并且其比 LDA＋DMFT 代价更低。尽管这些方法在强关联系统中到底有多适用仍然是一个开放问题。这些方法确可以重现一些实验结果，并且有助于理解强相关电子系统中的一些新奇结果，例如，利用 LDA＋DMFT 研究拓扑绝缘体 PuTe［37］。

2.2 自旋轨道耦合

通常自旋轨道耦合（SOC）描述粒子的自旋与其轨道运动之间的相互作用。例如，在一个原子中，电子自旋与其围绕原子核轨道运动而产生磁场的相互作用可引起电子的原子能级的移动，这是典型的 SOC 效应。SOC 哈密顿量如下［38］：

$$H_{SOC}=-\frac{\hbar}{4m_0^2c^2}\sigma\cdot p\times(\nabla V_0) \tag{2.1}$$

其中 $\hbar$ 代表普朗克常量，m_0 代表自由电子的质量，c 代表光速，σ 代表泡利自旋矩阵。H_{SOC} 将势 V_0 与动量算符 p 耦合在一起。

对于单原子系统情况，V_0 为球对称势，H_{SOC} 可简化为：

$$H_{SOC}=\lambda L\cdot\sigma \tag{2.2}$$

其中 λ 为 SOC 相互作用的强度，L 代表角动量。但是在固态系统中，V_0 为周期势，且其形式可以十分复杂。对于 SOC 效应，采用二次变分方法（围绕原子的径向对称平均值）就足够了。SOC 相互作用是能带拓扑的关键，因此，所有用于研究拓扑绝缘体的第一性原理计算都应使用 SOC。

2.3 拓扑绝缘体的判据

对于三维拓扑绝缘体而言，有四个 Z_2 不变量（$v_0;v_1\ v_2\ v_3$），由 Fu，Kane 和 Mele 首次提出［8］。当 $v_0=1$ 时，材料为强拓扑绝缘体，其具有由奇数个狄拉克锥①构成的拓扑保护无能隙表面态。这些表面态对于时间

①狄拉克锥（英语：Dirac Cone）描述某些电子能带结构中的特征，这些结构描述了材料的异常电子传输特性，如石墨烯和拓扑绝缘体等。

反演不变（time-reversal invariant，TRI）的弱无序具有鲁棒性。如果 $v_0 =0$ 且至少 $v_{1,2,3}$ 中的一个不为 0，相应的材料为弱拓扑绝缘体，其表面态在特殊表面上具有偶数个狄拉克锥。我们可以简单地认为弱拓扑绝缘体可由二维 QSH 分层材料堆叠而成。在存在无序的情况下，弱拓扑绝缘体的表面态可以被破坏。当所有的 $v_{0,1,2,3}$ 均为 0 时，材料为常规的绝缘体。

2.3.1　具有反转对称性

对于具有反转对称性的化合物，Z_2 不变量的计算非常简单。Z_2 的形式可以表示为八个时间反演不变量（time-reversal-invariant moments，TRIMs）对应的奇偶值：

$$(-1)^{v_0}=\prod_{i=1}^{8}\delta_i \tag{2.3}$$

和：

$$(-1)^{v_k} = \prod_{n_k=1;n_{j\neq k}=0,1} \delta_{i=(n_1,n_2,n_3)} \tag{2.4}$$

其中：

$$\delta_i = \prod_{m=1}^{N} \xi_{2m}(K_i) \tag{2.5}$$

N 为占据能带数的一半，$\xi_{2m}(K_i)$ 为第 $2m$ 个占据能带所对应的 TRIM $K_{i=(n_1,n_2,n_3)} = \frac{1}{2}(n_1 b_1 + n_2 b_2 + n_3 b_3)$ 的奇偶特征值，其中 $b_{1,2,3}$ 代表倒易晶格基矢。

2.3.2　不具有反转对称性

对于不具有反转对称性的化合物，也有一些用于计算 Z_2 不变量的方法［40—43］。考虑到第一性原理计算的简便性，在此我们简单介绍 Fukui 等人的方案［40］。首先，QSH 态的 Z_2 形式可表示为贝里联络和贝里曲率，由 Fu 和 Kane 证明得到：

$$Z_2 = \frac{1}{2\pi}\left[\oint_{\partial B^-} A(\kappa) - \int_{B^-} F(\kappa)\right] mod\, 2 \tag{2.6}$$

其中：

$$A(\kappa) = i\sum_n \langle u_n(\kappa) \mid \nabla_\kappa u_n(\kappa)\rangle$$
$$\text{及} \quad F(\kappa) = \nabla_\kappa \times A(\kappa) \tag{2.7}$$

其中 B^- 和 ∂B^- 分别代表半个二维环面及其边界。为了做数值计算，公式（2.6）可被直接改写成相应的格点版本。其次，对于三维情况，我们可以定义六个二维环面为 $Z_0(\kappa_x,\kappa_y,0)$，$Z_1(\kappa_x,\kappa_y,\pi)$，$Y_0(\kappa_x,0,\kappa_z)$，$Y_1(\kappa_x,\pi,\kappa_z)$，$X_0(0,\kappa_y,\kappa_z)$ 和 $X_1(\pi,\kappa_y,\kappa_z)$。基于公式（2.6），我们可以计算这六个环面的 Z_2 指标，为 z_0, z_1, y_0, y_1, x_0 和 x_1。可得拓扑绝缘体的四个 Z_2 不变量为 $v_0 = x_0 x_\pi$，$v_1 = x_\pi$，$v_2 = y_\pi$ 和 $v_3 = z_\pi$。利用第一性原理计算，Xiao 等人首先成功地用这些形式计算了半霍斯勒（Heusler）化合物① 的 Z_2 不变量［44］。

2.3.3 绝热假设

有时不必直接计算不具有反转对称性化合物的 Z_2 指标。我们可以从相应的具有反转对称性的化合物开始，然后绝热地将上述化合物变化为不具有反转对称性。如果在绝热过程中能隙不闭合，那么拓扑性质将保持不变。例如，α-Sn 的空间群为 $Fd\bar{3}m$（227 号），且这个结构中具有反转对称性。通过奇偶性计算，我们很容易得到 α-Sn 是拓扑非平凡的［39］。由公式（3.1）所定义的 α-Sn 的带隙为负，这是 α-Sn 拓扑非平凡的关键。然后我们假设可以在不闭合这个负带隙的情况下，绝热地将 α-Sn 变化为 HgTe。基于绝热假设，我们可得 HgTe 为拓扑非平凡。另一个有助于理解这个绝热假设的例子为将 SOC 强度视为绝热参数［45］。在绝热变化 SOC 的强度从 0 至 100％的过程中，$YBiTe_3$ 的带隙一直是打开的，这表明具有 SOC 的 $YBiTe_3$ 和无 SOC 情况具有同样的拓扑性质。因此我们可以认为 $YBiTe_3$ 为拓扑平凡的。

①霍斯勒化合物是具有面心立方晶体结构和 XYZ（半霍斯勒）或 X_2YZ（全霍斯勒）组成的磁性金属互化物，其中 X 和 Y 是过渡金属，Z 在元素周期表的 p 区中。

2.3.4 表面态[①]

拓扑绝缘体的无能隙表面态在一个表面上一定包含奇数个狄拉克锥，且这些表面态对 TRI 弱无序具有鲁棒性。因此计算表面态成为另一种判定体带拓扑的有效途径。计算表面态最简单的方式便是基于无支持结构（free-standing structure）。这的确是计算表面态非常有效的办法，但仅限于具有反转对称性以及分层结构的化合物，例如 Bi，Sb，Bi_2Se_3 等。例如，如果化合物不具有反转对称性，极化场就可能引起严重的人为效应，尤其是对于带隙较小的化合物。另外，如果化合物不是分层结构，那么表面上的悬空键可能会导致许多复杂的拓扑平凡的化学表面态，这些态可能与拓扑非平凡的态混合在一起。拓扑表面态源于体电子结构的拓扑性质。尽管可以通过特殊的悬空键和表面电子结构的重建来修改这些表面态的细节，我们发现其拓扑性质并不会改变，例如，奇数个的狄拉克锥。无支持结构的计算同样消耗很大，由于真空层和材料部分均需要足够厚才能避免上下表面之间的杂化。

除了无支持模型，最大局域化瓦尼尔函数（maximally localized Wannier function，MLWF）方法［46，47］可被用于计算表面态［20，48］。MLWF 方法本质上是紧束缚近似方法，但与常规紧束缚近似方法不同的是 MLWF 方法可以精确地重现第一性原理计算的能带结构。但是获取 MLWF 并不容易，因为从布洛赫函数到瓦尼尔函数的变换并不唯一：第一原理计算中使用的布洛赫函数的相位具有模糊性。Marzari 和 Vanderbilt 提出了一种得到 MLWF 的有效方法：通过最小化扩展函数（spread function）$\sum_n(\langle r^2\rangle-\langle r\rangle^2)$［46］。为了计算表面态，我们首先推导出三维体结构的第一性原理计算，然后将布洛赫函数变换为 MLWF。与此同时可以得到瓦尼尔函数之间的跃迁参数 $H_{mn}(R)=\langle n0|\hat{H}|mR\rangle$。下一步，我们利用这些跃迁参数来构造相应半无穷结构的跃迁参数，然后应用迭代法来求解表面格林函数：

$$G_{nn}^{\alpha,\alpha}(\kappa,\mathcal{E}+i\eta) \tag{2.8}$$

其中 n 代表沿表面法向的晶胞，α 代表晶胞中的瓦尼尔轨道。MLWF

---

①表面态（英语：Surface State）是存在于材料表面的电子状态。其形成于固体材料表面到真空的突然转变，并且仅存在于该表面的原子层附近。

方法适用于预测分层化合物的表面态。例如，利用 MLWF 方法计算的 Bi_2Se_3 表面态与角分辨光电子能谱（angle resolved photoelectron spectroscopy，ARPES）所得到的结果一致。通常我们不期望能预测表面态的精确色散，因为这种方法并不包含表面所有的复杂环境。另一方面，由 MLWF 得到的表面态起源于体电子结构的拓扑性质，因此这是一个鉴定化合物拓扑性质的理想方法。

3. 三维拓扑绝缘体

在最初发现二维拓扑绝缘体 HgTe 之后［3，4］，在理论和实验物理学家的努力下，发现了不少三维拓扑绝缘体［10，12，13］。接下来，我们通过能带反转的类型来对拓扑绝缘体进行分类，因为对大多数拓扑绝缘体而言，能带反转具有清晰且普遍的物理描述。截至目前，在拓扑绝缘体中已发现三种能带反转（s-p，p-p，d-f）。接下来的讨论中，我们将为每类拓扑绝缘体选取一些具有代表性的化合物作为例子。

3.1 s-p 型

最重要的 s-p 拓扑绝缘体为 HgTe［3，4］，其为具有空间群 $F\bar{4}3m$（216 号）的闪锌矿结构。在 HgTe 被发现为拓扑非平凡化合物之前，其在实验和理论上已被广泛研究［50－52］。不同于其他闪锌矿化合物，HgTw 为具有对称保护的零能带隙的半导体。Hg 占据趋于退局域化的浅 5d 能级，因此 Hg 在其核心具有大的有效正电荷。形成立方对称 Γ_6 态的 Hg 的 s 能级，通过 Hg 核的有效正电荷，被拉到劈裂为 Γ_8 和 Γ_7 的 Te 的 p 能级之下。最终 Γ 点的能级排序为 $\Gamma_8-\Gamma_6-\Gamma_7$，我们称之为 s-p 型能带反转。若定义能隙 ΔE，

$$\Delta E=E_{\Gamma_6}-E_{\Gamma_8} \quad (3.1)$$

其中 E_{Γ_6} 和 E_{Γ_8} 为 Γ_6 和 Γ_8 在 Γ 点的能级。由于 s-p 型能带反转，HgTe

具有负的 ΔE，因此其为熟知的负能隙半导体。

常规 LDA 和 GGA 可以预测 Γ_6 和 Γ_8 之间的能带反转，但是无法得到正确的能带序列 $\Gamma_8-\Gamma_6-\Gamma_7$ [52]。具有 SOC 的 LDA 能带结构给出排序 $\Gamma_8-\Gamma_7-\Gamma_6$，如图 1（a）（该图位于 294 页）所示。正如我们前面提到，MBJLDA 方法可以纠正 LDA 带结构的错误。MBJLDA 方法得到的带结构见图 1（b），其完美展现了正确的排序 $\Gamma_8-\Gamma_6-\Gamma_7$。

伯内维格（Bernevig），休斯（Hughes）和张首先认识到 HgTe 中的能带反转是其拓扑非平凡行为的核心因素 [3]。其拓扑不变量也可以通过绝热假设得到 [39]。我们知道，如果我们将 Hg 和 Te 用闪锌矿结构中同样的原子代替，晶体结构将会变为具有反转对称性的金刚石结构。幸运的是，在自然界中灰锡具有满足空间群 $Fd\bar{3}m$ 的金刚石结构，并且其同样是具有负能隙 ΔE 的半导体（s 能级在 p 能级之下）。

因为灰锡具有反转对称性，其在所有 TRIM 下的奇偶性值可以被容易地计算出来。值得注意的是尽管灰锡为零带隙半导体，我们仍然可以为其所有的占据能带定义拓扑性质。基于 Fu 和 Kane 提出的公式，计算得到其 Z_2 不变量为拓扑非平凡的（1；000）。此处的关键是 Γ 点的 s 和 p 具有相反的奇偶值。占据的 s 态形成 Γ_7^-，p 态形成 Γ_7^+ 和 Γ_8^+。以灰锡为起点，我们假设一个思想实验：将灰锡绝热变化为 HgTe。在这个过程中，负能隙（ΔE）一直没有闭合，这代表灰锡和 HgTe 具有相同的拓扑性质。因此 HgTe 被证明为拓扑非平凡，具有 Z_2 不变量（1；000）。除了这个绝热假设，HgTe 的 Z_2 不变量同样可以通过上面提到的数值方法直接计算出来。

类似于 HgTe，存在一大类称为半霍斯勒材料（XYZ）[53] 的化合物，其包含 250 多种半导体及半金属。半霍斯勒化合物由面心立方（face-centered cubic，FCC）子晶格构成，其与 HgTe 具有相同的空间群。Y 和 Z 形成由 X 填充的闪锌矿结构。通常 X 和 Y 是过渡金属或稀土元素，Z 为主族元素。通常出于对半导体性的要求，18 电子的半霍斯勒化合物为拓扑绝缘体的候选材料。这些半霍斯勒化合物在费米能级①附近的 Γ 点的能带结构与 HgTe 几乎相同。S 态形成 Γ_6，p 态劈裂成 Γ_7 和 Γ_8。一些半霍斯勒化合物，例如具有能带序列 $\Gamma_6-\Gamma_8-\Gamma_7$ 的 ScPtSb 为拓扑平凡，而其他化合物，如 LaPtBi，具有颠倒的能带序列 $\Gamma_8-\Gamma_6-\Gamma_7$，为拓扑非平凡。有意思的是半霍斯勒类的研究几乎在同时被三个理论组分别提出 [44，54，55]。

①在能带理论中，费米能级（Fermi Level）可视为在热力学平衡条件下，电子具有 50% 概率占据状态所对应的假想能级。

除了拓扑性质，半霍斯勒化合物是一类多功能材料［56，57］，例如，由过渡金属和稀土元素导致的超导性和磁性。因此半霍斯勒化合物可能是研究如下物理效应的最佳平台：拓扑超导中马约拉纳费米子［58］，拓扑反铁磁相中的动力学轴子（axion）场［59］，以及拓扑铁磁相中的量子反常霍尔（quantum anomalous Hall，QAH）效应［60］。最近，一些关于半霍斯勒化合物的ARPES及输运实验已经被报道［61—63］。

一般由于立方对称，许多拓扑非平凡的化合物（HgTe和半霍斯勒化合物）为零能隙半导体，其在Γ点的费米能级通过Γ_8能级，通常需要单轴应力打破立方对称性，以打开有限的能隙［64］。Feng等人提出黄铜矿结构可以自然地打破立方对称［33］。黄铜矿结构（ABC_2）为具有空间群$I\bar{4}2d$（122号）的体心四边形结构，可以看作是两个立方闪锌矿晶胞的超晶格，AC和BC，见图2（a）（该图位于295页）。本质上，黄铜矿的晶胞是HgTe的双晶胞，自然打破了立方对称性，我们希望这两类化合物可能具有相同的拓扑性质。Feng等人发现一些具有黄铜矿结构的材料确实为拓扑绝缘体，如图2（b）所示。

除了上述谈到的化合物，存在很多其他的s-p型拓扑绝缘体，例如，β-Ag_2Te［65］，KHgSb族［66，67］，Na_3Bi［68］，$CsPbCl_3$族［69］等等。

3.2 p-p型

由于简单的表面态由单个狄拉克锥构成，Bi_2Se_3，Bi_2Te_3和Sb_2Se_3化合物［20，49，72－75］迅速成为在世界范围内广泛研究的拓扑绝缘体。尤其是Bi_2Se_3具有一个0.3eV的较大能隙，其远大于室温下的能量尺度。作为具有空间群$R\bar{3}m$（166号）的晶胞，这些化合物与被称为五重层（quintuple layer，QL）的五原子层共享分层结构。在每一个QL上存在两个等价的Se原子，两个等价的Bi原子以及第三个Se原子。耦合是通过一个QL内相邻原子层之间的化学键实现，而并非两个QL之间弱得多的范德瓦尔斯力。需要注意的是在此晶体结构中具有反转对称性。

接下来，以Bi_2Se_3为例，我们简要介绍这族化合物的基本电子结构。首先，无SOC的带结构下Bi_2Se_3为窄带隙绝缘体。导带的底部和价带的顶部均位于Γ点，见图3（a）（该图位于295页）。在打开SOC之后，导带的底部被拉到价带顶部之下，这样便在价带和导带交叉点的位置打开一个相互作用能隙，见图3（b）。基于奇偶性计算，Bi_2Se_3的Z_2不变量为拓扑非

平凡的（1；000）。Bi_2Se_3成为拓扑绝缘体的关键即是在Γ点处的能带反转，其位于具有相反奇偶性数值的导带和价带之间。Γ点的能带顺序示意图清楚地说明了从原子能级开始的三个阶段的能带演化，见图3（c）。由于s能级要比p能级低很多，我们就从Bi（$6s^2 6p^3$）和Se（$4s^2 4p^4$）的原子p能级开始。在第一阶段（I），考虑Bi和Se原子之间的键合和反键合作用。所有的原子轨道重新组合成为$P0^-_{x,y,z}$，$P1^{\pm}_{x,y,z}$和$P2^{\pm}_{x,y,z}$，其中‘0’代表第三个Se，‘1’，‘2’分别代表Bi和另外两个Se。‘±.’代表奇偶值。因为第三个Se完全位于反转中心，所以这不同于另外两个Se原子，而后者整体可被奇偶性分类。我们用$P0$来标示第三个Se。在第二阶段（II），打开晶体场之后，p_{xyz}能级将会劈裂成p_{xy}和p_z。$P1^+_z$和$P2^-_z$的能级最接近费米能级。在第三阶段（III），SOC效应进一步被引入。由于时间反演对称性，$P1^+_z$变成两个简并能级（$P1^+_{z,\uparrow\downarrow}$），$P2^-_z$也变成两个简并能级（$P2^-_{z,\uparrow\downarrow}$）。虽然$\langle p_z | H_{SOC} | p_z \rangle$为0，但是$\langle p_+ | H_{SOC} | p_z \rangle$不为0，其表现类似于$p_{xy}$和$p_z$轨道之间的能级排斥，因此SOC效应将$P1^+_{z,\uparrow\downarrow}$拉下去，将$P2^-_{z,\uparrow\downarrow}$推上来。最终，如果SOC足够强，p-p型能带反转将在$P1^+_{z,\uparrow\downarrow}$和$P2^-_{z,\uparrow\downarrow}$之间发生。

由于具有反转对称性的分层结构，基于MLWF的无支持模型和紧束缚模型可被用于计算表面态。图4（a）（该图位于296页）展示了经由MLWF紧束缚模型计算得到的Bi_2Se_3清晰的表面态，其在$\bar{\Gamma}$处具有单个狄拉克锥。几乎和Zhang等人的理论预测［20］同时，Hasan研究组报道了ARPES实验得到的Bi_2Se_3拓扑非平凡表面态［49］，如图4（b）所示。通过对理论和实验结果进行比较，我们必须承认第一性原理计算可以成功预测拓扑绝缘体，包括表面态的细节方面。近期大量有关拓扑绝缘体的实验研究都集中在这些化合物上，因为这些化合物很容易通过各种实验来生长。

拓扑绝缘体$Bi_{1-x}Sb_x$（$0.07<x<0.22$）合金也属于p-p型［39］。体Bi和Sb均有具备反转对称性的菱形$R\bar{3}m$结构，而且它们均为在TRIM L和T点周围有一些小的费米口袋的半金属，但是在整个布里渊区（Brillouin zone，BZ）的每个k点均存在直接能隙。因此我们可以在直接能隙中定义一个虚拟费米面。基于奇偶性计算，我们确定Bi为拓扑平凡：Z_2指标为（0；000），Sb为拓扑非平凡：Z_2指标为（1；111）。Bi和Sb的关键区别在于三个L点处禁带和导带的能带排序。例如，Bi的导带为L_s，导带为L_a，其中‘a/s’代表－/＋奇偶性。不同的是，在Sb中这两个能带互换。经过仔细比较Bi与Sb二者的能带结构，Fu和Kane预测$Bi_{1-x}Sb_x$（0.07

$<x<0.22$）合金一定是拓扑绝缘体。随后，Hasan研究组通过ARPES实验观测到了$Bi_{1-x}Sb_x$的拓扑非平凡性质［71］。但是表面态的细节与紧束缚模型［70］和第一性原理计算［48］得到的结果并不吻合。这些结果之间差异的示意图如图5（该图位于296页）所示。我们能够看到ARPES结果表明有三个表面态$\Sigma_{1,2,3}$，但是紧束缚和第一性原理计算仅找到两个表面态$\Sigma_{1,2}$。Zhang等人主张额外的表面态Σ_3可能源于表面缺陷，但至今这仍然是一个开放问题。

仿效Bi_2Se_3族，大量其他p-p型的Bi-基拓扑绝缘体被理论预言并被实验观测到，例如$TlBiSe_2$族［21－24］，$SnBi_2Te_4$和$SnBi_4Te_7$族［76］，等等。

3.3 d-f型

对于拓扑绝缘体而言，并没有明确的证据显示能隙尺度的极限（$>0.3eV$）是多少。我们怎样才能发现具有更大能隙的新型拓扑绝缘体？提升SOC能隙的一种可能途径便是考虑SOC作用与其他效应的协同效应，例如，电子-电子关联。在这种想法之下，人们提出了拓扑近藤绝缘体，并以SmB_6为例，预测其为拓扑近藤绝缘体［78］。尽管由于4f轨道，SmB_6是一个强关联系统。其只有一个微小的能隙。最近张等人预测AmN和PuTe族化合物为具有强相互作用的d和f拓扑绝缘体［77］。所有AmN和PuTe族化合物具有满足$Fm\bar{3}m$空间群（225号）的岩盐晶体结构，且在此结构中同样存在反转对称性。所有这些化合物都通过理论和实验进行了深入研究，被称为混合价材料（mixed valence material）。这里我们以AmN为例，来了解其能带结构。镅系元素Am的结构为$5f^7 7s^2 6d^0$。SOC相互作用比洪特定则要强，因此f轨道劈裂成高能态和低能态。大体上在AmN中，Am形成结构为$5f^6 7s^0 6d^0$的Am^{3+}，$J=5/2$态完全被占据，$J=7/2$态不被占据。但是由于Am中5f的离域性，近邻Am原子之间的部分5f态会与6d态杂交。

在FCC晶体领域，d轨道首先劈裂为t_{2g}和e_g态，t_{2g}能级沿$\Gamma-X$方向下降穿过费米能级以下的5f，见图6。能带反转在三个X点处发生。如果我们只用LDA算法，完整的能隙无法在整个布里渊区打开。用LDA+U方法引入电子关联之后，带隙可以通过合适的关联参数U打开。我们必须强调电子关联U可增强这些化合物的SOC作用。因为在布里渊区存在三个TRIM的X点，AmN的Z_2不变量一定是拓扑非平凡的。而且，我们的结论表明，所有具有岩盐结构的混合价化合物一定是拓扑非平凡的。尤其是输运实验表明，PuTe [79] 在 0.2eV 附近具有较大的能隙，并且在压力作用下该能隙可以提高到 0.4 eV。许多这种 f 化合物包含各种各样的磁相，因此它们可能为研究 QAH 和动力学轴子场提供了机会。

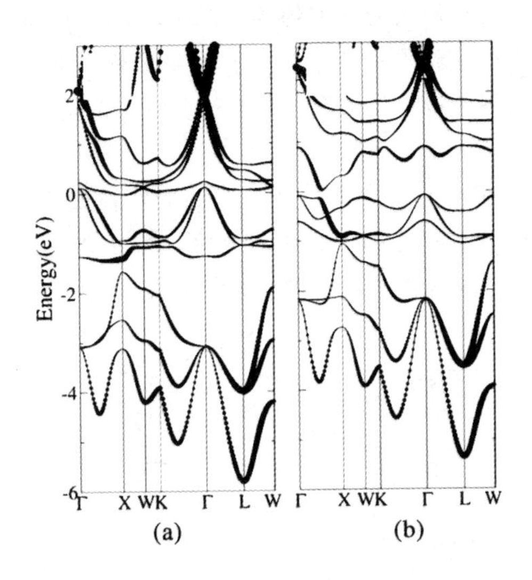

图 6　利用 LDA+U 方法计算 AmN 化合物的能带结构，(a) U=0eV，(b) U=2.5eV。能带的厚度对应于 Am 中 d 特性的投影权重。在 Γ−X 方向，具有 d 特性的能带明显与主要具有 f 特性的禁带交叉。(a) 这部分代表没有带隙的半金属，(b) 代表存在有限的带隙。见参考文献 [77]。

4. 总结与展望

在本综述中，我们首先介绍了在第一性原理计算领域广泛用到的技术，包括 LDA，GGa，GW，MBJLDA，LDA + U，LDA + DMFT 以及 LDA+Gutzwiller 方法等，因为它们在研究拓扑绝缘体的领域起着重要作用。随后总结并介绍了拓扑绝缘体的基本概念，以及验证拓扑性质一些有效的办法。基于清晰的能带反转描述，我们将目前发现的拓扑绝缘体分为三类：s-p，p-p 和 d-f。对于每种类型的拓扑绝缘体，我们以部分典型的化合物为例，探讨其电子结构及拓扑性质。

尽管已经发现许多拓扑绝缘体，但找到更多具有所需特性的拓扑绝缘体仍然很重要。首先，发现大的带隙对于拓扑绝缘体的表面状态的应用非常重要。到目前为止最大的带隙约为 0.3eV，存在于 Bi_2Se_3 化合物中。其次，探测表面态的输运实验仍然非常具有挑战性［80－82］。原因之一便是样品质量不够好，迁移率很低。另外一个原因是狄拉克锥总是与一些体载流子共存。为了克服这个障碍，一方面，实验物理学家正在尝试提高样品品质。另一方面，重点是要找到具有功能特性的新型拓扑绝缘体。另外，研究拓扑性质与其他相（例如超导性，磁性等）的结合也很有意思。我们希望这篇综述能为相关研究提供参考价值。

致谢

本工作受到国防高级研究计划局微系统技术办公室，MesoDynamic Architecture Program（MESO）的资助，合同编号 N66001-11-1-4105，以及陆军研究办公室（No，W911NF-09-1-0508）的资助。

参考文献

［1］KLITZING K V，DORDA G，PEPPER M. Phys. Rev. Lett. 45，1980：494.

［2］THOULESS D J，KOHMOTO M，NIGHTINGALE M P，DEN NIJS M. Phys. Rev. Lett. 1982：49.

［3］BERNEVIG B A，HUGHES T L，ZHANG S C. Science 314，2006：1757.

[4] KÖNIG M, WIEDMANN S, BRüNE C, ROTH A, BUHMANN H, MOLENKAMP L, QI X L, ZHANG S C. Science 318, 2007: 766—770.
[5] KANE C L, MELE E J. Phys. Rev. Lett. 95, 2005: 226801.
[6] BERNEVIG B A, ZHANG S C. Phys. Rev. Lett. 96, 2006: 106802.
[7] MURAKAMI S. Phys. Rev. Lett. 97, 2006: 236805.
[8] FU L, KANE C L, MELE E J. Phys. Rev. Lett. 98, 2007: 106803.
[9] QI X L, HUGHES T L, ZHANG S C. Phys. Rev. B 78, 2008: 195424—195443.
[10] QI X L, ZHANG S C. Phys. Today 63 (1), 33—38, 2010.
[11] MOORE J E. Nature 464 (7286), 2010: 194—198.
[12] HASAN M Z, KANE C L. Rev. Mod. Phys. 82 (4), 2010: 3045—3067.
[13] QI X L, ZHANG S C. Rev. Mod. Phys. 83, 2011: 1057—1110.
[14] YAN B, ZHANG S C. Rep. Progr. Phys. 75, 2012: 096501.
[15] MüCHLER L, ZHANG H, CHADOV S, YAN B, CASPER F, KüBLER J, ZHANG S C, FELSER C. Angew. Chem., Int. Ed. 51 (29), 2012: 7221—7225.
[16] HOHENBERG P, KOHN W. Phys. Rev. 136 (3B), 1964: B864—B871.
[17] KOHN W, SHAM L J. Phys. Rev. 140 (4A), 1965: A1133—A1138.
[18] LANGRETH D C, MEHL M J. Phys. Rev. B 28, 1983: 1809—1834.
[19] BECKE A D. Phys. Rev. A 38, 1988: 3098—3100.
[20] ZHANG H, LIU C X, QI X L, DAI X, FANG Z, ZHANG S C. Nature Phys. 5 (6), 2009: 438—442.
[21] YAN B, LIU C X, ZHANG H J, YAM C Y, QI X L, FRAUENHEIM T, ZHANG S C. Europhys. Lett. 90 (3), 2010: 37002.
[22] LIN H, MARKIEWICZ R S, WRAY L A, FU L, HASAN M Z, BANSIL A. Phys. Rev. Lett. 105, 2010: 036404.
[23] CHEN Y L, LIU Z K, ANALYTIS J G, CHU J H, ZHANG H J, YAN B H, MO S K, MOORE R G, LU D H, FISHER I R, ZHANG S C, HUSSAIN Z, SHEN Z X. Phys. Rev. Lett. 105, 2010: 266401.
[24] SATO T, SEGAWA K, GUO H, SUGAWARA K, SOUMA S, TAKAHASHI T, ANDO Y. Phys. Rev. Lett. 105, 2010: 136802.
[25] PERDEW J P, LEVY M. Phys. Rev. Lett. 51, 1983: 1884—1887.
[26] SHAM L J, SCHLÜTER M. Phys. Rev. Lett. 51, 1983: 1888—1891.
[27] PERRY J K, TAHIR-KHELI J, GODDARD W A. Phys. Rev. B 63, 2001: 144510.

[28] HYBERTSEN M S, LOUIE S G. Phys. Rev. B 34, 1986: 5390— 5413.

[29] VIDAL J, ZHANG X, YU L, LUO J W, ZUNGER A. Phys. Rev. B 84, 2011: 041109.

[30] SAKUMA R, FRIEDRICH C, MIYAKE T, BLüGEL S, ARYASETIAWAN F. Phys. Rev. B 84, 2011: 085144.

[31] YAZYEV O V, KIOUPAKIS E, MOORE J E, LOUIE S G. Phys. Rev. B 85, 2012: 161101.

[32] TRAN F, BLAHA P. Phys. Rev. Lett. 102, 2009: 226401.

[33] FENG W, XIAO D, DING J, YAO Y. Phys. Rev. Lett. 106, 2011: 016402.

[34] ANISIMOV V I, ZAANEN J, ANDERSEN O K. Phys. Rev. B 44, 1991: 943—954.

[35] GEORGES A, KOTLIAR G, KRAUTH W, ROZENBERG M J. Rev. Mod. Phys. 68, 1996: 13—125.

[36] DENG X, WANG L, DAI X, FANG Z. Phys. Rev. B 79, 2009: 075114.

[37] SUZUKI M T, OPPENEER P M. Phys. Rev. B 80, 2009: 161103.

[38] WINKLER R. Spin-Orbit Coupling Effects in Two-dimensional Electron and Hole Systems, Springer Tracts Mod. Phys. , Vol. 191, Springer-Verlag, Berlin, 2003.

[39] FU L, KANE C. L. Phys. Rev. B 76 (4), 2007: 045302.

[40] FUKUI T, HATSUGAI Y. J. Phys. Soc. Jpn. 76 (5), 2007: 053702.

[41] SOLUYANOV A A, VANDERBILT D. Phys. Rev. B 83, 2011: 035108.

[42] RINGEL Z, KRAUS Y E. Phys. Rev. B 83, 2011: 245115.

[43] YU R, QI X L, BERNEVIG A, FANG Z, DAI X. Phys. Rev. B 84, 2011: 075119.

[44] XIAO D, YAO Y, FENG W, WEN J, ZHU W, CHEN X Q, STOCKS G M, ZHANG Z. Phys. Rev. Lett. 105, 2010: 096404.

[45] YAN B, ZHANG H J, LIU C X, QI X L, FRAUENHEIM T, ZHANG S C. Phys. Rev. B 82 (16), 2010: 161108.

[46] MARZARI N, VANDERBILT D. Phys. Rev. B 56, 1997: 12847.

[47] SOUZA I, MARZARI N, VANDERBILT D. Phys. Rev. B 65, 2001: 035109.

[48] ZHANG H J, LIU C X, QI X L, DENG X Y, DAI X, ZHANG S C,

FANG Z. Phys. Rev. B 80，2009：085307.

[49] XIA Y，QIAN D，HSIEH D，WRAY L，PAL A，LIN H，BANSIL A，GRAUER D，HOR Y S，CAVA R J，HASAN M Z. Nature Phys. 5 (6)，2009：398—402.

[50] CAPPER P，BRICE J. Properties of Mercury Cadmium Telluride，INSPEC，London，1987.

[51] LU Z W，SINGH D，KRAKAUER H. Phys. Rev. B 39，1989：10154—10161.

[52] DELIN A，KLÜNER T. Phys. Rev. B 66，2002：035117.

[53] FELSER C，FECHER G H，BALKE B. Angew. Chem.，Int. Ed. 46 (5)，2007：668—699.

[54] CHADOV S，QI X，KÜBLER J，FECHER G H，FELSER C，ZHANG S C. Nature Mater. 9 (7)，2010：541—545.

[55] LIN H，WRAY L，XIA Y，XU S，JIA S，CAVA R，BANSIL A，HASAN M. Nature Mater. 9，2010：546— 549.

[56] CANFIELD P C，THOMPSON J D，BEYERMANN W P，LACERDA A，HUNDLEY M F，PETERSON E，FISK Z，OTT H R. J. Appl. Phys. 70 (10)，1991：5800—5802.

[57] GOLL G，MARZ M，HAMANN A，TOMANIC T，GRUBE K，YOSHINO T，TAKABATAKE T. Physica B：Condensed Matter 403 (5)，2008：1065—1067.

[58] QI X L，HUGHES T L，RAGHU S，ZHANG S C. Phys. Rev. Lett. 102，2009：187001.

[59] LI Y Y，WANG G，ZHU X G，LIU M H，YE C，CHEN X，WANG Y Y，HE K，WANG L L，MA X C，ZHANG H J，DAI X，FANG Z，XIE X C，LIU Y，QI X L，JIA J F，ZHANG S C，XUE Q K. Adv. Mater. 22 (36)，2010：4002—4007.

[60] YU R，ZHANG W，ZHANG H J，ZHANG S C，DAI X，FANG Z. Science 329 (5987)，2010：61—64.

[61] GOFRYK K，KACZOROWSKI D，PLACKOWSKI T，LEITHE-JASPER A，GRIN Y. Phys. Rev. B 84，2011：035208.

[62] LIU C，LEE Y，KONDO T，MUN E D，CAUDLE M，HARMON B N，BUD'KO S L，CANFIELD P C，KAMINSKI A. Phys. Rev. B 83，2011：205133.

[63] SHEKHAR C，OUARDI S，FECHER G H，NAYAK A K，FELSER

C, IKENAGA E. Appl. Phys. Lett. 100 (25), 2012: 252109.
[64] DAI X, HUGHES T L, QI X L, FANG Z, ZHANG S C. Phys. Rev. B 77 (12), 2008: 125319-6.
[65] ZHANG W, YU R, FENG W, YAO Y, WENG H, DAI X, FANG Z. Phys. Rev. Lett. 106, 2011: 156808.
[66] ZHANG H J, CHADOV S, MÜCHLER L, YAN B, QI X L, KÜBLER J, ZHANG S C, FELSER C. Phys. Rev. Lett. 106, 2011: 156402.
[67] YAN B, MÜCHLER L, FELSER C. Phys. Rev. Lett. 109, 2012: 116406.
[68] WANG Z, SUN Y, CHEN X Q, FRANCHINI C, XU G, WENG H, DAI X, FANG Z. Phys. Rev. B 85, 2012: 195320.
[69] YANG K, SETYAWAN W, WANG S, NARDELLI M B, CURTAROLO S. Nature Mater. 11 (7), 2012: 614-619.
[70] TEO J C Y, FU L, KANE C L. Phys. Rev. B 78, 2008: 045426.
[71] HSIEH D, QIAN D, WRAY L, XIA Y, HOR Y S, CAVA R J, HASAN M Z. Nature 452, 2008: 970-974.
[72] MOORE J. Nature Phys. 5 (6), 2009: 378-380.
[73] CHEN Y L, ANALYTIS J G, CHU J H, LIU Z K, MO S K, QI X L, ZHANG H J, LU D H, DAI X, FANG Z, ZHANG S C, FISHER I R, HUSSAIN Z, SHEN Z X. Science 325 (5937), 2009: 178-181.
[74] ZHANG Y, HE K, CHANG C Z, SONG C L, WANG L L, CHEN X, JIA J F, FANG Z, DAI X, SHAN W Y, SHEN S Q, NIU Q, QI X L, ZHANG S C, MA X C, XUE Q K. Nature Phys. 6 (9), 2010: 584.
[75] PENG H, LAI K, KONG D, MEISTER S, CHEN Y, QI X-L, ZHANG S-C, SHEN Z-X, CUI Y. Nature Mater. 9, 2010: 225-229.
[76] EREMEEV S V, LANDOLT G, MENSHCHIKOVA T V, SLOMSKI B, KOROTEEV Y M, ALIEV Z S, BABANLY M B, HENK J, ERNST A, PATTHEY L, EICH A, KHAJETOORIANS A A, HAGEMEISTER J, PIETZSCH O, WIEBE J, WIESENDANGER R, ECHENIQUE P M, TSIRKIN S S, AMIRASLANOV I R, DIL J H, CHULKOV E V. Nature Commun. 3, 2012: 635.
[77] ZHANG X, ZHANG H, WANG J, FELSER C, ZHANG S C. Science 335 (6075), 2012: 1464-1466.
[78] DZERO M, SUN K, GALITSKI V, COLEMAN P. Phys. Rev. Lett.

104，2010：106408.
[79] ICHAS V，GRIVEAU J C，REBIZANT J，SPIRLET J C. Phys. Rev. B 63，2001：045109.
[80] VELDHORST M，SNELDER M，HOEK M，GANG T，GUDURU V K，WANG X L，ZEITLER U，VAN DER WIEL W G，GOLUBOV A A，HILGENKAMP H，BRINKMAN A. Nature Mater. 11 (5)，2012：417—421.
[81] KIM D，CHO S，BUTCH N P，SYERS P，KIRSHENBAUM K，ADAM S，PAGLIONE J，FUHRER M S. Nature Phys. 8 (6)，2012：458—462.
[82] HONG S S，CHA J J，KONG D，CUI Y，Nature Commun. 3，2012：757.

第九章
哈珀模型中的 SO_4 对称性[①]

SO_4 SYMMETRY IN A HUBBARD MODEL

杨振宁 (C. N. Yang)
理论物理研究所，纽约州立大学
石溪，纽约 11794-3840，美国
张首晟 (Shou-Cheng Zhang)
IBM 研究室，阿尔玛登研究中心，
圣何塞，加利福尼亚 95120-6099，美国

怀念张首晟教授

①本章同时出现在杂志 Modern Physics Letters B，Vol. 4，No. 11 (1990) 759—766. DOI：10. 1142/ S0217984990000933.

摘要：对于简单哈珀（Hubbard）模型，利用粒子-粒子配对算子 η 和粒子-空穴配对算子 ζ，我们证明可以写出两组角动量算子 J 和 J' 的对易集，它们均与哈密顿量对易。上述结果允许我们引入量子数 j 和 j'，并使得系统具有 $SO_4=(SU_2\times SU_2)Z_2$ 对称性。j 与一个态是否存在超导性相关，j' 与其磁性相关。

在一片最近的文章中［1］，人们发现配对算子 η 可用于处理 $L\times L\times L$ 格点上简单的哈珀模型，其中 L 为偶数。在本文中我们将要扩展这种想法。本文中所有的记号均与参考文献［1］相同。此处我们引入哈密顿量 H' 和动量算符 P‘，这与文献［1］中的 H 和 P 稍有不同，其目的在于揭示出系统更多的对称性：

$$H'=T'+V' \tag{1}$$

$$T'=-2\,\mathcal{E}\sum_k(\cos k_x+\cos k_y+\cos k_z)(a_k^+a_k+b_k^+b_k) \tag{2}$$

$$V'=2W\sum_r\left(a_r^+a_r-\frac{1}{2}\right)\left(b_r^+b_r-\frac{1}{2}\right) \tag{3}$$

$$P'=\sum\left(k-\frac{1}{2}\pi\right)(a_k^+a_k+b_k^+b_k)(\text{mod. }2\pi) \tag{4}$$

（1）算子 J_x,J_y 和 J_z ——容易验证 $\eta^+\eta-\eta\eta^+=\sum(a^+a+b^+b)-M$，其中 $M=L^3$。计算 η 相关的对易关系，我们可得：

定理 1. 定义

$$\eta^+=J_x+iJ_y,\eta=J_x-iJ_y,J_z=\frac{1}{2}\sum(a^+a+b^+b)-\frac{1}{2}M \tag{5}$$

可得 J_x,J_y,J_z 三者对易关系类似于角动量。因此 J^2 特征值 $j(j+1)$，满足 $2j=$整数 $\geqslant 0$。进一步（容易验证）：

$$[T',J]_-=[V',J]_-=[H',J]_-=[P',J]_-=0 \tag{6}$$

（2）算子 J'_x,J'_y 和 J'_z ——定义粒子-空穴配对算子：

$$\zeta=\sum a_kb_k^+=\sum a_rb_r^+ \tag{7}$$

则有：

$$\zeta\zeta^{+} - \zeta^{+}\zeta = -\sum a^{+}a + \sum b^{+}b \tag{8}$$

定理 2. 定义

$$\zeta^{+} = J'_x + iJ'_y,\quad \zeta = J'_x - iJ'_y,\quad J'_z = \frac{1}{2}\sum a^{+}a - \frac{1}{2}\sum b^{+}b \tag{9}$$

可得 J'_x，J'_y，J'_z 三者对易关系类似于角动量。因此 J'^2 特征值 $j'(j'+1)$，满足 $2j'=$ 整数 $\geqslant 0$。进一步 J 的三个分量与 J' 的三个分量均对易，且

$$[T',J']_- = [V',J']_- = [H',J']_- = [P'J']_- = 0 \tag{10}$$

ζ 代表通常的自旋下降算子，J' 为通常的“自旋”算子。

(3) H' 的精确特征函数-利用定理 1 和定理 2 我们可以发现 H' 的许多特征态。我们可以同时将 J^2，J'^2，J_z，J'_z，H' 和 P' 进行对角化。这些态可以分为多重态 j'，每个分量包含 $(2j+1)(2j'+1)$ 个态，如图 1 描述，其中 N_a 和 N_b 为 $\sum a^{+}a$ 和 $\sum b^{+}b$ 的特征值，

$$j_z = \frac{1}{2}(N_a + N_b - M),\quad j_z = \frac{1}{2}(N_a - N_b) \tag{11}$$

正如图 1 所示，$j+j'=$ 整数，也就是说，无法得到 $SU_2 \times SU_2$ 的所有表示。这意味着此问题真正的对称性为 $(SU_2 \times SU_2)Z_2 = SO_4$。

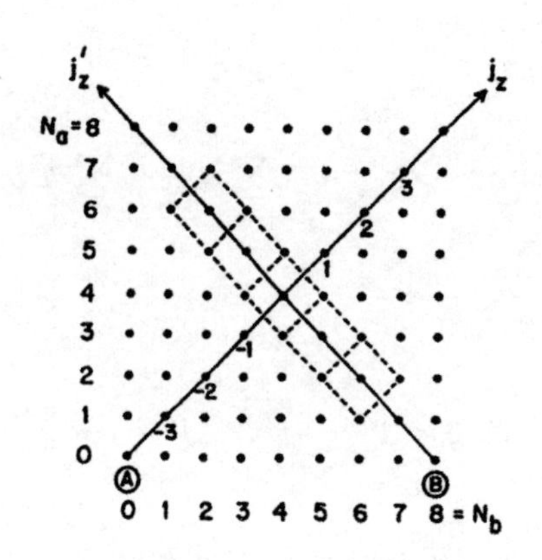

图1　$M=8$ 时 (N_a,N_b) 的图。(j_z,j'_z) 与 (N_a,N_b) 的关系由公式 (10) 给出。在本图中，每一个多重态 j' 均由中心为 $j_z=j'_z=0$ 的态的长方形集合表示。多重态的个数为 $(2j+1)(2j'+1)$。图中描述的多重态为 $\left\{\frac{1}{2},\frac{5}{2}\right\}$。一个多重态中包含的所有态关于 H' 和 P' 具有相同的特征值。多重态中的最下角为 $j_z=-j,j'_z=-j'$。我们可以产生一个多重态中的所有态，通过将 $\eta^+=J_x+iJ_y$（增加 j_z）和 $\zeta^+=J'_x+iJ'_y$（增加 j'_z）重复作用在最下角的态上。显然 $j+j'=$ 整数。注意到对于固定的 j 和 j'，一般存在大量的多重态 j'，除了只出现一次的和。对于前者，最下角是A点，此处 $N_a=N_b=0$，为一单态。对于后者，最下角是B点，此处 $N_a=0$，$N_b=M$，也是一单态。

现在考虑图1中最底行一个点对应的态。对于这些态，$N_a=0$。这些态下的算子 H' 和 P' 很容易对角化，因为对于这些态，没有 a-粒子和 b-粒子的相互作用，因此问题简化为 N_b 个无相互作用的费米子体系。这样我们能直接在动量空间写出 H' 和 P' 的特征态。共存在 $\binom{M}{N_b}$ 个这种态。将 η^+ 和 ζ^+ 作用在这些态上可以产生 $\binom{M}{N_b}$ 组多重态 $\{j,j'\}$。现在显然：

$$j=\frac{1}{2}(M-N_b),\quad j'=\frac{1}{2}N_b \tag{12}$$

因此我们很容易严格写出对于 $\binom{M}{N_b}$ 组多重态 $\left\{\frac{1}{2}(M-N_b),\frac{1}{2}N_b\right\}$ 下 H' 和 P' 的特征函数。这组态总的个数为 $\sum\binom{M}{N_b}(M-N_b+1)(N_b+1)$，

求和从 $N_b=0$ 到 M。求和等于 $2^{M-2}(M^2+3M+4)$。这组特征态的个数是庞大的，但与特征态总数 4^M 相比仍然是非常小的。注意参考文献［1］中的特征态 ψ_N 为本节讨论的一种特殊情况。

上述构造的 H' 特征态显然不取决于 W，并且其为 T' 和 V' 的共同特征态。我们认为它们是唯一 W - 无关的 H' 特征态，但是我们不知道如何在非特殊情况下证明这个结论。

（4）非对角长程序（ODLRO）——我们将要证明：

定理 3. 对于任意态 ψ 只要满足 $j^2-j_z^2=O(M^2)$，即存在非对角长程序。

2-粒子约化密度矩阵 ρ_2 矩阵元为：

$$\langle b_s a_s | \rho_2 | b_r a_r \rangle = \psi^+ a_r^+ b_r^+ a_s b_s \tag{13}$$

因此：

$$\begin{aligned}\sum e^{i\pi\cdot(r-s)} \langle b_s a_s | \rho_2 | b_r a_r \rangle &= \psi^+ \eta^+ \eta \psi \\ &= \psi^+ (J_x + iJ_y)(J_x - iJ_y)\psi \\ &= j^2 - j_z^2 + j + j_z\end{aligned} \tag{14}$$

利用：

$$\langle b_{r'} a_r \mid \phi \rangle = M^{-1/2} e^{i\pi\cdot r} \delta(r-r') \tag{15}$$

作为 ρ_2 的试探波函数，我们发现 ρ_2 的期望值为：

$$\langle \rho_z \rangle = \frac{1}{M}(j^2-j_z^2)+O(1)=O(M)\geqslant 0 \tag{16}$$

因此 ρ_2 最大的特征值为 $O(M)$，态具有非对角长程序［2］。

在文献［1］中我们证明态 ψ_N 具有非对角长程序。其仅为上述定理的一个特殊情况，因为对于 ψ_N，$j=M/2$，$j_z=-M/2+N$。

上述讨论中，配对为粒子-粒子配对。如果粒子带电量 e，那么态表现出单位为 $ch/2e$ 的通量量子化［2］。如果 $j'^2-j_z'^2=O(M^2)$，系统具有粒子-空穴非对角长程序。此系统不具有超导性［2，3］。因此 j 与超导性相关，

j' 与磁性相关。

(5) 幺正算子 U_b 和 X ——我们将这两个算子定义如下：

$$U_b a_r U_b^{-1}=a_r,\quad U_b b_r U_b^{-1}=e^{i\pi\cdot r}b_r^+,\quad U_b^2=1 \tag{17}$$

及：

$$X a_r X^{-1}=e^{i\pi\cdot r}a_r,\quad X b_r X^{-1}=e^{i\pi\cdot r}b_r,\quad X^2=1 \tag{18}$$

算子 X 为众所周知的，算符 U_b 在文章［4］中已有讨论。我们发现

$$U_b b_\kappa U_b^{-1}=b_{\pi-\kappa}^+ \tag{19}$$

以及：

$$\zeta=U_b\eta U_b^{-1} \tag{20}$$

定理 4. 将 H' 写成 $H'(W)$，我们有：

$$U_b H'(W) U_b^{-1}=H'(-W) \tag{21}$$

$$U_b\left(\sum b^+b\right)U_b^{-1}=M-\sum b^+b,\quad U_b\left(\sum a^+a\right)U_b^{-1}=\sum a^+a \tag{22}$$

定理 5.

$$XH'(W)X^{-1}=-H'(-W) \tag{23}$$

$$X\left(\sum a^+a\right)X^{-1}=\sum a^+a,\quad X\left(\sum b^+b\right)X^{-1}=\sum b^+b \tag{24}$$

其遵循：

$$(XU_b)(H'(W))(XU_b)^{-1}=-H'(W) \tag{25}$$

$$(XU_b)\left(\sum a^+a\right)(XU_b)^{-1}=\sum a^+a \tag{26}$$

$$(XU_b)\left(\sum b^+b\right)(XU_b)^{-1}=M-\sum b^+b \tag{27}$$

将 $H'(W)$ 的谱记为 $\mathrm{Spm}(W,N_a,N_b)$，由定理 4，我们有：

定理 6.

$$\begin{aligned}\mathrm{Spm}(W,N_a,N_b) &= \mathrm{Spm}(-W,N_a,M-N_b) \quad (28)\\ &= \mathrm{Spm}(-W,M-N_a,N_b) \quad (29)\\ &= \mathrm{Spm}(W,M-N_a,M-N_b) \quad (30)\end{aligned}$$

由定理 5，我们有：

定理 7.

$$\mathrm{Spm}(W,N_a,N_b)=-\mathrm{Spm}(-W,N_a,N_b) \quad (31)$$

将上述两个结论相结合，我们有：

$$\begin{aligned}\mathrm{Spm}(W,N_a,N_b) &=-\mathrm{Spm}(-W,N_a,M-N_b) \quad (32)\\ &=-\mathrm{Spm}(-W,M-N_a,N_b) \quad (33)\\ &= \mathrm{Spm}(W,M-N_a,M-N_b) \quad (34)\end{aligned}$$

(6) 极限情况 $M\longrightarrow\infty$— 现在我们令公式 (2) 中的 $\varepsilon=1$。对角化 J^2，J'^2,J_z,J'_z,H' 和 P'，由于公式 (11) 我们同样具有对角的 N_a 和 N_b。令固定 N_a 和 N_b 的哈密顿量 H' 的最低特征值为 $E_0(W,N_a,N_b)$。现在保持下面的值不变

$$N_a/M=\rho_a,\quad N_b/M=\rho_b \quad (35)$$

我们取极限 $M\longrightarrow\infty$。可以证明，利用文献 [5] 中的方法，$M^{-1}E_0$ 趋于极限 $f(W,\rho_a,\rho_b)$。在固定的密度 ρ_a 和 ρ_b 下，f 是每个格点 H' 的最小特征值。

函数 f 具有很多对称性。由定理 1 和 2 可得：

$$f(W,\rho_a,\rho_b)=f(W,\rho_b,\rho_a)=f(W,1-\rho_a,1-\rho_b)=f(W,1-\rho_b,1-\rho_a) \quad (36)$$

由公式 (30) 可得：

$$f(W,\rho_a,\rho_b)=f(-W,\rho_a,1-\rho_b)=f(-W,1-\rho_a,\rho_b) \qquad (37)$$

这些对称性由图 2 描述。

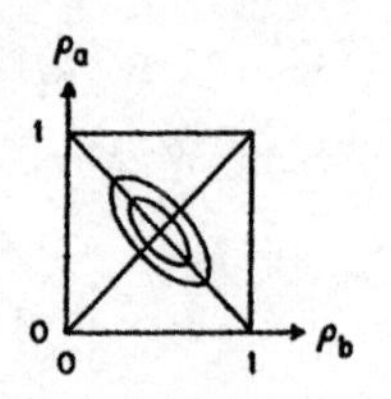

图 2　ρ_a,ρ_b 平面上等-f 回线（示意图）。由于公式（36），这些回线关于轴 $\rho_a=\rho_b$ 和轴 $\rho_a+\rho_b=1$ 均具有反射对称性。由于定理 8，这些回线是凸的。通过对正方形的中心做 90 度旋转，可以从（W）回线得到（$-W$）回线。

定理 8. $f(W,\rho_a,\rho_b)$ 作为 ρ_a 和 ρ_b 的函数，是连续且上凹的。

定理 9. $f(W,\rho_a,\rho_b)$ 作为 W 的函数是下凹的。

这两个定理可以用参考文献［5］的方法得到证明。

定理 8 和公式（36）证明对于固定 W 值，$f(W,\rho_a,\rho_b)$ 的最小值为 $f(W,1/2,1/2)$。除了（1/2,1/2），$f(W,\rho_a,\rho_b)$ 在其他点（ρ_a,ρ_b）也可能取到此最小值。将满足此最小值条件的区域（ρ_a,ρ_b）标记为R，并将最小 f 值对应的这些态称为最低态。公式（36）证明R关于轴$\rho_a=\rho_b$ 和轴$\rho_a+\rho_b=1$ 具有反射对称性。利用定理 8，我们可以证明。

定理 10. （ρ_a,ρ_b）上满足 $f(W,\rho_a,\rho_b)=f(W,1/2,1/2)$ 的 R 区域是凸的。R 可能的形状示意图见图 3。

每一个最低态都属于一个多重态 $\{j,j'\}$。在那个多重态中，首项态（即 $j_z=j,j'_z=j$）也是一个最低态。因此，它必须位于R的$j_z\geqslant 0,j'_z\geqslant 0$ 象限中。于是，

定理 11. 所有在 R 边界上的最低态 满足$j=|j_z|,j'=|j'_z|$。

最后我们强调，对于点 $\rho_a=0$（或 $\rho_b=0$），系统没有 a（或 b）粒子。因此 $f(W,0,\rho_b)$ 和 $f(W,\rho_a,0)$ 的值很容易计算。按照公式（36）我们可以写出因此 $f(W,1,\rho_b)$ 和 $f(W,\rho_a,1)$。因此我们得到了图 2 中 f 在正方形边界上的值。

现在我们定义 $g(W,\rho_a,\rho_b)$ 为每个格点 H' 的最大特征值。由公式（34）可得：

$$g(W,\rho_a,\rho_b)=-f(W,\rho_a,1-\rho_b)=-f(W,1-\rho_a,\rho_b) \tag{38}$$

更一般地，我们定义每个点上的自由能为：

$$F(\beta,W,\rho_a,\rho_b)=\lim\ (-M\beta)^{-1}\ln(\text{p. f.}) \tag{39}$$

其中：

$$(\text{p. f.})=\exp(-\beta H')\text{中给定}\rho_a,\rho_b\text{部分的迹} \tag{40}$$

极限为 $M\longrightarrow\infty$。则有：

$$F(\infty,W,\rho_a,\rho_b)=f(W,\rho_a,\rho_b) \tag{41}$$

$$F(-\infty,W,\rho_a,\rho_b)=g(W,\rho_a,\rho_b) \tag{42}$$

函数 F 具有许多对称性。定理 1 和 2 证明：

$$\begin{aligned}F(\beta,W,\rho_a,\rho_b)&=F(\beta,W,\rho_b,\rho_a)=F(\beta,W,1-\rho_a,1-\rho_b)\\&=F(\beta,W,1-\rho_b,1-\rho_a)\end{aligned} \tag{43}$$

公式（30）证明：

$$F(\beta,W,\rho_a,\rho_b)=F(\beta,-W,\rho_a,1-\rho_b)=F(\beta,-W,1-\rho_a,\rho_b) \tag{44}$$

公式（31）证明：

$$F(\beta,W,\rho_a,\rho_b)=-F(-\beta,-W,\rho_a,\rho_b) \tag{45}$$

将最后这两个等式结合在一起，可得：

$$F\left(0,W,\rho_a,\frac{1}{2}\right)=F\left(0,W,\frac{1}{2},\rho_b\right)=0 \tag{46}$$

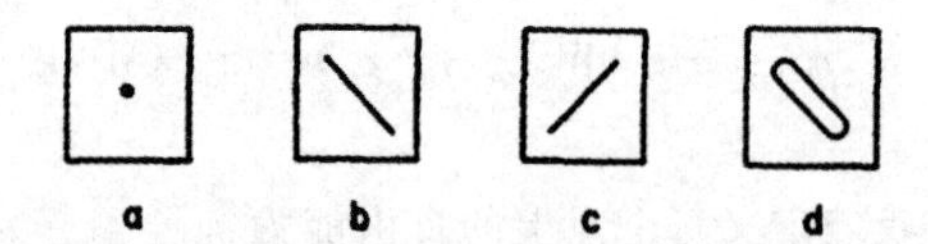

图 3 R 的可能形状。R 是凸的，且关于轴 $\rho_a=\rho_b$ 和轴 $\rho_a+\rho_b=1$ 均具有反射对称性。对于 c 情况，低温下，在开线段中存在粒子-粒子非对角长程序。对于 d 情况，低温下，在 R 区域内部存在粒子-粒子非对角长程序。这些情况反映出了超导性。

致谢

我们其中一人（CNY）受到美国国家科学基金（基金号 PHY8908495）的支持。

参考文献

[1] YANG C N. Phys. Rev. Lett. 63，1989：2144.
[2] YANG C N. Rev. Mod. Phys. 34，1962：694.
[3] KOHN W，SHERRINGTON D. Rev. Mod. Phys. 42，1970：1.
[4] SHIBA H. Prog. Theor. Phys. 48，1972：2171.
[5] YANG C N，YANG C P. Phys. Rev. 147，1966：303.

附录

内文彩色插图

第一章　核及原子的复几何

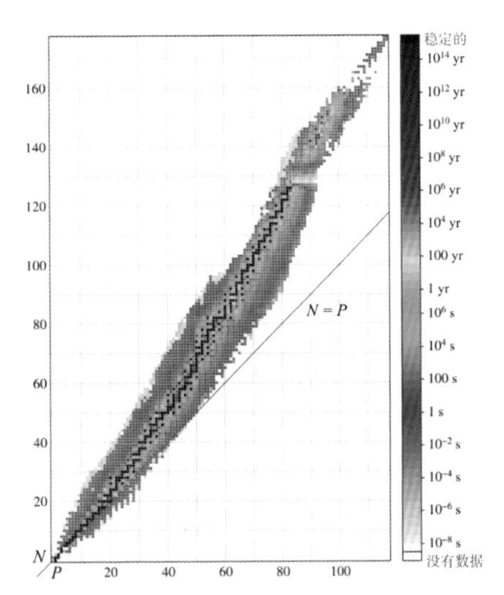

图 4　原子核同位素。横轴是质子数 P（物理中记为 Z），纵轴是中子数 N。颜色深浅（电子版中会有颜色）表明每种同位素的寿命。黑色表示稳定（无限寿命）。

第七章　物理学的四次革命和第二次量子革命——量子信息下力和物质的统一

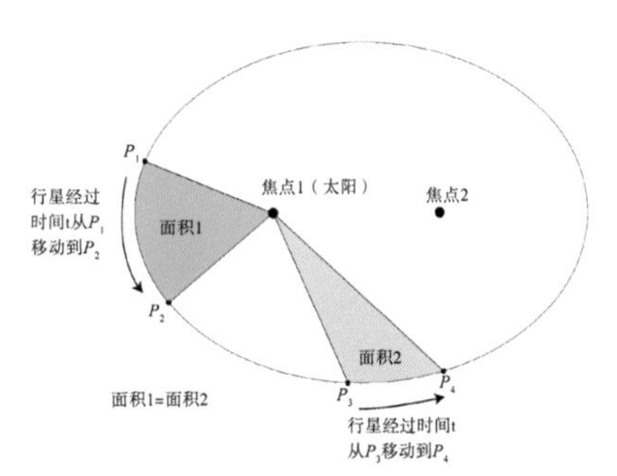

图 1　开普勒行星运动定律：(1)行星运动轨道为一个椭圆，其中太阳做为一个焦点。(2)连接行星和太阳的线段在相同的时间间隔内扫出相同的面积。(3)行星轨道周期的平方与该椭圆轨道半长轴的立方成正比。

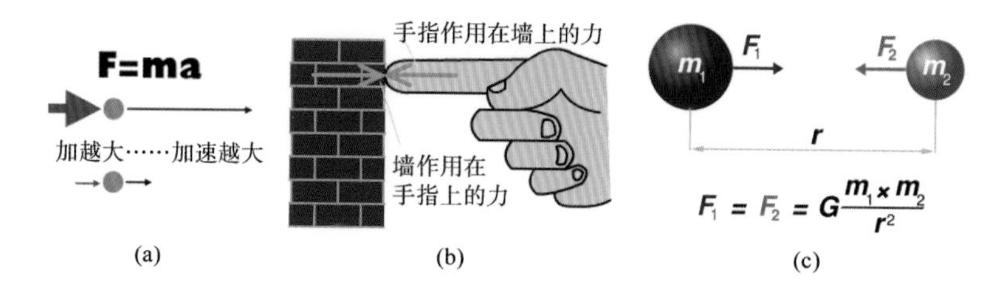

图 2　牛顿定律：(a)力越大，加速度越大，没有力就没有加速度。
(b)作用力＝反作用力。
(c)牛顿普遍适用的引力：$F = G\frac{m_1\ m_2}{r^2}$，其中 $G = 6.674 \times 10^{-11}\ \frac{m^3}{kg\ s^2}$。

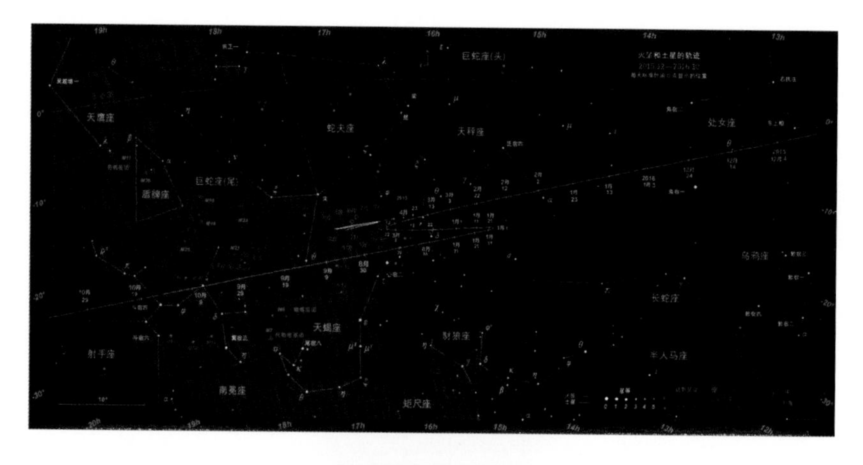

图 3　太空中行星(火星和土星)的感知轨迹。牛顿理论统一了地球上一个苹果的下落和太空中一个行星的运动。

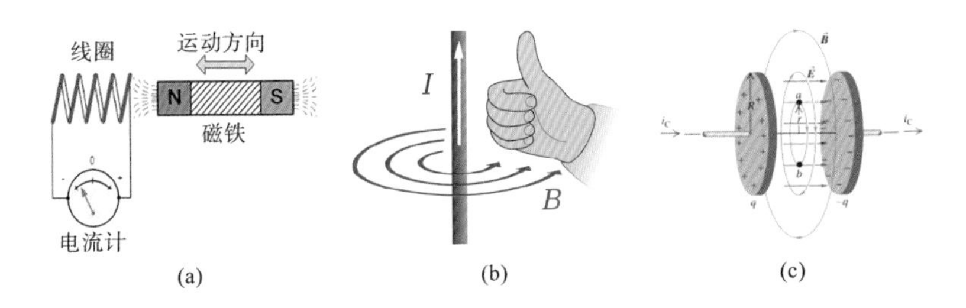

图 4 (a)变化的磁场可以在其周围产生电场，从而驱动线圈中的电流。
(b)导线中的电流 I 可在其周围产生磁场 B 。
(c)变化的电场 E（就像电流一样）可以在其周围产生磁场 B 。

图 5 三个非常不同的现象，电、磁、以及光，被麦克斯韦理论统一。

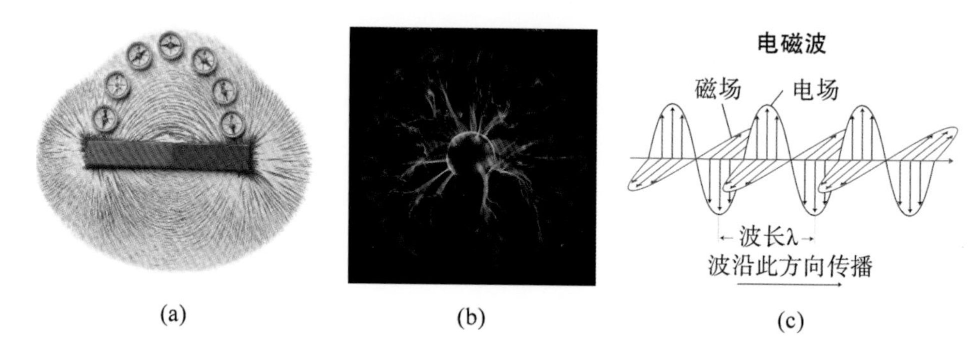

图 6 (a)由铁粉展现的磁场。
(b)由发光等离子体展现的电场。
(c)它们形成一种新型物质:光——一种波动型物质。

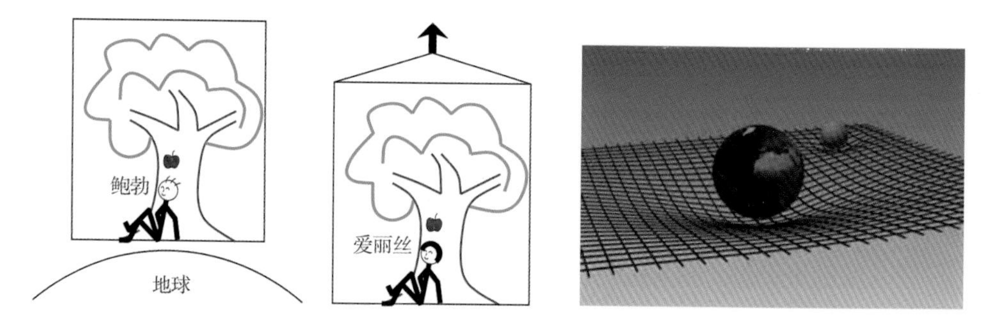

图 8 地球引力和在加速电梯里体验到的力之间的等价性,导致从几何的方式去理解引力:引力=空间的扭曲。换言之,加速电梯里的“引力”与一个几何性质相关:静止电梯与加速电梯之间的坐标变换。

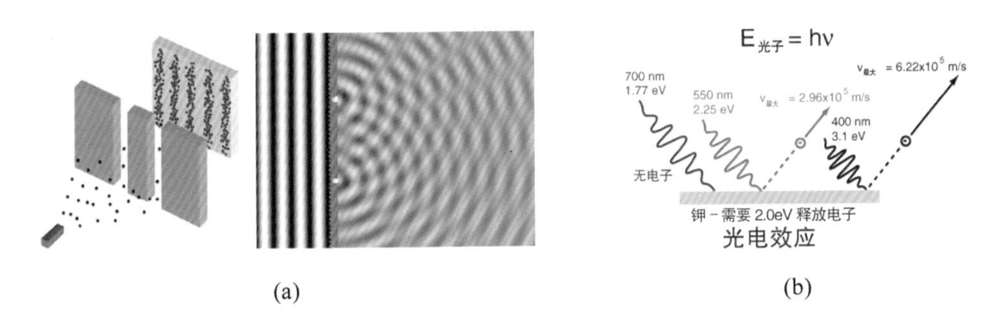

图 11 (a)电子束通过双缝产生干涉图，表明电子也是波。

(b)利用光从金属中激发出电子(光电效应)表明光波频率越高(波长越短)，激发电子的能量越高。这表明光波频率 f 可被看做是能量为 $E = hf$ 的粒子束，其中 $h = 6.62607004 \times 10^{-34} \frac{m^2 kg}{s}$。

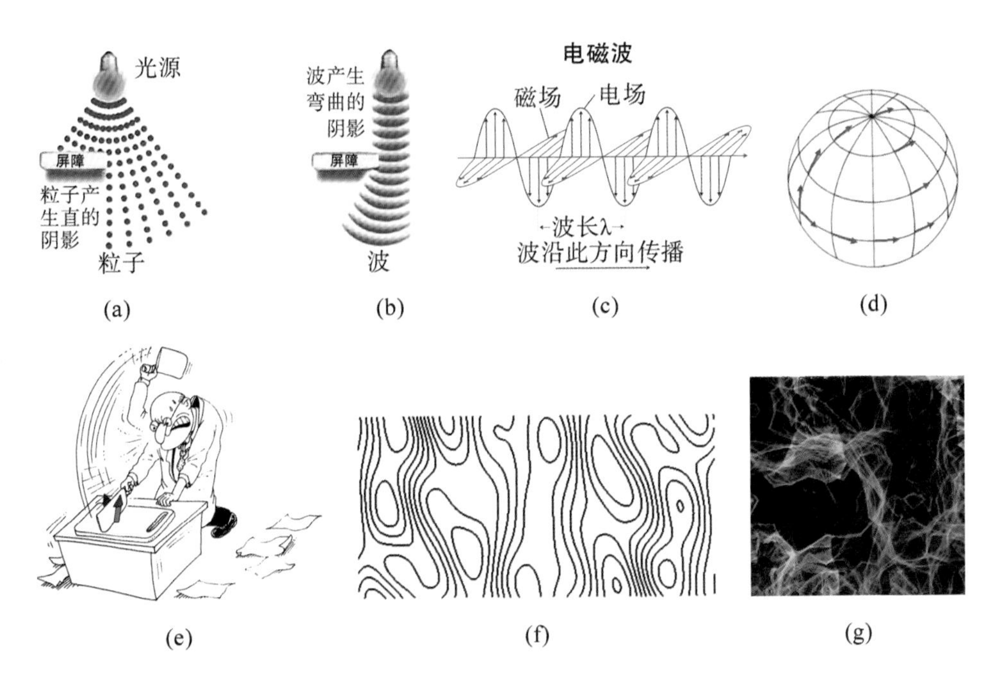

图 21 我们对光(和规范相互作用)理解的演化：(a)粒子束。(b)波。(c)电磁波。(d)纤维丛曲率。(e)部分子的粘合。(f)弦网液体中的波。(g)多量子比特长程纠缠中的波。

第八章　从第一性原理计算的角度看拓扑绝缘体

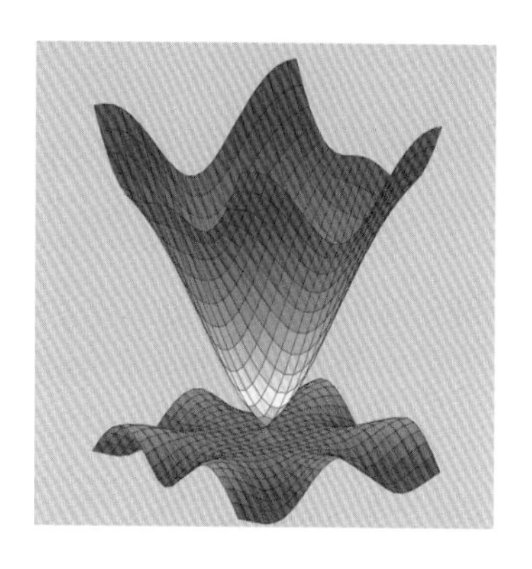

摘要部分的图

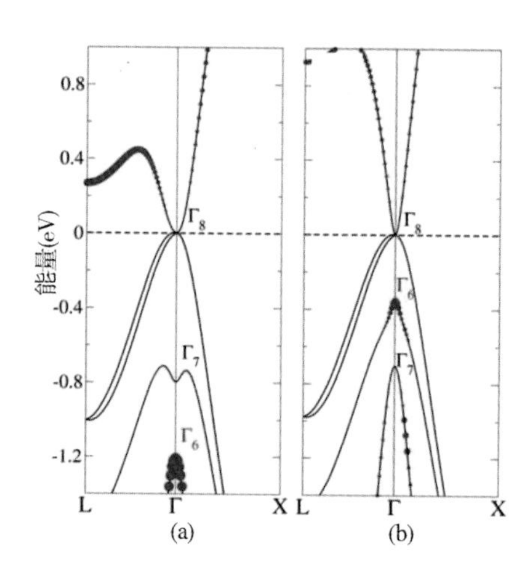

图 1　(a)和(b)分别为通过 LDA 和 MBJLDA 方法得到的 HgTe 的能带结构。$\Gamma_{6,7,8}$ 代表 Γ 点能级的对称性。红色实心圈代表 Hg 的 s 轨道的投影。LDA 带结构显示了不正确的能带排序 $\Gamma_8-\Gamma_7-\Gamma_6$，但是 MBJLDA 可以计算出正确的能带排序 $\Gamma_8-\Gamma_6-\Gamma_7$。

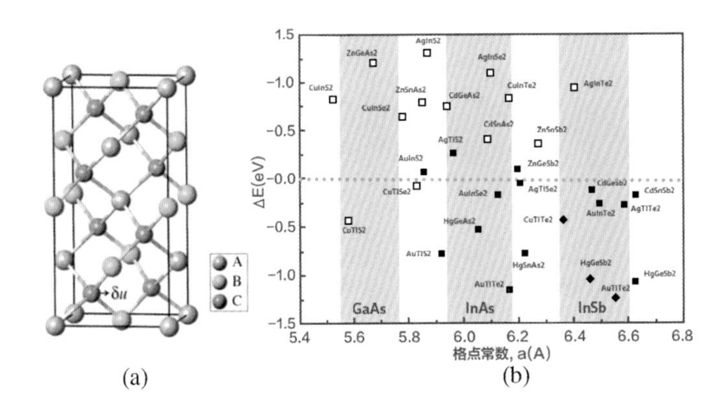

图 2　(a)黄铜矿化合物的晶体结构(ABC_2)。

(b)不同黄铜矿化合物的能隙 ΔE 作为晶格常数的函数。空心符号表示已经宣布研究过的晶格常数。剩下的晶格常数由第一性原理总能量最小化的方法得到。正方形代表拓扑绝缘体,菱形代表拓扑金属,见参考文献[33]。

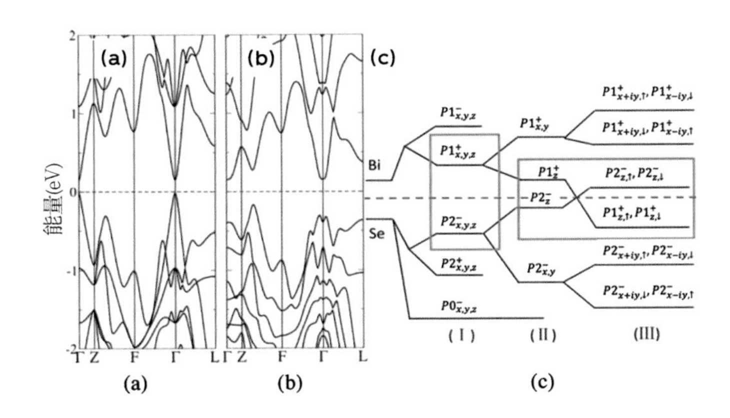

图 3　(a)不具有 SOC 结构的 Bi_2Se_3 能带结构。

(b)具有 SOC 的 Bi_2Se_3 能带结构。蓝色虚线代表费米能级。

(c) 从原子能级开始,Γ 点处能带序列的演化。三个阶段(I),(II) 和(III)代表按顺序打开化学键、晶体场以及 SOC 效应,见参考文献[20]。

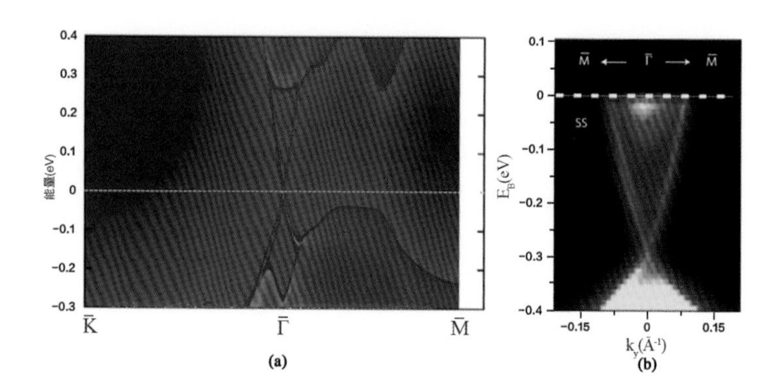

图 4 (a) 利用表面法向(111)的半无限结构的 MLWF 紧束缚方法计算 Bi2Se3 的表面态。红色区域代表体能带,蓝色区域代表带隙。在带隙中可以看到清晰的表面态,其在 $\bar{\Gamma}$ 处有线性色散。

(b) ARPES 关于 Bi_2Se_3 沿着 $\bar{\Gamma}-M$ 方向的结果。见参考文献[20,49]。

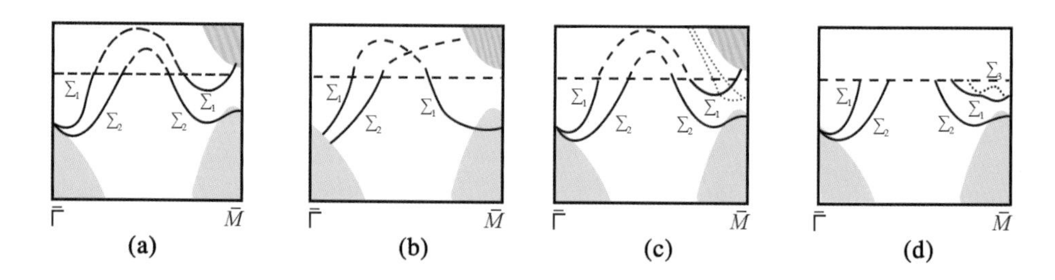

图 5 表面态比较示意图:(a) 第一性原理计算[48],(b) 紧束缚计算[70],以及 (d) ARPES 实验[71]。(c) 加上额外的表面态(红色虚线标记),第一性原理计算得到的表面态便可能与 ARPES 实验相吻合。见参考文献[48]。